宏大爆破技术丛书

陡帮强化开采技术在露天矿山的应用

杨 飞 王佩佩 王 铁 郑炳旭 著

北 京
冶 金 工 业 出 版 社
2020

内 容 简 介

本书以宏大爆破二十年矿山开采施工的成功实践为例，对陡帮强化开采技术进行了系统的阐述，内容涵盖了露天矿山基本知识、陡帮强化开采技术定义、方案优化、设备优选、台阶爆破、开拓运输系统、精准配矿、减损降贫、矿山资源综合利用以及陡帮强化开采技术施工管理等，并在各章列举了相应陡帮强化开采技术施工的成功案例。

本书可供从事露天矿山生产规划、生产管理的工程技术人员阅读以及矿山企业在协商、确定开采方案时参考。也可作为高等学校相关专业师生教学参考书及矿山从业人员培训用书。

图书在版编目(CIP)数据

陡帮强化开采技术在露天矿山的应用/杨飞等著．—北京：冶金工业出版社，2020.5
(宏大爆破技术丛书)
ISBN 978-7-5024-8443-9

Ⅰ.①陡… Ⅱ.①杨… Ⅲ.①露天矿—露天开采 Ⅳ.①TD804

中国版本图书馆 CIP 数据核字（2020）第 055087 号

出 版 人　陈玉千
地　　址　北京市东城区嵩祝院北巷 39 号　邮编　100009　电话　(010)64027926
网　　址　www.cnmip.com.cn　电子信箱　yjcbs@cnmip.com.cn
责任编辑　程志宏　耿亦直　美术编辑　吕欣童　版式设计　禹　蕊
责任校对　郭惠兰　责任印制　李玉山
ISBN 978-7-5024-8443-9
冶金工业出版社出版发行；各地新华书店经销；三河市双峰印刷装订有限公司印刷
2020 年 5 月第 1 版，2020 年 5 月第 1 次印刷
169mm×239mm；20 印张；389 千字；307 页
79.00 元

冶金工业出版社　投稿电话　(010)64027932　**投稿信箱**　tougao@cnmip.com.cn
冶金工业出版社营销中心　电话　(010)64044283　**传真**　(010)64027893
冶金工业出版社天猫旗舰店　yjgycbs.tmall.com

前　言

广东宏大爆破股份有限公司成立于1988年，由爆破起步，逐渐转型升级为涉及采矿全产业链的矿业服务公司，并于2012年在深圳证券交易所成功上市，成为矿业服务行业的佼佼者，砥砺前行30余载，离不开众多领导的关怀、业主的信任、专家的指导、工作人员的辛勤奉献。

2003年宏大爆破第一次涉足大型土石方工程——某军港多规格石开采工程。该项目工期紧、任务重，任务书即是军令状，面对层层困难，宏大爆破的顾问专家、技术人员迎难而上，集思广益、另辟蹊径，逐步摸索实践，应用了“陡帮强化开采技术”。2006年，舞钢经山寺露天铁矿项目招标，因征地问题，矿坑可采面积仅占总设计面积的1/4，高品位矿石埋深较大，“如何才能在狭小矿坑条件下，实现快速降深，早日见矿”成为宏大爆破解业主之忧，争取信任，赢得该项目的关键所在。中国有色冶金设计研究总院露天矿设计大师于长顺和宏大爆破终身顾问刘殿中教授提议采用在多规格石开采项目中成功实践的“陡帮强化开采技术”，就可以达到快速降深、早日见矿的目的。经过多方研讨，该提议得到了业主的认可，宏大爆破获得了河南舞钢经山寺露天铁矿总承包，正式迈向转型矿山服务之路。此后，“陡帮强化开采技术”成为宏大爆破矿山项目的核心技术竞争力，并成功应用于各类露天矿山工程。

“陡帮强化开采技术”是宏大爆破多年施工经验的结晶，凝聚了众多采矿技术人员的智慧和汗水，是一项经得住实践检验的采矿技术。为了拓展广大矿山业主采矿思路，为了提高宏大爆破员工技术认知水平，为了提升宏大文化软实力，在刘殿中教授和公司领导的大力支持和鼓励下，特翻阅、借鉴了宏大以往的技术文稿，总结宏大爆破众多采剥工程施工经验，编著了本书。

本书主要从露天开采方案优化、设备优选、台阶爆破、开拓运输系统布置、精准配矿、减损降贫、资源综合利用及治理和施工管理等方面讲述了宏大爆破十余年的矿山服务经验与教训，希望能在行业发展中贡献宏大智慧。

本书编写过程中，得到了刘殿中教授、李战军、伏岩、崔晓荣、刘翼、孙永乾、张佩涛、彭强堃、王仕林、张劲松等专家的指导和帮助，作者在此向他们致以诚挚敬意和感谢。

由于工作和认识的局限性，书中某些做法或看法存在偏颇之处，敬请各位同仁给予批评、指正。

作　者

2019年10月

目　录

1　露天采矿概论

1.1　露天采矿概述

露天采矿是用合适的采掘运输设备，移走矿体上方的覆盖物，开拓出一定的作业空间，从敞露地表的采矿场采出有用矿物的过程。露天采矿具有作业安全、可使用大型采矿机械、生产能力大、矿石损失小等优点，适合于矿体埋藏浅、赋存条件简单、储量大的矿体。

1.1.1　露天采矿发展趋势

自 20 世纪 50 年代以来，随着大型凿岩及装运设备的研发和应用，国内外露天开采得到了迅速发展，露天采矿的规模和效率得到了空前提高，露天开采矿石产量已占矿石总产量的 80%以上。

1985 年对世界 1310 座矿山进行统计分析，露天开采矿石产量占各矿石总产量的比重是：磁铁矿占 78%，褐铁矿占 84%，锰铁矿占 86%，铜矿占 90%，铝土矿占 91%，镍矿占 45%，铀矿占 30%，磷酸盐占 87.5%，石棉矿占 75%，建筑材料近 100%，沥青占 25%，其他占 40%。

我国可供露天开采的矿产资源丰富。平朔、霍林河、伊敏河、准格尔、元宝山、昭通等地的煤田，鞍山、本溪、冀东、攀西等地区的铁矿，德兴、永平、玉龙的铜矿以及其他化工、建筑材料等，均有数以亿吨计的矿石储量可供露天开采。

随着我国机械制造业日益成熟，露天开采的矿石分类产量、比重也有所提升。近年来我国露天开采的矿石产量比重：煤矿占 15.6%，铁矿石占 75%，有色金属矿石占 56%，化工原料占 70.7%，建筑材料近 100%，具体矿种如表 1-1 所示。

表 1-1　我国各类露天矿山露天开采比重　（%）

矿种	煤矿	铁矿	重点铁矿	有色金属矿	铜矿	铝土矿	钼矿	稀有稀土矿	锡矿	金银矿	铅锌矿
比重	15.6	75	80	56	62	97	87	95	20	18	11

中国、俄罗斯、美国、加拿大等国家都是矿产资源大国，主要矿种露天开采比例如表 1-2 所示。

表 1-2　中、俄、美、加四国矿石产量露天开采比重　(%)

矿产种类	中国	俄罗斯	美国	加拿大
煤炭	15.6	32.6	55.3	83.5
铁矿石	75	80	96	96
有色金属	56	70	88	63
建筑材料	100	100	100	100

由上表可知，我国与其他资源国家相比露天开采占比仍然较低，随着机械设备日益成熟、可靠性越来越高、能力越来越大，相信在未来矿业发展中，露天采矿比例将会继续增加，露天采矿的前景将更为广阔，鸟瞰露天矿如图 1-1 所示。

图 1-1　露天矿山鸟瞰图

1.1.2　露天采矿优缺点

1.1.2.1　露天开采的优点

露天采矿的优点包括如下 7 方面。

(1) 受开采空间的限制较小，适用于大型机械设备及自动化作业，极大提高开采强度和矿山生产能力。世界上产量超过 1000 万吨/年的矿山 90%以上为露天开采，国外已经投产和正在建设的年产矿石 1000 万吨以上的大型露天矿有 70 余座，其中年产矿石 4000 万吨的特大型露天矿有 20 余座。国内也建成了多座年产能 1000 万吨以上的大型露天矿山，如安太堡露天煤矿、神华准能黑岱沟露天煤矿、神华准能哈尔乌素露天煤矿、德兴露天铜矿、鞍钢齐大山露天铁矿、本钢南芬露天铁矿、包钢白云鄂博露天铁矿、金堆城露天钼矿等。这些矿山通过采用大型设备，改进开采工艺，提高生产管理水平，生产规模逐渐扩大，某些矿山年产能可达3000万吨。此外，随着国家资源整合、综合利用等措施，大中型露天矿逐步涌现。

（2）劳动生产率高。地下开采的劳动生产率仅为露天开采的1/5~1/10。地下开采空间有限，而露天矿山作业空间大，可布置大型机械设备，劳动生产率高。在国内，大型露天矿全员劳动生产率平均达到7371吨/(人·年)。2008年，大孤山露天铁矿已达到9328吨/(人·年)，创历史新高。在国外，澳大利亚和美国等矿业大国，大型露天矿的全员劳动生产率已达到30000吨/(人·年）的水平。目前国内中小型露天矿的平均全员劳动生产率为872吨/(人·年)，也远远超过了大型地下矿山400~664吨/(人·年）的生产水平。

（3）作业成本低。一般露天开采为地下开采成本的30%~50%，露天开采吨矿成本较地采优势明显，适宜于大规模开采低品位矿石。

（4）矿石损失贫化小、回收率高。损失率一般为3%~5%，贫化率为5%~8%，回收率高达90%以上。露天开采揭露了表面剥离物，开采更加直观，采用大小规格多种设备配合，采用灵活的分采分爆技术，较易达到减损降贫、充分回收的目的。地采过程中，由于矿石赋存并非肉眼可见，设备探查精度有限，开采条件、开采技术、经济合理性等限制等因素，因此矿石损失率和贫化率控制效果不好。地下采矿液压支架放顶落矿时，损失率可达40%，甚至更多；若为防止地表下沉过大，采用房柱法条带开采，一般条带间矿柱不回收，降低了资源回收率。

（5）对于高温易燃的矿种，露天开采比地下开采安全可靠。

（6）基建时间短，约为地下开采的一半。金属矿山地下开采受工作条件和井巷掘进技术的限制，露天开采基建单位投资比地下开采低。

（7）作业条件好，劳动强度小，安全性和舒适程度较高。地采工人常调侃自身“吃着阳间的饭，干着阴间的活”，劳动环境阴暗逼仄，给人以压抑感，机械化程度低，劳动强度大，尤其遇到薄矿层，生产难度大，身体都伸展不开，虽说地采机械化也在逐步加强，但仍有很多工作需人力完成。露天采矿机械操作手常处于驾驶室内，劳动条件相对较好，劳动强度小。

1.1.2.2 露天开采的缺点

与地下开采相比，露天开采的主要缺点包括如下4点。

（1）开采过程中，穿爆、采装、运输、卸载以及排土时的粉尘较大，设备运行时排入大气中碳化物多，排土场有害成分易流入江河湖泊和农田等，易污染环境。

（2）占地多。露天矿坑和排土场占地面积大，且有发生地质灾害的可能。

（3）气候条件如严寒、冰雪、酷热和暴雨等对露天开采有一定的影响。

（4）开采深度增加，境界剥采比增加，运输高差大，开采成本升高，矿体合理的开采深度有局限性。

1.1.3　露天采矿适用条件

鉴于露天开采的优缺点，露天开采比地下开采更易于应用大型机械设备，从而可扩大企业的生产能力，提高劳动生产率，缩短基建时间，降低开采成本，提高经济效益。在选择开采方式时，应对露天开采和地下开采进行综合比较，并充分考虑露天开采在资源回收、劳动条件和生产能力可靠性等方面的优势。

为满足我国国民经济飞速发展需要，当矿床开采满足经济性、可行性、合理性条件时，应首先采用露天开采。

1.2　露天矿山基本名词术语

矿山工程：从地面把地壳中的有用矿物开采出来，为此按一定工艺过程，把矿石从整体中开采出来的全部工作。

有用矿物：地壳岩石中，含有对人类有用的成分，且有用成分含量高或品质优良、适于工业应用的岩石。

低品位矿石：在当前的技术经济条件下，接近而未达到经济平衡品位或某一盈利品位的矿石，以及低于最低工业品位的表外矿石。

剥离物：不含有用成分或含量不足以工业应用的岩石，包括表土、围岩和夹石。

有用矿物和剥离物的含义是相对的。从露天采场采出的某些废石，可用作建筑材料或其他用途。例如：宏大爆破承接的河南舞钢铁矿采剥工程中，原开采的废石因石料质量较好，可用于建筑材料，从而完成了“废石”到“矿石”的华丽变身，为矿企创造了额外利润。许多品位低、加工困难的低品位矿石，以往被送进低品位堆场或排土场，但随着开采、选矿、冶炼等技术不断提高或开采成本不断下降或市场环境的变化，很多以前工业指标之外的低品位矿石也具有开采价值。例如：宏大爆破承接的大宝山铜多金属露天矿，原铜矿石品位高于0.85%的矿石入选，低于该品位高于0.4%的排卸至低品位堆场，随着采选、冶炼技术进步及铜矿石品位降低以及储量降低，原低品位矿石逐渐成为有用矿物。有的岩石，开采之初被当作剥离物排弃，而开采过程中却发现其中含有宝贵有用矿物。

矿体：有用矿物在地壳中的集聚体。

露天矿场：露天开采所形成的采坑、台阶、边坡和开拓运输道路总和，如图1-2所示。

排土场：又称废石场，是指矿山采矿排弃物集中排放的场所。

图 1-2 宏大爆破承接某矿山采剥工程闭坑设计图

埋藏在地下的矿床，千姿百态，地质条件复杂多变，因矿床埋藏条件和周边地形条件不同，依据露天开采境界地表封闭圈，可将露天矿山划分为山坡露天矿和凹陷露天矿。

山坡露天矿：矿床位于地表封闭圈以上则称为山坡露天矿。

凹陷露天矿：矿床位于地表封闭以下的称为凹陷露天矿。

对于一个露天矿山而言，从始至终，可能一直为山坡露天矿或凹陷露天矿，但是部分矿山开始可能为山坡露天矿，发展到后期转变为凹陷露天矿，或者某一生产期两种形态并存。

走向：岩层层面、矿层层面等水平延伸的方向。

倾向：在层面上垂直岩层走向线所指的方向。

倾角：倾斜向线与其水平投影之间的夹角，也就是岩层面与水平面的最大夹角叫作倾角。

台阶：露天采场内的矿岩通常划分为一定高度的分层，从上而下逐层开采，在开采过程中上下分层间保持一定的超前关系，构成阶梯状，每个阶梯就是一个台阶或阶段。台阶是进行独立采剥作业的单元体，台阶剖面如图 1-3 所示。

台阶组成要素主要（参见图 1-4）包括：（1）台阶上部平盘（上盘）；（2）台阶坡顶线；（3）台阶坡面；（4）台阶坡底线；（5）台阶下部平盘（下盘）；（6）台阶坡面角 α；（7）台阶高度 h；（8）采掘带宽度 A。

台阶高度 H：影响台阶高度的主要因素有：（1）采装设备规格及物料性质，在采掘不需要爆破的软岩时，为保证满斗率，工作台阶高度不应小于挖掘机推压轴高度的三分之二；为保证安全，台阶高度不应大于最大挖掘高度。在采掘矿岩爆堆时，爆堆的高度一般不应大于电铲的最大挖掘高度。但当爆破的矿岩松碎而

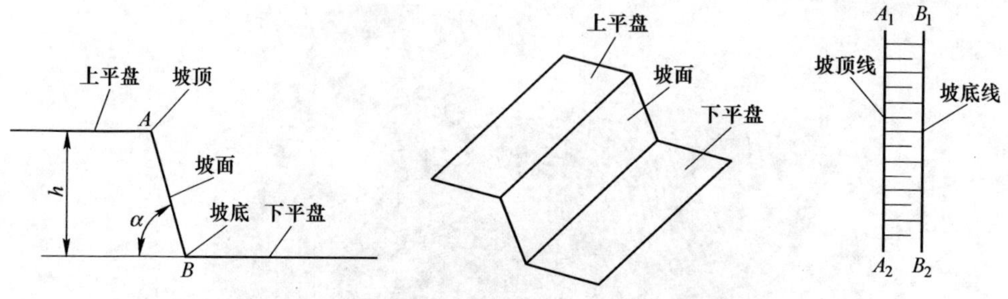

图 1-3　台阶剖面示意图

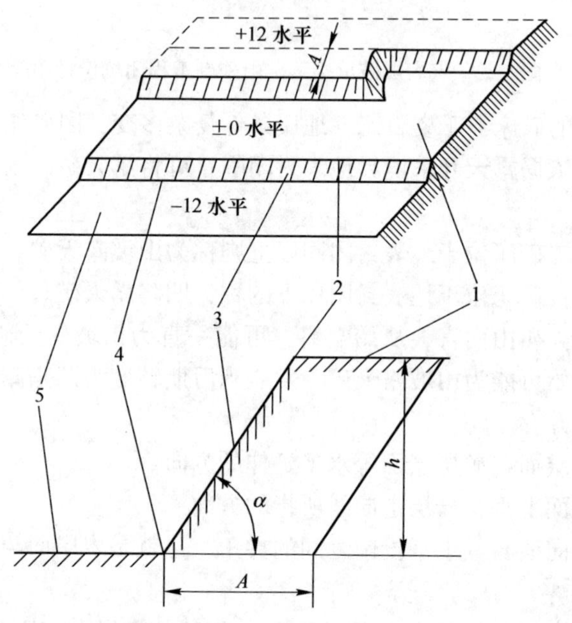

图 1-4　台阶开采和命名

1—台阶上部平盘；2—台阶坡顶线；3—台阶坡面；4—台阶坡底线；5—台阶下部平盘

均匀、无黏性且不需要选采时，爆堆高度可以是挖掘机最大挖掘高度的 1.2~1.3 倍。(2) 推进速度，台阶高度过大，会造成推进速度慢，因此需要合理选择。(3) 装车模式：装车模式有平装车、上装车、下装车，各装车模式对台阶高度影响较大。

平台宽度：正常工作台阶其平盘宽度。影响平台宽度的主要因素有：(1) 爆破方法，例如压渣爆破时爆堆伸出较小，平台宽度较小，抛掷爆破时爆堆伸出较大，平台宽度大。（2）设备规格，挖掘机、卡车设备规格，设备规格大则平台宽度会相应增加。（3）生产计划，根据生产安排，缓采平台其宽度较小，正常开采平台宽度较大，参见图1-5所示。

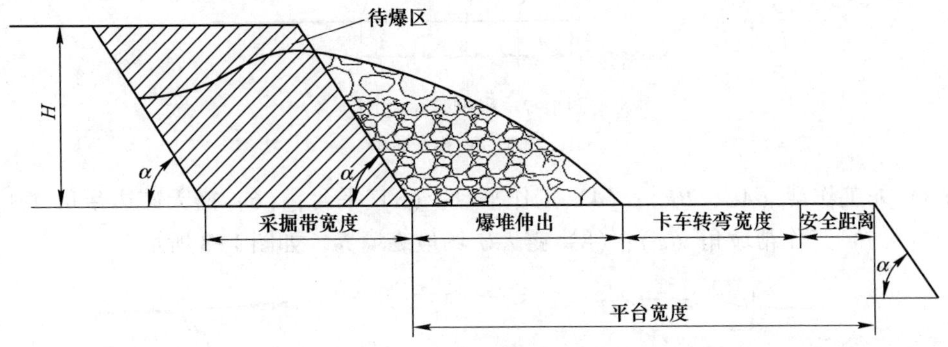

图1-5 平台宽度示意图

台阶一般依据下盘标高命名。根据不同台阶的作用，可以划分为：工作台阶、安全平台、运输平台和清扫平台等。

（1）工作台阶。具有正常采掘条件的台阶；

（2）安全平台。用作缓冲和阻截滑落的岩石以及减缓最终边坡角，保证最终边帮的稳定性和下部水平的工作安全；

（3）运输平台。作为工作台阶与出入沟之间的运输联系的通道；

（4）清扫平台。用于阻截滑落的岩石并用清扫设备进行清理，又起安全平台的作用。

采掘工作面：在采掘带中，进行采掘作业的部分。

采掘工作线：具备采运条件的采掘带，如图1-6所示。

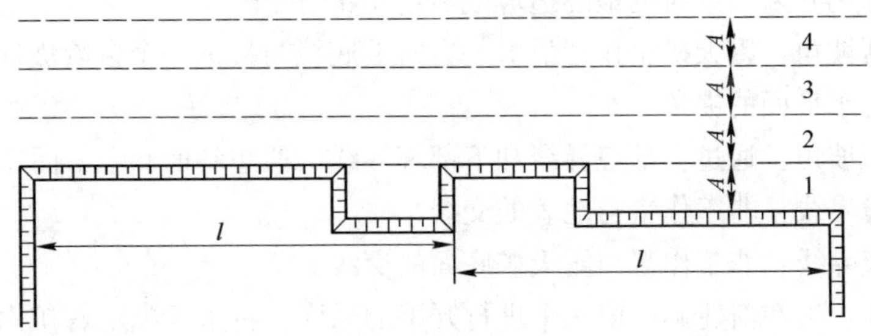

图1-6 采掘工作线示意图

1，2，3，4—推进顺序

采掘带：台阶开采时划分为一定宽度的条带，如图1-7所示。

将台阶组合在一起，可形成露天矿边帮，进而形成露天矿。

露天矿构成要素主要包括：（1）露天矿场边帮；（2）工作帮（*DF*）；

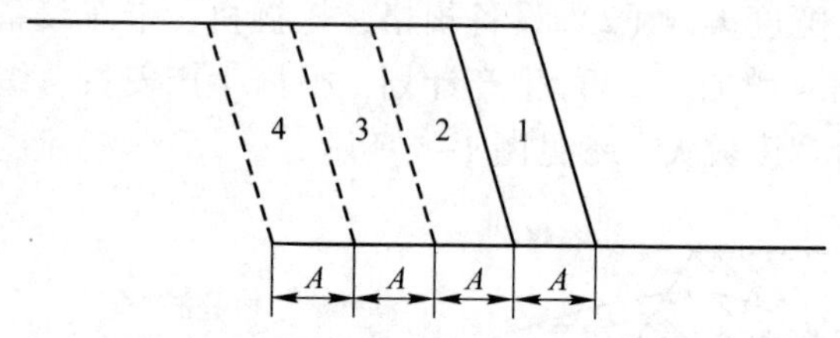

图 1-7　采掘带示意图

1，2，3，4—推进顺序

（3）非工作帮（AC，BF）；（4）工作平盘；（5）平台；（6）露天矿边帮角（β、γ）；（7）工作帮坡角（φ）；（8）露天矿场最终境界，如图 1-8 所示。

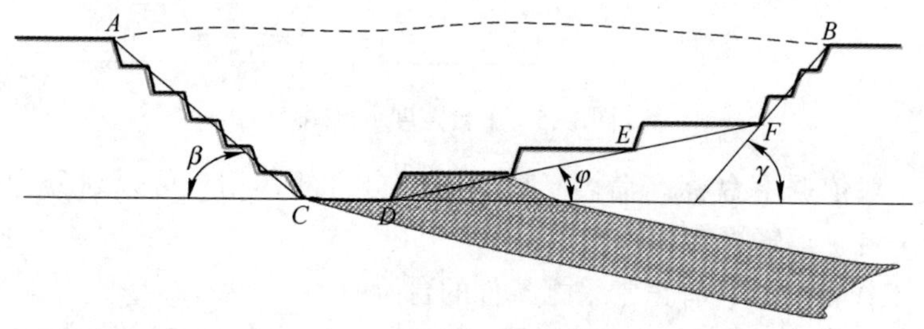

图 1-8　露天矿构成要素

工作帮：由若干工作台阶组成的露天矿边帮。

工作平盘：为进行正常生产，工作台阶需有足够的宽度，以布置穿孔、爆破、采矿、运输设备构成的工作平台。

非工作帮：由已结束开采的台阶部分组成的边帮。非工作帮上常设置供运输用的运输平台、截拦块石滚落的安全平台和清扫滚落块石的清扫平台。非工作帮常是露天采场开采结束时的最终边坡或最终边帮。

工作帮坡角：露天矿工作帮最上一台阶坡底线与最下一个台阶坡底线构成的假想面，与水平面的夹角。

最终边坡角：通过上部境界线和下部境界线的假想斜面和水平面的交角。

上部境界线：非工作帮与地表的交线。

下部境界线：非工作帮与露天矿底面的交线。

首采区：指在新建矿山第一个进行开采的采区，首采区决定着矿山开拓的基本规划和后续的生产接续等。

矿产资源储量：指经过矿产资源勘查和可行性评价工作所获得的矿产资源蕴藏量的总称。

矿山开采储量：在开发勘探阶段，由矿山开采部门由钻孔详细探明的，列入矿山开采计划中的矿产储量。它可作为编制矿山企业生产计划的依据。

矿山开采规模：矿山年生产能力。影响露天矿山生产能力的主要因素包括：(1) 矿体自然条件，即矿物在矿床中的分布、品位和储量；(2) 开采技术条件，即开采程序、装备水平、生产组织与管理水平等；(3) 市场，即矿产品的市场需求及产品价格；(4) 经济效益，即矿山企业在市场经济环境中追求的主要目标。

服务年限：矿山开采总年限。影响服务年限的主要因素包括：(1) 矿石可采储量；(2) 矿山开采规模；(3) 矿石价格。

露天开采境界：露天采矿场的底平面、最终边坡及开采深度所构成的空间几何形状。

开采深度：露天矿开采最高标高减去坑底标高。开采深度影响因素主要包括：(1) 矿石赋存形态；(2) 设备规格；(3) 经济合理剥采比。

露天开采与地下开采的重要区别是除了采出矿石外，还要剥离大量的岩石，且剥离量往往多于矿石量。我们将露天开采剥离量与采矿量的比值称为剥采比。剥采比是衡量露天开采经济效果的重要指标（单位：m^3/m^3、m^3/t 或 t/t）。从不同的角度反映剥采之间的数量关系，有不同的剥采比。

生产剥采比 n_s：它是相邻台阶在开拓准备过程中，一个延深周期内各个台阶向外推帮采出的矿、岩量的比值。

平均剥采比 n_p：在露天开采境界范围内矿、岩总量的比值。

境界剥采比 n_K：是指露天开采深度增加 Δh 后所引起的剥离量增加值与矿石量增加值之比。

经济合理剥采比 n_j：是指在现有的开采技术和费用指标条件下，经济上有利的剥离量与采出矿量的允许最大比值。

可爆性：岩石可爆性表示岩石在炸药爆炸作用下发生破碎的难易程度，它是动载作用下岩石物理力学性质的综合体现。

可挖性：岩石的可挖性是指岩石可挖掘的特性，它是一个受多因素影响的岩石铲挖阻力的总概念。

复垦率：复垦后可被利用的土地数量与被矿山占用和破坏的土地数量的比值，用百分数表示。

1.3 露天开采设计

露天开采设计是对拟建露天矿的开拓、开采、排弃等主要生产系统、辅助环节、配套设施和安全措施等进行的全面设计。设计是生产的源头，用于指导生产有节奏、有目的地进行，因此矿山在生产初期必须有符合其自身矿石开采特点的开采方案。

1.3.1　露天采矿工艺系统

露天开采生产工艺系统是指实现从原始地层中开采矿岩并将其运往指定地点的过程。在露天采矿生产过程中，主要包括以下生产工艺环节，如图 1-9 所示：

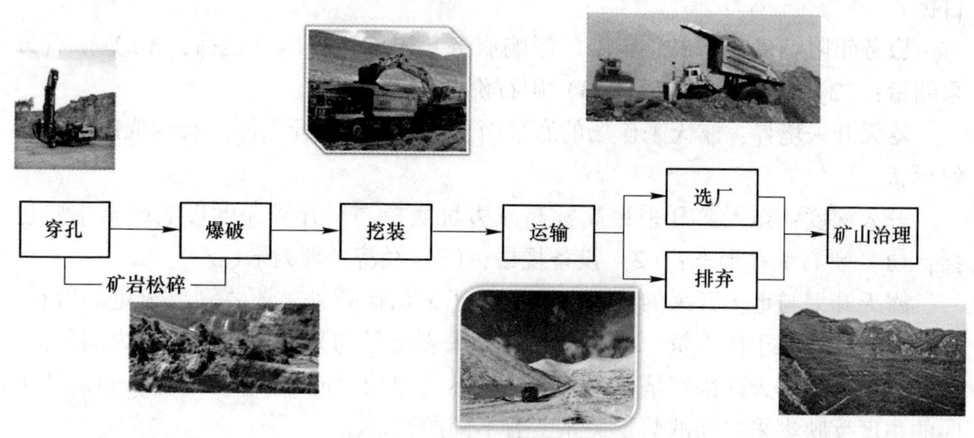

图 1-9　矿山生产工艺环节示意图

（1）矿岩准备：矿岩松碎。简单说来也就是穿孔爆破。用爆破或机械等方法将台阶上的矿岩松动破碎，以适于采掘设备挖掘。

（2）采装环节：矿岩采掘和装载。用挖掘设备将台阶上松碎的矿岩装入运输设备中，这也是露天开采的核心。

（3）运输环节：矿岩向不同卸载地点的移运。即用运输设备将矿石运送到选场、储矿场；将废石运送到排土场。

（4）排卸环节：矿岩在不同卸载点的卸载。包括矿石的卸载工作和岩石的排弃工作。

（5）矿山治理：矿山环境改善。为响应绿色矿山建设号召，降低矿山开采对环境的破坏，必须进行矿区环境修复与再造。

上述各工艺环节有机结合组成了露天矿生产工艺系统。露天矿生产工艺各主要环节的作业过程，一般是不同的机械设备的作业过程。各生产环节的不同设备的不同组合，构成了多种多样的露天矿生产工艺系统。按作业的连续性及施工特点，可分为间断式工艺系统、连续式工艺系统、半连续式工艺系统、拉斗铲倒堆开采工艺和综合开采工艺等，如表 1-3 所示。

露天矿矿岩采剥工程量庞大，一般可达数千万立方米乃至数亿立方米。各生产环节相互联系，构成多环节的动态系统。当针对某具体矿山进行开采设计时，首先要决定采用何种工艺系统，然后再确定设备的类型、规格及数量。在此基础上，再进一步确定采、运、排各生产环节的工艺参数，如台阶高度、工作平盘宽度、采宽、工作线长度等。工艺系统选择总的要求包括：技术可行、经济合理、系统最优、效益最大。

表 1-3 露天矿生产工艺系统方案

工艺名称	物料接续形式	设备组合	适用物料条件
间断工艺系统	间断	单斗-汽车工艺	所有物料
		单斗-铁道	坚硬或较坚硬岩石
半连续工艺系统	间断-连续	单斗挖掘机-粗破碎（筛分）-带式输送机工艺	坚硬岩石或松软土岩
		单斗挖掘机-汽车运输-粗破碎-带式输送机工艺	
	连续-间断	轮斗/链斗挖掘机-汽车运输（铁道运输）工艺	松软或较松软土岩
连续工艺系统	连续	轮斗挖掘机-带式输送机-排土机	松软或较松软土岩
		轮斗挖掘机-运输排土桥	
		链斗铲-带式输送机-排土机	
拉斗铲倒堆工艺	间断	拉斗铲倒堆工艺	松软或较坚硬岩石

1.3.1.1 间断工艺系统

间断工艺系统的各生产环节物料不连续，“单斗-铁道工艺”和“单斗-汽车工艺”是两种应用成熟的间断工艺系统。该工艺系统对于各种地形、地藏、岩性、气候及开采技术条件都具有广泛的适用性。但其主要工艺过程的设备利用率较低。

在我国东北老工业基地，素有“共和国钢铁工业的长子”美誉的鞍钢，宏大爆破公司的子公司鞍钢矿业爆破有限公司承接的大型露天矿有 13 个之多，其中“大孤山铁矿”“齐大山铁矿”是鞍钢矿业标杆矿山。大孤山铁矿生产工艺系统是“单斗-铁道工艺”，齐大山铁矿生产工艺系统是“单斗-汽车工艺”。

在我国露天开采中，“单斗-铁道”工艺系统一直占有重要地位。它适用于各种硬度的岩石，生产可靠；同时，由于铁道列车装载量较大，吨运费较低，可保证较大产量要求。在我国，这是一种成熟的工艺，设备可以自给，而且积累了丰富的设计和管理经验。

但是“单斗-铁道”工艺系统也有明显的不足之处：（1）铁路爬坡能力较差，一般在 30‰以下；（2）转弯半径大；（3）不灵活，移设周期长；（4）固定投资规模大，基建时间长；（5）挖掘机采装时间利用率低。

目前“单斗-铁道”工艺应用日窄，随着国产运输设备可靠性提高，“单斗-汽车”开采工艺因其灵活性、适应性、经济性等各方面优点，应用日趋广泛。在我国金属、非金属露天矿和建材露天矿中，汽车运输矿石量占60%以上。

“单斗-汽车”开采工艺优点有：（1）对矿床赋存条件适应性强；（2）对岩性适应性强；（3）汽车运输爬坡能力强（8%）、转弯半径小（11~40m）、机动灵活、调运方便、建设速度快；（4）剥采作业较灵活，可实现横采、陡帮开采、宽采宽等，矿山开拓简单；（5）运输组织简单，可简化开采工艺和提高挖掘机效率。

“单斗-汽车”开采工艺缺点有：（1）汽车作业受气候影响较大；（2）汽车合理运距短（3~5km），一般应在3km以内；（3）汽车运输成本高（吨公里的运输费用较高）；（4）消耗大量燃油及轮胎；（5）粉尘及尾气危害严重。

“单斗-汽车”工艺系统主要应用条件：（1）地形复杂的山坡露天矿；（2）长度短的深凹露天矿；（3）矿体铲装复杂，矿石品级多，选采、配采要求高的露天矿；（4）经济合理运距较短，一般不超过5km；（5）开采强度大、要求建设快的露天矿。

1.3.1.2 连续工艺系统

间断生产工艺系统的主要优点是适用范围广。但因各环节所采用设备均属间断（周期）作业式，设备的有效作业时间短。以配合铁道运输的单斗电铲为例，电铲用于装车的时间仅占班作业时间的30%~40%。

连续工艺系统则正与前者相反，具有单位能耗低、设备效率高等优点，所以在它出现以后发展很快。但其对岩性及气候适应性差，致使连续工艺系统的发展并不十分普遍。随着科学技术的不断发展和采取各种措施，连续开采工艺在硬岩露天矿以及气候寒冷地区的露天矿也得到了成功应用。

连续开采工艺主要包括：（1）“轮（链）斗挖掘机-带式输送机-排土机”连续工艺；（2）“轮（链）斗挖掘机-运输排土桥”连续工艺。

连续开采工艺的优点有：（1）同样功率下，生产能力大（一般为单斗挖掘机的1.5~2.5倍）；（2）同样生产能力下设备总重小（一般为单斗挖掘机的1/2~1/3）；（3）单位产量（m^3）的能耗小（轮斗挖掘机为0.3~0.5kW·h/m^3，单斗挖掘机为0.5~0.87kW·h/m^3）；（4）剥离或采矿的成本低；（5）生产过程集中，生产效率高，有利于实现集中自动化控制；（6）作业效率高。

连续开采工艺的缺点有：（1）设备投资高；（2）对物料块度、硬度有限制；（3）作业机动性差；（4）需设专门的辅助运输设备、电路系统；（5）各环节处于串联结构，某一环节出现问题，则将造成整个系统停产，系统容错能力差，要求系统有很高的可靠性，各环节之间紧密配合；（6）受气候影响大。

连续开采工艺适用条件为：（1）从经济角度，目前连续开采工艺系统适用于物料硬度为$f<1\sim2$的；（2）气候不过于严寒；（3）矿层赋存较规整；（4）物料中不含研磨性物料，或堵塞性物料；（5）初期设备投资大，仅适用于大型露天矿山。

1.3.1.3 半连续工艺系统

连续工艺系统尽管有许多优点，但它适用条件有限。因此出现了部分环节为连续作业而另一部分环节为间断作业的工艺系统，这类工艺系统称为半连续工艺系统。该工艺综合了间断工艺的广泛适应性和连续生产工艺生产效率高的优势。

半连续工艺主要有以下几种：（1）连续采掘、间断运输的半连续开采工艺系统，如“轮斗挖掘机-汽车（铁道）”工艺系统；（2）带筛分设备的半连续工艺系统，如“单斗挖掘机（推土机）-筛分设备-胶带输送机”工艺系统；（3）带移动破碎机的半连续开采工艺系统，如“单斗挖掘机-自移式破碎机-转载机-胶带输送机”工艺系统；（4）带固定或半固定破碎机的半连续工艺系统，如“单斗挖掘机-汽车-半固定（固定）破碎机-胶带机”工艺系统。

采装环节为单斗挖掘机的半连续工艺系统适用于各种岩性物料；但采装环节为轮斗挖掘机的半连续开采工艺系统适用于（1）岩性较软物料；（2）由于受矿岩块度、硬度限制而不易于使用连续开采工艺时。

采掘间断、运输连续的半连续工艺系统优点有：（1）对坚硬岩性可使用连续运输，可提高单斗挖掘机利用率和生产能力；（2）大型单斗挖掘机配合高速宽胶带输送机，可扩大露天开采规模；（3）露天矿深部应用带式输送机开拓，可减少运输距离和开拓工程量；（4）生产成本较间断式工艺低；（5）克服间断与连续式开采的缺点，发挥各自的优点。

半连续开采工艺系统缺点有：（1）因采用胶带输送机运输，对矿岩块度有较严格的限制（一般不大于胶带宽度的2/3），增加了穿爆工作的难度和费用；（2）为保证块度，须设筛分破碎设备，增加了生产环节，使生产系统复杂化；（3）半连续工艺系统用于剥离时，岩石的破碎将增加生产费用；（4）采用胶带输送机或轮斗挖掘机，受气候影响大；（5）生产环节增多，中间环节的衔接和环节之间的缓冲问题，降低系统整体可靠性。

半连续开采工艺兼有间断开采工艺和连续开采工艺的优点，具有适应性强、机动灵活，能解决中、硬岩矿开采连续运输的问题，扩大生产规模和降低生产费用。露天矿的开采深度每增加100m，汽车运输成本将增加30%~50%，若采用带式输送机则仅增加5%~6%。随着露天矿开采深度的增加、开采和边坡条件的复杂、环保意识增强，改变单一的汽车运输方式成为必然趋势。半连续工艺具有广泛的适用性，是露天开采工艺的发展方向，被国际采矿界公认为“最有生命力”的露天开采工艺。

1.3.1.4　拉斗铲倒堆开采工艺

剥离倒堆工艺就是用挖掘设备铲装剥离物并直接堆放于旁侧的采空区，从而揭露矿石的开采工艺。这是一种合并式开采工艺，又称为无运输倒堆工艺，采掘、运输、排土三个环节合并在一起由同一种设备（挖掘设备）来完成。由于省去了运输、排土环节，生产成本较低，且效率高。拉斗铲结构简单，维修方便，斗容比单斗铲大，最大可达 $160m^3$，臂长也超过单斗铲，最长可达 130m，故扩大了倒堆范围。

拉斗铲在美国、澳大利亚、加拿大、南非、俄罗斯、印度等国家露天矿得到了广泛的应用，其生产成本仅为“单斗-卡车”工艺的 40%~60%。我国露天矿使用拉斗铲倒堆剥离工艺应用较晚，神华集团准格尔能源有限责任公司黑岱沟露天煤矿在扩能工程中，采用了 8750-65 型拉斗铲（斗容 $90m^3$，卸载半径 100m）剥离 6 号煤层顶板以上 45m 厚的岩石，于 2007 年 11 月 12 日投入使用，年生产能力可达 2500 万立方米，如图 1-10 及图 1-11 所示。

图 1-10　黑岱沟露天煤矿拉斗铲倒堆作业（远景）

剥离倒堆工艺的优点有：（1）将采掘、运输、排土三个环节合并在一起，致使工艺系统简单化，生产管理简单化；（2）剥离成本低；（3）劳动效率高，可采用特大型设备。

剥离倒堆工艺的缺点有：（1）适用条件严格；（2）用于剥离倒堆的设备一般都是大型设备，生产能力大，当发生故障时，对露天矿剥离生产影响较大；（3）设备投资大，价格高。

图 1-11 黑岱沟露天煤矿拉斗铲倒堆作业（近景）

该剥离倒堆工艺适用于：（1）水平、近水平或缓倾斜矿床（≤10°~12°），以保证提供足够的内排土场空间和排土场的稳定性；（2）剥离物一般应为松散土岩，或爆破效果好的坚硬岩石。

在矿山条件适宜时，采用拉斗铲倒堆工艺剥离成本较低，经济性好，应列为首选工艺。

1.3.1.5 综合开采工艺

同一采场内有间断、连续、半连续、倒堆工艺系统中的任意两个（或以上）单一开采工艺系统的组合称为综合开采工艺。适用于采场平面尺寸大或开采深度大、生产规模大或采用单一生产系统不经济的露天矿。

1.3.1.6 露天矿开采工艺选择

露天开采工艺选择时，应结合地质条件、气候条件、开采规模、资金投入等因素，并遵循以下原则：

（1）保证剥离、采矿系统的可靠性；

（2）力求生产过程的简单化；

（3）具有先进性、适应性和经济性；

（4）设备选型规格尽量大型化、通用化、系列化。

本着因矿制宜的原则，避害趋利，近期与长远利益相结合，通过多方案比较确定。

1.3.2 开采程序设计

开采程序是指在既定的开采境界内，采剥工程在时间和空间上的发展变化方式，即采剥工程的初始位置、在水平方向的扩展方式、在垂直方向上的降深方式以及工作帮的构成特征等。

1.3.2.1 开采程序设计内容

A 台阶的划分

台阶的划分主要包括两方面内容：作业水平面的划分和台阶高度的确定。

a 作业水平面划分

作业水平面的划分原则：

(1) 岩矿分开—减少矿石的贫化和损失；

(2) 软、硬岩分开—便于爆破，降低穿爆成本；

(3) 倾斜分层的作业面倾角应满足采运设备的作业性能要求。

作业水平面的划分有：水平分层（图 1-12）、倾斜分层（图 1-13）、混合分层。

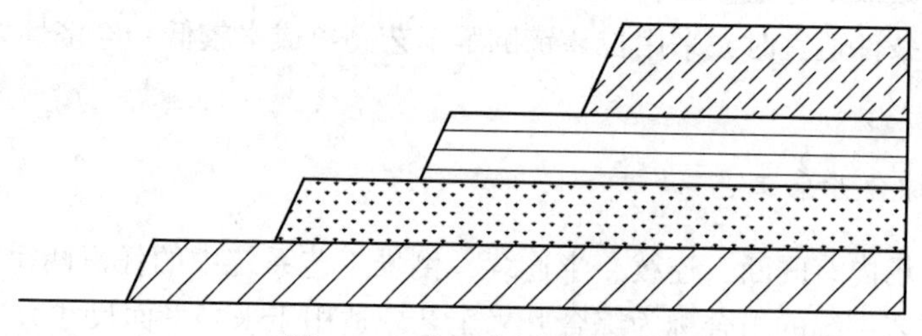

图 1-12 水平分层示意图

水平分层的优点：便于发挥设备的性能。

而当矿体倾角较小（一般小于 10°）时，为便于矿岩分采，在条件允许时，可以沿矿层倾斜方向对台阶进行倾斜分层。

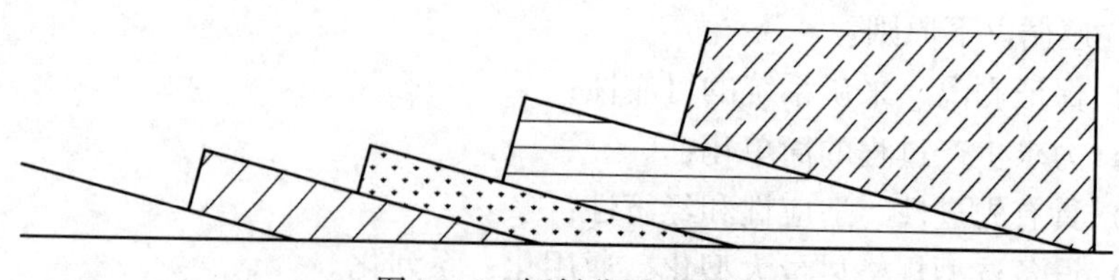

图 1-13 倾斜分层示意图

倾斜分层一般是指按矿岩的分层接触面划分台阶，以便选采，实现矿岩分采分运。这是提高矿石质量和减少矿石损失的重要措施。

根据需要和可能，一般只在矿体倾角较缓的情况下采取倾斜分层。此时若采用水平分层划分台阶，则矿岩混合工作面非常多，选采工作量很大，而采用倾斜分层在技术上较容易解决。开采板石和块石的采石场也有在倾角较陡的情况下采用倾斜分层的实例，这是由采用的石材开采的工艺和设备以及开采中要充分利用岩石层理等条件所决定的。

采用倾斜分层时，露天矿内运输一般采用能克服大坡度的运输设备，如带式输送机、汽车等沿煤层底板运输。

倾斜分层的另一个优点是：便于工作面平盘排水。排水的好坏将影响工作面的正常作业。工作线与矿层走向呈一定交角，使平盘保持一定纵坡，有利于工作面排水。

倾斜分层的缺点是：工作帮坡角较缓，当矿体倾角较大、层厚小、层数多和移动坑线开拓时则更加明显。

采运设备受性能限制，克服纵坡和横坡的能力有限，因而倾斜分层的应用受到一定的限制。鉴于倾斜分层在选采方面的优点，促使人们致力于这方面的研究寻找扩大倾斜分层应用范围的途径，主要包括：

(1) 改进设备结构，使它能适应在较大纵坡和横坡条件下工作。例如，自动调平装置能在较大坡度情况下使设备上部机构保持水平状态；

(2) 倾斜分层的情况下，将设备行走道路部分保持水平。在采掘过程中，在矿体底板留有三角平台供设备站立和行走，随后加以清除，即混合分层；

(3) 适当改变工作线方向。在工作线横向布置沿走向推进的情况下，可以沿微倾斜方向布置工作线，以减小工作平盘的纵坡。现场经常采用此种方式。

为了充分利用倾斜分层进行选采的优点，避免其缺点，一般只在矿体部分（包括矿层间岩石）实行倾斜分层，顶板以上仍采用水平分层（即混合分层），如图 1-14 所示。矿层间较厚的岩石也可用水平分层。在实行矿体倾斜分层、覆盖层岩石水平分层的情况下，随工程发展，矿体顶板将会不断出现新的剥离台阶（台阶高度超过一定限度后，应划分出新的作业台阶）。

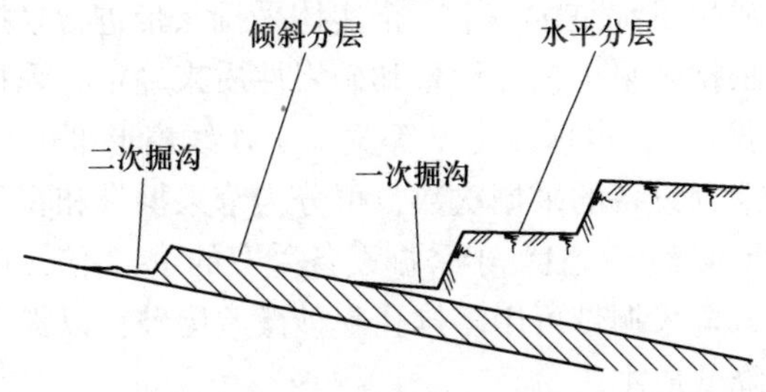

图 1-14　混合分层示意图

陡帮强化开采过程中，尽量选用水平分层，便于发挥设备的效率。但若遇到较缓矿带，为便于降低贫化率和损失率，可局部适当采用倾斜分层。

b　台阶高度确定

台阶高度是台阶划分的又一重要方面。

台阶高度大，设备的走行、定位、线路移设都将减少，生产能力提高。但台阶高度大易出现帮顶塌落现象，威胁作业安全。适当提高台阶高度，有利于充分发挥采运设备的作业效率。在保证安全前提下，台阶高度越大越好。

台阶高度大，矿石采选时三角矿量较大，贫化损失增大。

台阶高度大了，掘沟工程量大，矿山工程延深速度慢。而且，台阶高度大，运输折返条件受限。

由上可知，台阶高度对矿山生产影响较大，陡帮高强度开采过程中，工作空间狭小，过于追求高台阶，则施工进度慢甚至难以施工。因此，在施工过程中要采用灵活的台阶高度，提高开采效率，加快生产节奏。施工进入正常生产后，剥离采用高台阶，便于发挥设备效率，矿石开采可用小台阶，达到减损降贫的目的。

B　采区划分及首采位置选择

当矿山储量大，矿田面积较大，开采年限较长时，需要对地质条件、矿体赋存条件、开采技术条件及装备水平等综合分析后确定采区划分。

露天矿首采区以及拉沟位置的选择对露天矿的初期经济效益以及后续采区的生产接续影响较大。

首采区确定的原则：(1) 矿石覆盖层薄，基建工程量少；(2) 初期生产剥采比较小；(3) 首采区开采范围内勘探程度高；(4) 地面工业场地布置容易；(5) 有利于采区衔接过渡，便于矿山工程发展。

应用陡帮强化开采技术的矿山，首采区选择尤为重要。合适的首采区不仅可大幅度减少基建工程量，快速达产，增加资金周转效率，更加自然平缓地过渡到规模化开采期。

C　工作线布置及推进方向

露天矿台阶的矿岩量都是按一个一个实体采掘条带进行采掘的。

采掘带的宽度根据开采工艺、设备和矿岩性质来确定。采掘带宽度可以是等宽的（工作线平行推进），也可以是不等宽（工作线扇形推进）。

采掘带宽度按采掘设备的采掘次数，可分为窄采掘带和宽采掘带。窄采掘带（普通采掘带）的爆堆宽度一般等于采掘设备采宽的1~2倍，而宽采掘带则达设备采宽的3倍以上。宽采掘带可用多排孔毫秒微差爆破，以提高爆破效果，有利于提高设备效率和降低成本。

采用陡帮强化开采技术矿山生产灵活，开采节奏快，因此工作线布置及采掘带宽度也较为灵活。作业场地狭窄时，采掘带宽度10~15m左右，推进时可采用扇形推进，提高作业空间，提高设备作业效率。

D 开段沟位置选择

根据矿体赋存情况及开采工艺不同，开段沟位置选取一般要满足：(1) 覆盖层相对较薄；(2) 基建工程量少，基建期短；(3) 有利于采剥工程开展；(4) 便于布置地面工业场地；(5) 运输距离较小等条件。

对于山坡露天矿，需修建上山道路才能到达首采区段，开段沟位置还应考虑道路填挖方工程量大小。

对于凹陷露天矿，开段沟位置选择尤为重要，将决定下一步工作帮推进方向，间接影响设备工作效率和矿石损失与贫化。

E 剥采工程的延深

露天矿山延深程序，即露天矿新水平的开拓准备程序。它决定于矿床埋藏条件、露天矿形状、采用的开采工艺和开拓运输系统等因素。

延深方向指相邻两个台阶开段沟同侧坡底线的连接方向。延深角指延深方向与工作线推进方向之间的夹角，用 θ 表示，如图 1-15 所示。

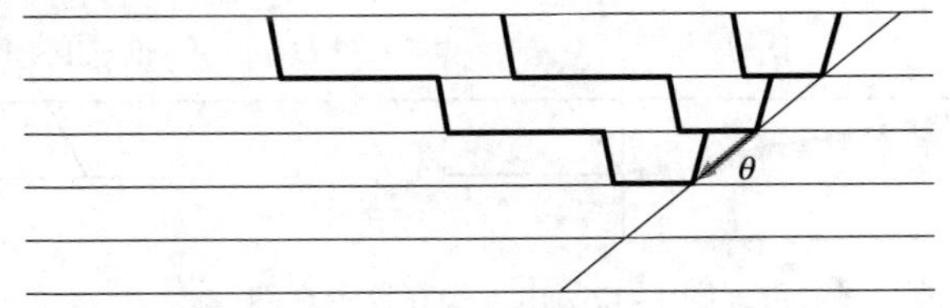

图 1-15 延深方向及延深角示意图

山坡露天矿剥采工程延深方向及延深角如图 1-16 所示，初期随着地形变化，后期则随着境界变化。

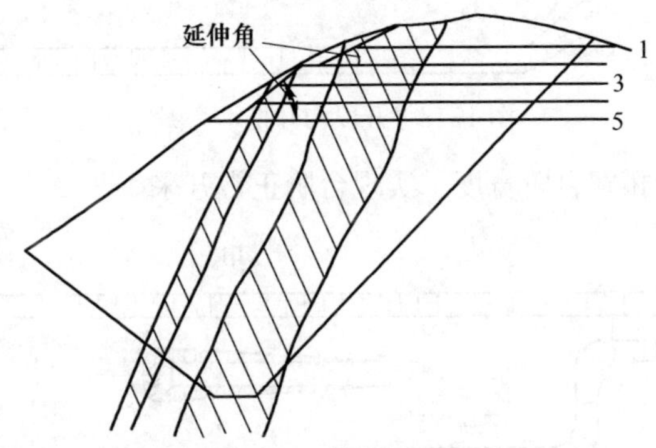

图 1-16 山坡露天矿剥采工程延深方向及延深角示意图

凹陷露天矿当沿矿体的顶、底板掘沟时，延深方向就是矿体的倾向；当沿露天矿的底帮掘沟时，底帮的倾向就是延深方向。

根据不同生产工艺，延深程序也各不相同，本书侧重讲述“单斗-汽车”间断工艺下的掘沟延深程序。

汽车运输机动灵活，具有爬坡能力大、转弯半径小、线路铺设方便和要求工作线短等特点，因此准备新水平延深效率高速度快。

新水平准备是指露天开采中，采场延深时建立新的开采台阶的准备工程。它包括掘进出入沟（图 1-17）、开段沟（图 1-18）和扩帮工程（图 1-19）。

台阶间开拓运输拓展步骤：

（1）满足斜坡道限坡、台阶高度、斜坡道长度及设备作业要求，挖掘出入沟。

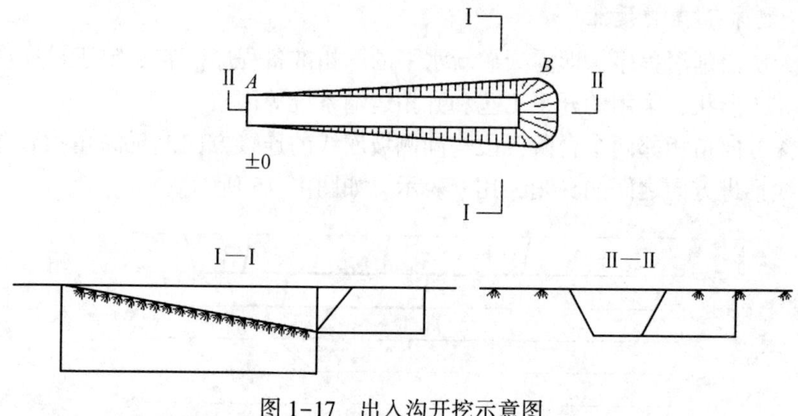

图 1-17　出入沟开挖示意图

（2）满足采区长度要求，挖掘开段沟。

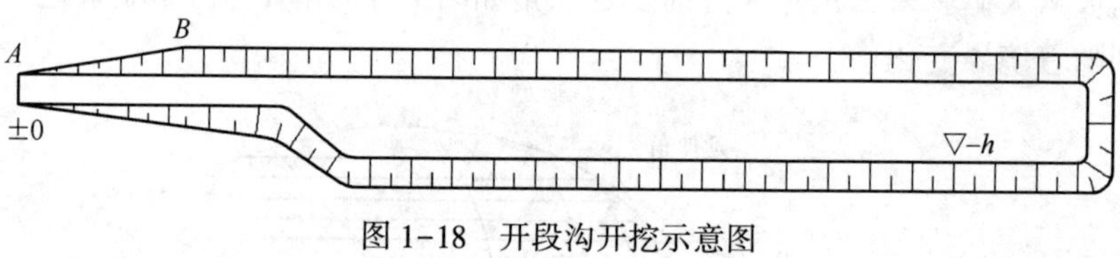

图 1-18　开段沟开挖示意图

（3）扩帮，即拓宽台阶宽度，实现台阶正常开采。

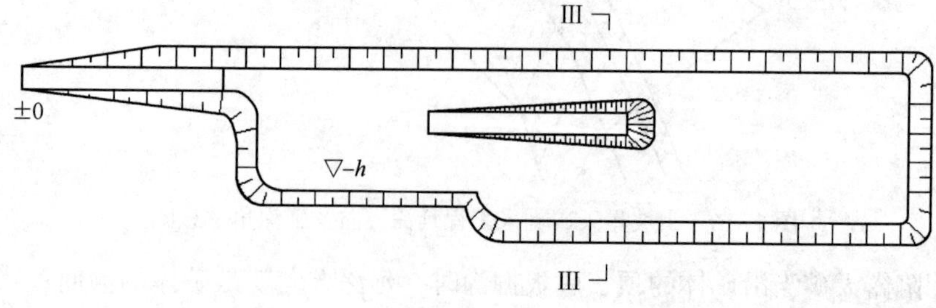

图 1-19　扩帮及新水平开拓示意图

（4）开挖下水平的出入沟和开段沟，以保持非工作帮一侧与上水平坡底线之间平台所要求宽度或运输道路宽度的要求；工作帮一侧与上一水平坡底线之间保持最小工作平盘宽度要求，并依此循环重复（图 1-20）。

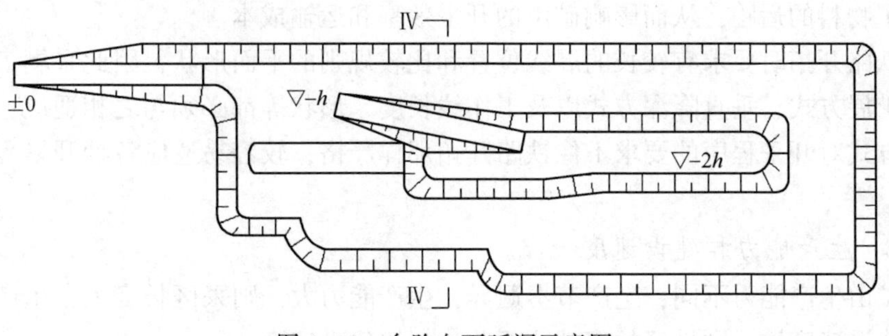

图 1-20 台阶向下延深示意图

1.3.2.2 影响开采程序的因素

开采程序的基本要求是技术可靠、经济合理、满足生产需要，既能安全持续生产；又能花费少的投资和生产费用，获得最大的经济效益。在矿石的产量、品种、质量和提供时间上满足计划要求。

影响开采程序的主要有以下因素。

A 矿床埋藏条件

矿山的地形地物、矿体产状（倾角、厚度）、矿石品种、质量及分布特征，围岩性质及覆盖厚度等，对一个矿山来讲是最重要的客观条件，开采程序的选择与确定必须首先适应这些客观条件，要在这些客观条件的基础上寻求技术可靠、经济合理，并且满足其他特定要求的开采程序方案。

B 露天采场的尺寸和几何形状

露天采场的尺寸和几何形状往往限制开拓沟道的布置和运输方式的选择，因此也就间接影响开拓程序的选择。一般情况下开拓运输方式和开采程序要适应开采境界的几何条件。同时，矿场的空间形态还会影响采区的划分，决定是否进行分区开采或分期开采。

C 生产工艺系统

生产工艺系统与开采程序有密切联系，不同的生产工艺系统往往要求采用不同的水平扩展方式和垂直降深方式。例如单斗挖掘机配汽车运输的间断生产工艺系统，可以采用较灵活多变的开采程序；单斗挖掘机配铁路运输的生产工艺系统，对水平扩展方式和垂直降深方式的限制比较严格。而轮斗挖掘机-胶带输送机的生产工艺系统，则对开采程序的要求就更严格一些。当在采空区设置内排土场时，需要采用与其相适应的开采程序，这时生产工艺的要求通常是确定开采程序的关键因素。

D　开拓方式

开拓沟道的位置及工程发展方式与开采程序有密切关系。开拓运输系统直接决定了物料的运距，从而影响矿山的开采效率和运输成本。

铁路开拓时要求有较长的展线位置和比较规则的平面形状，因此采剥工程的平面扩展方式、垂直降深方式以及工作线长度、形状等都必须与之相适应；公路开拓方式对开采程序的要求不像铁路开拓那样严格，较容易适应各种开采程序的要求。

E　生产能力和建设速度

矿山生产能力不同，生产节奏迥异，生产能力大，则采区长度大，生产效率高。建设速度快，则采区长度就要短些，加快建设速度。

F　矿石质量

对倾斜、急倾斜矿床顶板掘沟（图 1-21）可减少矿石的贫化率和损失率。

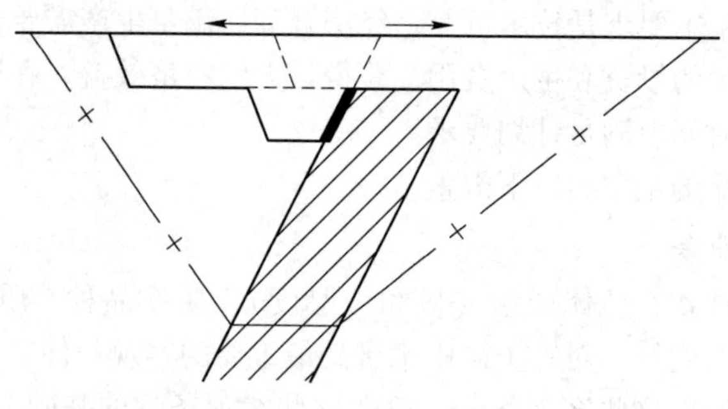

图 1-21　沿顶板掘沟

G　其他影响因素

对改扩建的矿山，开采程序的确定还必须考虑矿山开采现状，对现行生产不能有太大的影响；还要考虑矿山所在地环保要求情况等。

由以上开采程序影响因素可知，确定矿山开采程序必须结合矿山地质情况、生产工艺、生产需求等因素综合分析。

1.3.2.3　开采程序分类及特征

按采剥工程在露天开采境界内空间、时间上的先后顺序特征，开采程序可分为全境界开采、分期开采、分区开采和分区分期开采四大类。

A　全境界开采

全境界开采是指采剥工程按划分的开采台阶，在水平方向连续扩展到最终开采境界，在垂直方向按全深范围逐层连续向下降深，直到最终开采深度为止。

过去，我国露天矿绝大部分采用全境界开采。与分期开采和分区开采相比，全境界开采可以有较大的生产能力，生产组织管理工作比较简单。但它要求在设计时一次确定最终开采境界，因此矿山资源必须一次勘探清楚，勘探时间长，一次工作量大。全境界开采程序对有利部位的优先开采选择性比较差，基建工程量大，基建时间长，生产剥采比的调节余地较小，剥离洪峰值出现较早，剥离洪峰值较高，初期使用的设备数量多，投资大，生产费用高，影响矿山开采特别是初期开采的经济效益。

全境界开采有几种典型开采程序。

（1）沿下盘境界降深、沿走向布置工作线、单侧推进的开采程序。此开采程序特征为水平划分台阶、沿下盘境界降深、沿走向布置工作线、垂直走向单侧推进、纵向工作帮、台阶独立作业。

（2）沿矿体下盘降深、沿走向布置工作线、双侧推进的开采程序。此开采程序特征为水平划分台阶、沿矿体下盘降深、沿走向双侧布置工作线、垂直走向双侧推进、纵向工作帮、台阶独立作业。

（3）沿采场端部降深、垂直走向工作线、单侧推进开采程序。此开采程序特征：水平划分台阶、沿采场端部境界降深、垂直走向布置工作线、平行走向单侧推进、纵向工作帮、台阶独立作业。

（4）垂直走向布置工作线、垂直降深、双侧推进开采程序。此开采程序特征为水平划分台阶、开段沟垂直走向、垂直降深、双侧布置工作线、沿走向双侧平行推进、纵向工作帮、台阶独立作业。

（5）沿端帮降深、多向工作线、多向推进开采程序。此开采程序特征为水平划分台阶、沿采场端部境界降深、多向布置工作线、扩展式多向推进，纵向工作帮、台阶独立作业。

（6）沿周边布置工作线、螺旋式降深、扇形或非均衡推进的开采程序。此开采程序特征为水平划分台阶、沿采场境界周边螺旋式降深、沿周边布置工作线、扇形或非均衡推进、纵向工作帮、台阶独立作业。

沿走向布置工作线，一般开段沟及新水平准备工程量比较大，降深速度慢。另外，当矿体不是很厚时，采矿作业往往只集中在1~2个台阶，在矿山品种较多、品位变化较大时，多品种的均衡生产和质量的稳定困难重重。

垂直走向布置工作线具有许多优点：（1）有利于选择优先开采部位；（2）有利于减少基建工程量和加快矿山建设速度；（3）采矿台阶比较多，有利于采场配矿和质量均衡；（4）新水平准备掘沟工程量较小，有利于加快降深速度、达到较大开采规模；（5）工作面横向绕行运距短。

多向布置工作线比垂直布置工作线更加灵活，运用得当，可以取得更好的效果，但由于降深和工作线布置的变化大，要求运输方式灵活，才能适应其多变的特点。因此这种工作线布置方式仅适用于汽车运输的露天矿。

B　分期开采

在已确定的开采境界内人为划定一个小的临时开采范围，作为初期境界进行开采，以后还可以根据需要继续划分若干期，前一期临时境界的平面尺寸和开采深度均小于后一期，每一期小境界的平面尺寸和开采深度均小于最终开采境界，这种开采程序称为分期开采。分期开采的根本目的是为了获得更好的经济效益，特别是初期的经济效益。

分期开采适用条件：

(1) 储量较大，开采年限较长的矿山；

(2) 矿床埋藏条件变化大、开采技术条件差别大的矿山。可以先开采条件较好的地段，如矿体较厚、矿石质量较好、地形条件有利、覆盖层薄、剥采比小的地段等；

(3) 在某些特定条件下，如采场内有剥离量很大的高山、有需要迁移的地表水体和重要交通线路、有需要报废和迁移的重要建筑物等。为了推迟它们的剥离、迁移、报废、搬迁时间，也可以采用分期开采，使它们在开采初期免受影响；

(4) 有的矿山受勘探程度的影响，开始只能按已探明的工业储量确定开采境界进行生产，随着探明储量的加大，逐步扩大开采范围；

(5) 由于生产规模加大，原有采场不能适应生产能力的要求，需要扩大开采范围，这样在客观上也形成了分期开采。

根据分期开采各分期时间长短，可简单分为长分期和短分期两种开采方式。

(1) 长分期开采。长分期开采的特点是在最终开采境界内分期的次数较少，每个分期时间较长、前后分期衔接有一个较长的过渡期。一般用于储量大、开采年限长的露天矿。该类矿山，各长分期之间的过渡尤为关键。必须充分考虑分期过渡期间，矿山的生产能力、矿石开采能力、生产剥采比增加值等问题。

(2) 短分期开采。短分期开采又称为倾斜条带的扩帮开采。与长分期开采比较，特点是分期的次数多，每一期开采时间短，每一期生产在水平方向的扩帮宽度和垂直方向的下降深度小。因此各期之间的衔接关系更加密切，为保证生产的正常衔接，一般要提前一期或更久进行剥岩。该方法采用分倾斜条带短分期开采时，只有在倾斜条带间的边帮倾角较陡才能显现出较好的经济效益。宜采用横向工作帮，尽可能加大倾角。

C　分区开采

分区开采是在已确定开采境界内，在相同开采深度条件下，在平面上划分若干个开采区域，根据每个区域的开采条件和生产需要，按一定顺序开采，改善经济效益。

与分期开采方式相比，这两种开采方式考虑问题的出发点和谋求达到的目的是相同的，优缺点也基本相同。不同的是分区开采是在平面上划分开采分区，不同分区既可以是接替开采，也可以是同时开采；而分期开采一般是在深度上划分采区，后期与前期之间必然存在扩帮过渡。

采用分区开采的矿山，各分区内部的开采程序如延深方法、工作线布置及推进、工作帮形式等需要根据具体条件确定。此外还应注意解决好各分区生产的正常衔接。

D 分期分区开采

分期分区开采指的是在总体上看是分期开采，但分期中又有分区，或从总体上看是分区开采，但分区中又有分期或既有分期开采又有分区开采的开采方式。采用分期分区开采的矿床一般是在开采范围和储量较大、开采年限较长的矿山。

1.4 露天采矿技术进步

露天开采是人类开采矿物最早的方式，最开始只开采矿床的露头和浅部富矿，开采效率低。自从 19 世纪矿山工程机械发明应用以来，露天开采技术日益革新，露天采矿得到了迅速发展，生产规模逐渐扩大。

1.4.1 露天矿山爆破技术创新

爆破是露天开采工艺的龙头环节，为采装、运输和破碎提供块度合适的矿岩。现代露天采矿的发展离不开工业炸药的发明和使用。炸药可以迅速燃烧或分解，炸药爆炸时，可在短时间内释放大量的热能并产生高温高压气体，对周围物质产生破坏、抛掷、压缩，瞬间破碎大量矿岩。矿山爆破费用约占矿石总成本的 15%~20%，爆破作业效果，不仅影响采装、运输和破碎的设备效率，还影响矿山生产的总成本。

矿山爆破技术日益创新，露天采矿爆破参数不断优化，成本不断降低，爆破效果日趋合理。

1.4.1.1 露天矿山爆破技术

炸药脱胎于火药，火药是我国古代四大发明之一。火药的发明是人们长期炼丹，制药实践结果，至今已有一千多年历史。火药属于低速炸药，大约公元 9 世纪末至 10 世纪初的唐朝末年，火药已被用于军事。在南宋、元朝时期，人们用火药制造焰火，以燃放焰火的形式来欢庆节日。火药性能和作用也逐渐被人们所掌握，古代人民利用它来开山、破土、采矿、筑路等，使其在生产劳动与和平建设中发挥威力。

真正使火药威力得到爆发的是在 19 世纪。1814 年，人们发明了雷管。它能在火药起爆的一瞬间，产生高温的火焰和硝酸银。1846 年，意大利化学家索布雷罗发现硝化甘油，但是该物质对震动很敏感，危险性大，不宜生产。1867 年，诺贝尔把硝化甘油与木浆、硝酸钠等混合，首次制成烈性炸药，使用安全而威力不减。1875 年，诺贝尔把棉花浸透硝酸及硫酸，制成硝化棉，再混合硝化甘油，成为胶质炸药，坚韧防水，可塑性高，特别适合放入矿场爆炸孔内进行爆破，成功地用于矿业生产，采矿业无论规模还是实际生产能力都发生了革命性变化，推动了采矿业技术迅速发展。

A　露天矿山常用的炸药

矿山广泛应用的炸药多为硝铵炸药，按使用条件可分为普通矿用炸药和煤矿安全炸药。前者适用于露天矿和无瓦斯或无煤尘爆炸危险的矿井，其中部分炸药品种只能用于露天矿；后者含有一定的消焰剂，适用于有瓦斯或有煤尘爆炸的危险的地下矿。

目前国内露天采矿的主要使用的炸药有：铵油炸药、浆状炸药和乳化炸药。这些炸药大多抗水性强、密度高、威力大、加工安全，应用广泛，是露天采矿必不可少的供应材料。

B　露天爆破工艺的改进

岩石的性质直接影响钻孔机械的性能和钻孔速度，根据岩石力学性质指标和钻凿速度探讨矿区岩石可钻性变化规律，对各炮区进行可钻性分级，用于指导具体的凿岩爆破。

穿爆效率的提高依赖于钻机设备的发展。按破岩原理可以将钻机分为：机械破岩钻机、物理破岩钻机、化学破岩钻机等。按机械破碎岩石方法可以将钻机分为：旋转式钻机、冲击转动式钻机、旋转冲击式钻机。

爆破工程师经过无数次尝试，不断总结爆破作业经验，逐渐摸索出适应不同工作环境的多种露天矿爆破方法：浅孔爆破、深孔爆破、松动爆破、压渣爆破、预裂爆破、缓冲爆破、光面爆破、抛掷爆破等。

同时，还根据矿岩特性，不断改进和优化爆破参数，创造了连续装药、间隔装药、耦合（不耦合）装药以及正（反）、正反双向起爆装药等装药结构，大大提高了露天开采的爆破效率。在保证爆破效果的前提下，实现“爆破参数最大化、炸药单耗最小化”的目标。

1.4.2　露天矿山主要设备研制与推广

1.4.2.1　穿孔设备

软岩可直接采挖，硬岩则需要穿孔爆破。穿孔作业是用凿岩设备在矿岩内钻凿一定直径和深度的定向爆破孔，是露天矿山台阶爆破的前序工序。钻孔成本约占开采总成本的16%~36%，直接影响爆破作业的效果。穿孔及爆破质量也将影响到采装、运输环节的设备作业效率。

按机械破碎岩石方法，穿孔方式主要有旋转式、冲击式和旋转冲击式。

（1）旋转式钻机：靠回转中心与钻孔中心一致的切削钻头的回转实现连续破岩，同时需要有相当的轴向力。钻进时，每个刃尖都按螺旋线运动，切削和破碎岩石用钻头的前刃面，适用于中硬以下岩石。若用于坚硬岩石，则钻头的切刃无法切下相当厚度的切屑，结果就只能用研磨方法来破碎岩石，刃具会很快磨损，解决的方法是采用金刚石钻头，但由于价格昂贵，只能用于特殊场合。

（2）冲击转动式钻机：靠钻具的冲击力和回转切削力破碎岩石，包含各种凿岩机、潜孔钻机、钢绳冲击钻机等。钻机能量的大部分消耗在产生冲击力上，较小部分用来回转钻具；表现为冲击负荷大，而扭矩和轴向力小。在坚硬、极坚硬和耐磨蚀的岩石中使用比较有效。

（3）旋转冲击式钻机：靠钻具固定轴向很大的静压（一般大于300kN）和钻头的滚压作用破碎岩石，滚齿压入岩石的作用比冲击作用大，具有代表性的钻机为牙轮钻机，适用于中硬以上岩石。

现露天矿山应用较为广泛的钻机主要有潜孔钻机和牙轮钻机。

1.4.2.2 采装设备

露天矿采装作业的主要设备是挖掘机。挖掘机的发明和改进对节省人力，提高工作效率，发挥了不可估量的巨大作用。从小到大，从人力到蒸汽再到液压驱动，从发明到改进再到完善，挖掘机已走过近200年的历史，或许结构简单，却意义非凡，或许生命短暂，却是重要基石。

最早的挖掘机，是以人力或畜力为动力，主要用于挖深河底的浚泥船，铲斗容量一般不超过0.2~0.3m^3。1833—1836年，美国人奥蒂斯设计和制造了第一台蒸汽机驱动、铁木混合结构、半回转、轨行式的单斗挖掘机，吊臂回转依然靠人力用绳牵引，通过不断延伸铁轨实现带状开挖，因此被称为为铁路铲（蒸汽铲）。

19世纪70年代，经过改进的蒸汽铲，正式生产，并应用于露天矿剥离。

20世纪初至40年代末，挖掘机进入动力、行走装置多样化的阶段。1910年，开始采用履带式行走装置；30年代出现了步行行走装置；50年代中期，德国和法国相继研制出全回转式液压挖掘机，从此挖掘机进入一个新发展阶段。

从20世纪60年代起，液压挖掘机进入推广和蓬勃发展阶段，各国挖掘机制造厂和品种增加很快，产量猛增。到70年代初，液压式挖掘机已占挖掘机总产量的83%，逐步取代了机械式挖掘。整机重量普遍在50吨以下，铲斗容量在4m^3以下。

挖掘机根据驱动方式不同，可以分为液压铲（主要采用液压系统和液压缸驱动）和电铲（主要采用电机减速机驱动）。由于电铲挖掘能力大，适用剥离物料条件广等因素，发展也较为迅速。20 世纪 50 年代末至 60 年代初，电铲快速大型化，Marion Power Shovel 电铲公司制造出的 291M 型电铲，斗容达 $19\sim26.8m^3$；1982 年 P&H 公司生产的 5700 型电铲，斗容达 $45.9m^3$。目前最大电铲是用于露天条带采煤的剥离电铲 Marion6360，斗容 $138m^3$。

由于各国气候、地质和生产条件的不同，挖掘机发展具有不同特点。俄罗斯、美国等国家地质条件复杂，土岩较硬、气候恶劣，多发展挖掘能力强的单斗挖掘机，在品种、规格、数量、质量方面都处于世界领先地位；德国土质较松软，多发展多斗挖掘机，单斗挖掘机则以中小型和液压挖掘机为主；英国在迈步式挖掘机方面较先进；日本以中小型挖掘机为主，特别是液压挖掘机。

中国挖掘机的发展，也经历了漫长的过程，随着国外机器的引进，国内厂商也逐渐研制出挖掘机生产的核心技术，各种国产挖掘机逐步投入祖国现代化建设中。

1954 年，抚顺挖掘机厂开始试制挖掘机，斗容 $0.5m^3$ 和 $1m^3$。后来斗容逐渐增加，目前已有十余个厂家生产单斗挖掘机，可生产斗容：0.3、0.5、0.6、1、2、3、4、4.6、10、12、16、20、23、25、27、35、55、$75m^3$，主要型号：WK-2、WK-4、WD-400、WK-10、WD-1200、2300XP、2800XP（合作）、WK-20、WK-27、WK-35、WK-55，WK-75。

我国露天矿使用的挖掘机主要生产厂家包括：太原重型机械集团有限公司、衡阳有色冶金机械厂、抚顺挖掘机制造有限责任公司、徐州重工、三一重工、柳州重工等。

应用较多的电铲挖掘机型号包括：WK-4 型、WK-10 型、WD1200 型等，液压铲以徐工、小松、CAT、日立、神钢等品牌液压挖掘机为主。

1.4.2.3　运输设备

运输是露天采矿最重要的作业环节之一，其主要任务是将采场采出的矿石运送到选矿厂、破碎站、贮矿场，把剥离岩土运送到排土场。在采矿设备总投资中，运输设备投资约占 60%甚至更高，运输成本约占采矿总成本的 50%以上。运输方式的选择和运输系统布置是露天采矿设计和技术改造的重点。

露天矿运输方式可分为三大类：单一机械运输、重力运输和联合运输。

单一机械运输是指：汽车、铁路或带式输送机运输。

(1) 20 世纪 40 年代前，铁路运输占主导地位。铁路运输适用于采场范围大、服务年限长、地表较平缓、运输距离长的大型露天矿，其单位运输费用低于其他运输方式。然而，由于其爬坡能力小、转弯半径大，灵活性差，露天采场的参数受到了很大的制约。随着汽车技术的发展，从20世纪60年代初期开始，铁路运输逐步被汽车运输替代。20世纪80年代以来，国外各类金属露天矿约80%的矿岩量由汽车运输完成，因此汽车是目前露天矿生产的主要运输设备。

带式输送机运输是一种连续运输方式，其主要优点包括：1）生产能力大；2）爬坡能力强；3）劳动条件好；4）易于自动控制；5）经济效益好，运输成本比汽车低。其缺点是：1）投资较大；2）对物料的特性（硬度、腐蚀性等）和块度要求严格，不宜运送大块硬岩和黏性岩土；3）受气候影响较大。

（2）重力运输是指采用溜井或明溜槽等运输方式实现物料移运。溜井运输是将矿岩靠自重沿溜井下放。明溜槽是在山坡面上从高处向低处滑落物料的槽，内面光滑，物料可自动溜下。该种运输投资少、设备少、节约能源、经营费用低，生产能力大，适用于山坡露天矿。山坡高差越大，经济上越合理。但明溜槽因物料滚落，粉尘较大，因此要做好溜槽洒水降尘工作，避免烟尘漫天。

（3）联合运输是指在一个露天矿中，采用两种或两种以上的开拓方式共同建立地表和采场各工作水平之间的运输联系的方法。其特点是：采场内的矿岩采用不同的运输方式接力式运至地表。在实践中，此种运输方法应用甚广，因为其能充分发挥各种运输方式的特长，适应不同类型矿床开采需要。随着开采深度的增加，其优越性更为突出。在开采深度或高差很大的露天矿采用联合运输更具有意义。联合运输形式多种多样，但常用到的主要有：铁路-公路、公路-平硐溜井、公路（或铁路）-箕斗、公路-带式输送机等几种联合运输方式。

1.4.2.4 辅助设备

露天矿山辅助工程主要包括：采装辅助作业、道路修筑及维护、疏排水工程、土岩推排等。露天矿山辅助作业不仅工作量大、劳动强度高、占用人员多，而且直接影响到露天矿采装、运输设备的生产能力的发挥。

辅助设备主要包括：推土机、装载机、轮式挖掘机、刮平机、压路机、加油车、洒水车等。辅助设备不仅能完成采装运输设备难以胜任的或不经济的工作，而且能协调各生产环节，保证生产有序进行。

回顾我国露天矿辅助设备进展，经历了从无到有，从小到大，从机械传动到液压传动，从单一型号到多样化、系列化，从依靠进口到仿制乃至自主研发。目前，我国所产辅助设备已门类齐全，产品可靠性和综合技术水平都有较大提高，基本满足了露天矿山工程的需要，并搭乘“一带一路”春风，出口到世界各地。

1.4.3 现代露天开采的技术特征及发展趋势

露天开采的发展趋势是以提高经济效益为中心，实现生产规模化、设备大型化、管理信息化、作业智能化，提高生产能力和降低开采成本。

1.4.3.1 集中化开采

集中化开采技术是一种新型生产组织模式，指矿山在开采过程中，利用控制手段，优化系统资源组合，形成开采过程中地点集中、产量集中、工序集中、服务系统集中的集约化作业，提高矿山系统运行效率，从而达到降低经营成本的一种开采模式。其本质是使矿山开采的各子系统及工序运转有效、实用、压缩作业空间，减少无效服务费用，降低吨产成本。

1.4.3.2 开采工艺多样化

我国幅员辽阔，各种资源赋存条件千差万别，且随着资源开采深度的增加，开采境界内矿岩赋存条件也复杂多变，为经济、安全、高效采出各种矿石，矿业工程师们因地制宜，通过不断学习和实践，灵活多样地使用“间断工艺”“连续工艺”“半连续工艺”等多种生产工艺，弥补单一生产工艺的不足。

1.4.3.3 矿山数字化与智慧化

露天开采发展大致经历了以下四阶段（见图 1-22）：

图 1-22 露天矿山发展四大阶段

(1) 原始阶段：主要通过手工和简单的工具镐刨、锹挖，效率低下，环境艰苦；

(2) 机械化阶段：机器替代了人力，各道工序采用大量机械设备和爆破施工，生产效率极大提高，工人数量大大减少。

(3) 数字化和信息化阶段：计算机技术飞速发展，三维空间化、生产信息数字化、经营管理网络化和生产过程可视化为其主要特点。

(4) 智慧化阶段：智慧化矿山，就是无人化，智慧矿山能够应用互联网、光纤网络、物联网、云计算等技术，主动的感知、自动分析、并能够正确快速处理的矿山系统。

现阶段，露天矿山发展正处于机械化阶段转型数字化信息化阶段过程中。快速准确、自动化的信息采集与处理系统，可实时展现矿山生产信息；矿山三维设计、生产、管理软件逐步得到应用，三维立体模型直观展现动态开采、设备调动科学合理，大大降低劳动强度，提高矿山生产效率。

随着科学技术不断发展，矿山领域也将受益颇丰，不远的将来将会逐步实现无人化矿山和智慧矿山（图1-23）。

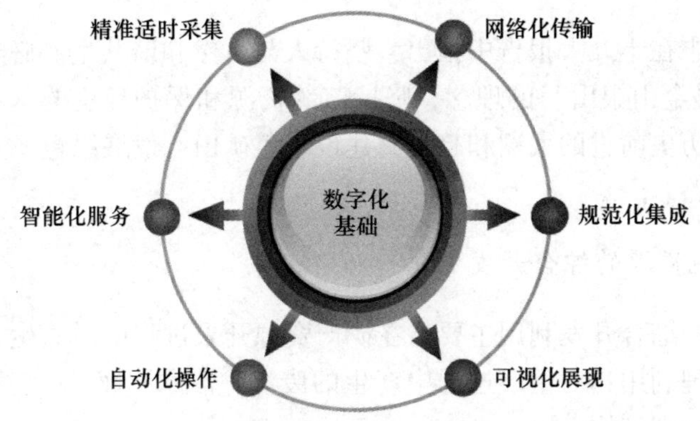

图1-23 智慧矿山

1.4.3.4 矿用设备大型化

矿山设备大型化会大幅度提高采矿强度，提高工作效率，降低生产成本。采装设备在实现无轨化和液压化的基础上，向大型化、遥控化和智能化方向发展。

1.4.3.5 安全生产规范化

露天采场范围广、生产节奏紧张、危险源多，安全生产压力大，越来越多的露天矿意识到矿山安全的重要性，通过建立安全生产责任制，制定安全管理制度和操作规程，排查治理隐患和监控重大危险源，建立预防机制，规范生产行为，使各生产环节符合有关安全生产法律法规和标准规范的要求，人（人员）、机（机械）、料（材料）、法（工法）、环（环境）、测（测量）处于良好的生产状态，并持续改进，不断加强露天矿山安全生产规范化建设。

1.4.3.6 绿色矿山建设

传统采矿造成大量土地、植被和水体破坏。目前我国因采矿破坏的森林面积累计已超1万平方千米、草地2630平方千米，占用土地近6万平方千米，破坏土地近2万平方千米，且每年以200平方千米的速度递增。同时，采矿还引发地表塌陷、山体开裂、崩塌和滑坡等地质灾害，严重破坏原生植被及生态系统，造成水资源枯竭、河水断流、大面积区域性地下水位下降、水土流失、环境恶化。此外，采矿、选矿还会产生大量的废石、尾矿。目前，矿山固体废弃物累计已达数百亿吨。

露天采场以及排弃剥离物均要占用大片土地，而且开采过程中，穿爆、采装、运输、排卸等作业粉尘较大，运输汽车排出的CO逸散到大气中，废石场有害成分流入江河湖泊和农田等，污染大气、水域和土壤，对周边生态环境造成严重破坏。

习近平同志在十九大报告中指出，坚持人与自然和谐共生。必须树立和践行"绿水青山就是金山银山"的理念，坚持节约资源和保护环境的基本国策。绿色发展已经成为历史前进的大潮和趋势，建设绿色矿山、发展绿色矿业是我国矿业发展的必由之路。

1.4.3.7　重视资源的综合开发利用

矿产资源的综合开发利用主要指在矿产资源开采过程中对共生、伴生矿进行综合开发与合理利用；对生产过程中产生的废渣、废水（液）、废气、余热余压等进行回收和合理利用。

以往由于开采技术、设备运营、企业经营等方面的原因，矿山企业滥采滥挖、采富弃贫、甚至采副弃主、破坏生态环境等现象十分普遍，大部分矿山企业对于共生、伴生资源没有得到合理利用，资源浪费现象仍然很严重。

随着国家对矿山监管日严、矿山可采储量日益减少，矿山企业面临资源与环境双重压力，富有前瞻性的矿山企业已意识到资源综合开发利用的重要性。通过推进技术进步，采用科学的采矿方法和选矿工艺，加强低品位、共生、伴生、尾矿等资源的综合利用，保证资源供给的前提下，最大限度地减少矿产开发总量，提高矿产品经济附加值，提高矿山经济效益，延长矿山服务年限。同时，资源综合利用，还可减少资源浪费、变废为宝，避免废渣占用土地资源，避免废水、废气污染水源和空气，保护生态环境，实现矿产开发与环境保护的和谐统一。

2　宏大爆破陡帮强化开采技术

广东宏大爆破股份有限公司董事长郑炳旭先生曾指出：回顾过去，宏大爆破成立于 1988 年，如今已过而立之年。前行路上，我们不缺波澜壮阔的工程壮举，也不惧波涛汹涌的市场大潮。从三人爆破小组起家，经过市场的大浪淘沙，已沉淀为百亿市值、目标远方万亿矿服市场的宏大集团。

宏大爆破成立之初，注册资本仅有 115 万元。2002 年以前，主营业务以拆除爆破为主，市场竞争激烈，年营业收入徘徊在 2000 万～3000 万元，只是一个中小型公司。宏大人不甘于现状，积极谋求转型升级，敢于探索矿山工程领域，深耕矿服行业十年，抓住矿业发展黄金十年，逐步做大做强，积沙成塔，2012 年成功在深交所上市时，营业收入达到了 29. 54 亿元，利润总额 2. 37 亿元，实现 10 年超百倍的惊人增长，如图 2-1 所示。

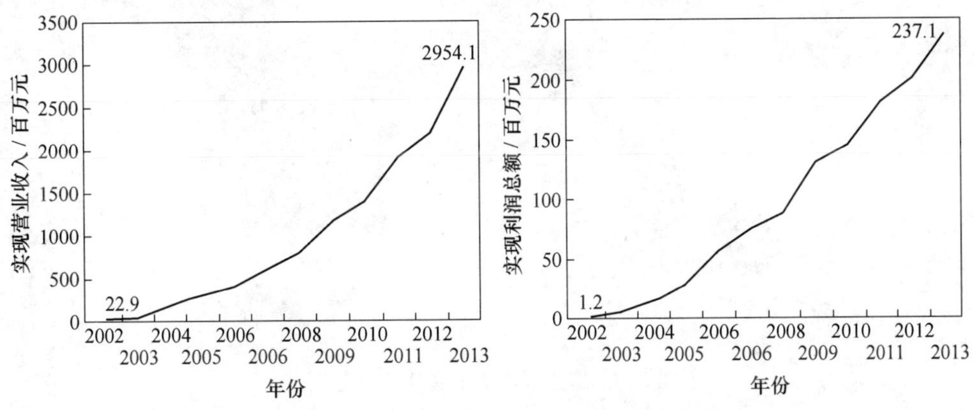

图 2-1　宏大爆破 2002—2012 年企业营收及利润增长趋势

宏大发展分三个台阶，一是由承建大利润的小工程到承建小利润的大工程；二是由承建利润较高的短期工程到偏重承建利润偏低但年限长的采矿工程；三是涉足现场混装炸药业务，践行矿业一体化服务（参见图 2-2）。“三步走”的过程中，陡帮强化采矿工艺得到发展和细化，对宏大爆破的发展起了关键性作用，也逐渐发展成了宏大爆破的当家技术，必将进一步引领促进宏大爆破的发展。

宏大爆破矿山工程板块业务遍布全国，并乘着“一带一路”的东风，逐渐走向海外（图 2-3）。宏大爆破业务遍及国内西藏、内蒙古、宁夏、新疆、黑龙江、辽宁、山东、山西、河南、河北、安徽、浙江、云南、湖南、贵州、四川、

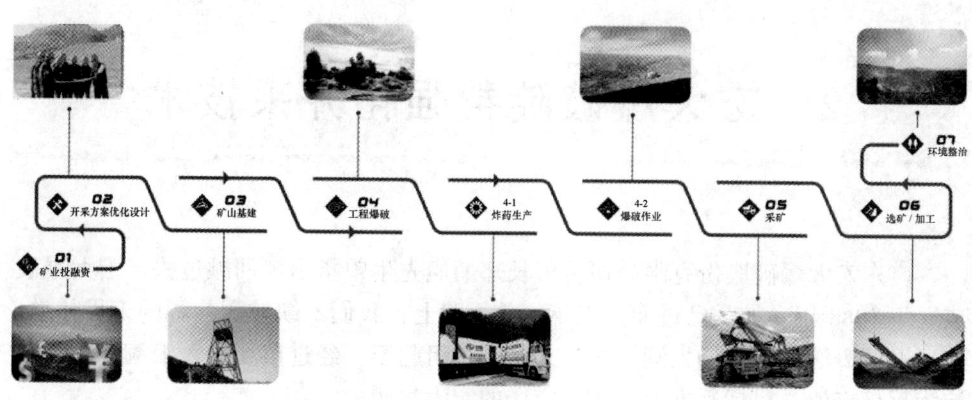

图 2-2　宏大爆破矿山一体化服务

江西、福建、甘肃、广东、广西、海南等省份和海外巴基斯坦、阿曼、马来西亚、津巴布韦等国家，年采剥总量超过 3 亿吨。

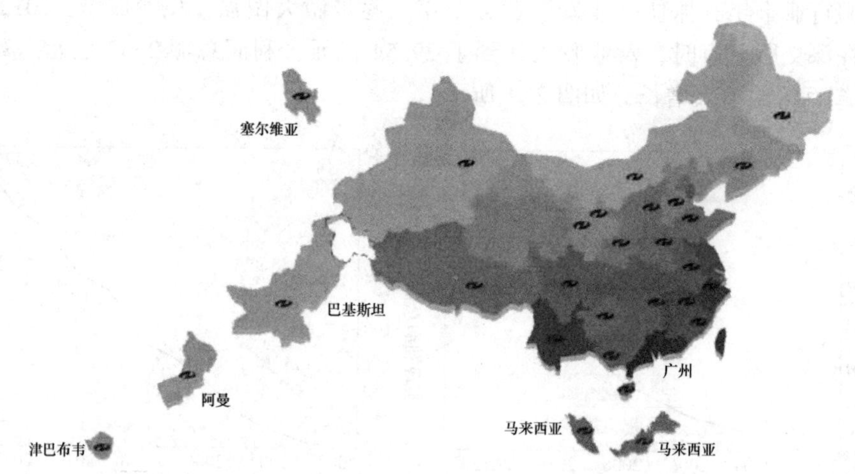

图 2-3　宏大爆破矿业板块业务范围

宏大爆破工程遍及有色金属矿、露天煤矿、石材矿、化工矿等领域，主要矿山工程案例包括：

(1) 有色金属矿山：西藏玉龙铜业股份有限公司矿山采剥工程、大宝山多金属矿采剥工程、上杭紫金山金铜矿露天采剥工程、黑龙江多宝山铜矿混装炸药生产及矿山采剥工程等；

(2) 露天煤矿：神华准能哈尔乌素露天煤矿特大型设备采矿工程、神华准能黑岱沟露天煤矿剥离工程、巴基斯坦塔尔Ⅱ区块露天煤矿采剥工程等；

(3) 大型土石方工程：三亚铁炉港多规格石开采项目、海南某机场场道土石方工程等；

（4）铁矿：河南舞钢经山寺露天铁矿采剥工程；昆钢大红山铁矿露天采剥工程、鞍钢关宝山铁矿采剥工程等；

（5）建材矿山：广西都安鱼峰西江水泥有限公司石灰石基建开拓采准及采矿工程；广州顺兴石场矿山采剥工程等。

（6）化工矿山：广东省云浮硫铁矿露天采剥工程、新疆宝明矿业有限公司吉木萨尔县石场沟油页岩工程等。

2.1　陡帮开采技术

露天与地下开采相比，优点是资源利用充分、回采率高、贫化率低，适于用大型机械施工，建矿快，产量大，劳动生产率高，成本低，劳动条件好，生产安全。

陡帮开采是加陡露天矿剥岩工作帮所采用的工艺方法、技术措施和采剥程序的总称。它是针对凹陷露天矿初期剥岩量比较大，生产剥采比大于平均剥采比这一技术经济特征，为了均衡整个生产期的剥采比，推迟部分剥岩量，节约基建投资而发展的一项有效的工艺措施。然而这项技术并非仅适用于凹陷露天矿，现阶段因为环保问题、征地问题、前期投资问题等因素，在山坡露天矿的应用也越发广泛。

陡帮开采与缓工作帮开采不同之处在于露天境界内把采矿与剥岩的空间关系在时间上做了相应的调整。在保持相同的采矿量的前提下，用加陡剥岩工作帮坡角的工艺方法把接近露天境界圈附近的部分岩石推迟到后期采出。它与分期开采的目的相同，而比分期开采更加有效、灵活。露天矿工作帮坡角的大小与台阶高度成正比，与工作平盘宽度成反比。

缓帮开采是工作帮上的每一个台阶均保持很宽的工作平盘台阶单独开采，其工作帮坡角较缓一般为8°～15°，缓帮开采工艺（图2-4）因受最小工作平盘限制，平盘宽度很难减小。

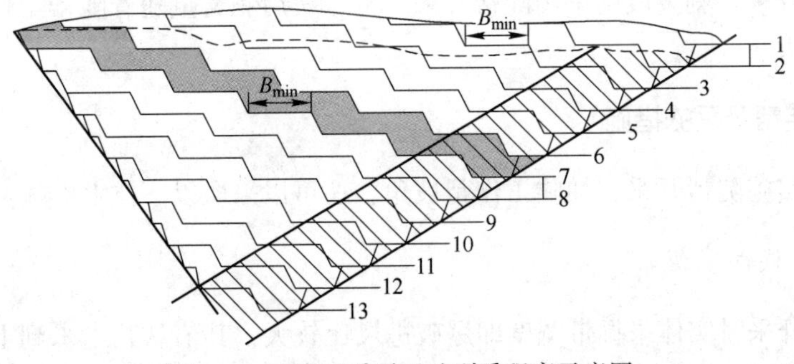

图2-4　正常开采露天矿剥采程序示意图

而陡帮开采工艺打破了缓帮开采工艺在工作帮上各台阶必须连续均匀地推

进，各台阶平台宽度均不得小于最小允许工作平盘宽度的开采模式，而是将工作帮上若干个相邻的台阶合成组，由一个足够宽的工作平台和若干个宽度远小于最小工作平盘宽度的暂时休采的临时非工作平台组成的组合台阶开采，一个分层一个分层往下，每层推进一定宽度的采掘带的开采模式，或者是工作帮剥离段由一个宽工作平台和若干个较窄的非工作平台组成的倾斜竖分带开采模式，从而实现宽窄平台结合，工作平台与暂休采的临时非工作平台并存的一种不连续开采工艺。进行组合台阶开采（图 2-5）时，将每个分组台阶作为一个相对独立的开采单元，同组内对各台阶实行周期性轮采作业。当露天矿生产能力要求较大时，也可同时回采两个或两个以上的分层，采用横向工作面，纵向推进，上部分层对下部分层保持一定的超前距高，倾斜竖分条带开采的特点是按一次推进宽度逐台阶、自上而下均匀地扩帮作业。

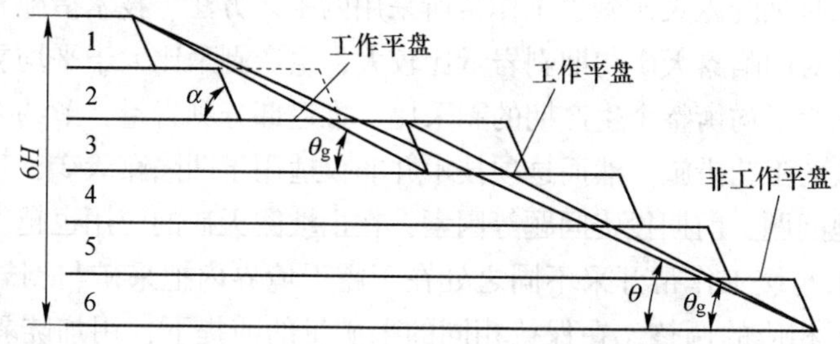

图 2-5　组合台阶陡帮开采方法的应用

由于组合开采在工作帮上增加了非工作平台的数量，减少了采场内同时工作的台阶数目和采场内平台平均宽度，使其工作帮坡角大大提高，从而减少了露天开采前期的剥离量，降低了生产费用（图 2-6）。同时，同组内各台阶实行周期性轮采作业，使设备移动较缓帮开采频繁，生产组织和管理难度有所增加，对穿爆、采矿、运输等各个工艺环节提出了更高的要求。而且，由于采矿段仍按缓帮开采工艺开采，剥离段则采用陡帮开采工艺，缓后剥岩量随着陡帮工作帮坡角的增加而增大。

2.1.1　陡帮开采的措施

为了实施陡帮开采，加陡工作帮坡角，还可以采取以下技术措施：

2.1.1.1　横向采掘

陡帮开采时实体采掘带宽度即爆破进尺比较大，其值从几十米到上百米，大大超过挖掘机一次可能采掘的宽度。为了充分利用采掘后作业空间进行调车和其他作业，挖掘机有时作横向采掘，图 2-7 所示。此时挖掘机的采掘方向与采掘带垂直。

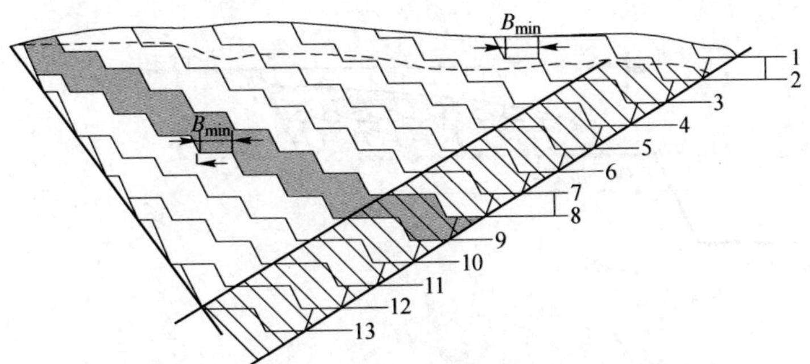

图 2-6 陡帮开采露天矿剥采程序示意图

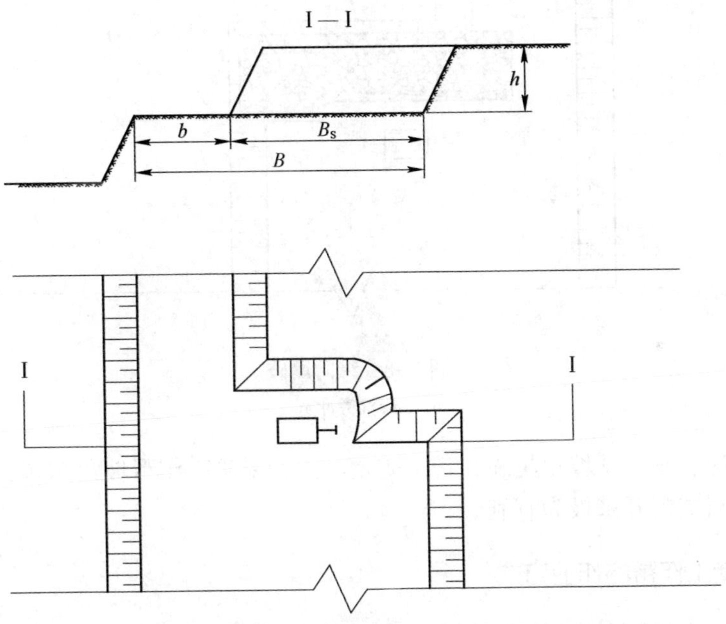

图 2-7 挖掘机横向采掘

B—工作平盘宽度；B_S—爆破进尺；b—暂不作业平台宽度；h—台阶高度。

2.1.1.2 纵向爆破

缓帮开采时，一般实行横向爆破，爆堆在平盘中所占的宽度很大，因而增加了工作平盘宽度。为了减少工作平盘宽度，实行纵向爆破，爆堆亦纵向布置。根据露天采场的实践经验可知，采用纵向爆破旁冲宽度在 10~13m 之间，如图2-8所示。

2.1.1.3 采用深度法设置备采矿量

备采矿量的设置方法可以分为宽度法、长度法和深度法。当采用深度法设置

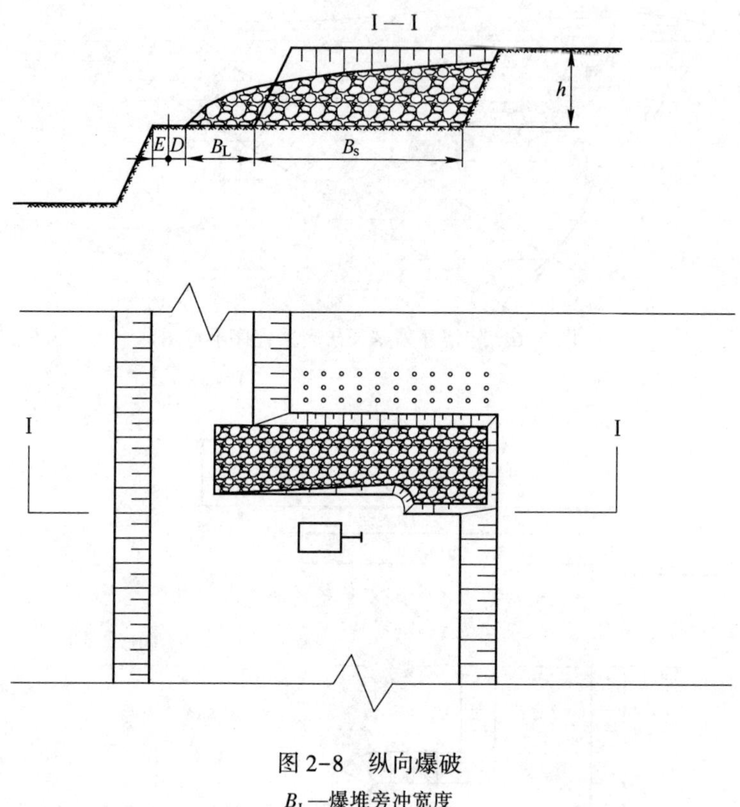

图 2-8　纵向爆破

B_L—爆堆旁冲宽度

备采矿量时，剥岩帮坡角越陡，备采矿量越大；采矿工作帮坡角越缓，备采矿量越大。这对陡帮开采极为有利。

2.1.2　陡工作帮的作业方式

根据工作帮上台阶的轮流方式，陡帮开采的作业方式可以分为以下几种。

2.1.2.1　倾斜条带开采

倾斜条带开采是把剥岩帮上的所有台阶作为一个作业区，从上而下逐个台阶追尾式开采，对剥岩帮高度没有严格要求，一般而言，当工作帮构成要素相同时，倾斜条带开采的帮坡角比组合台阶的帮坡角陡，相对下部采矿区的安全性较组合台阶开采差，因而在应用中，需在剥岩帮下部设置较宽的截渣平台。如果采场长度较大时，采用分区扩帮可使剥岩区与采矿区错开，如图 2-9 所示，采用倾斜条带开采的矿山，在国外有加拿大卡西厄石棉矿，国内有大冶铁矿二期扩帮工程、弓长岭铁矿独木采区和海南铁矿等工程。

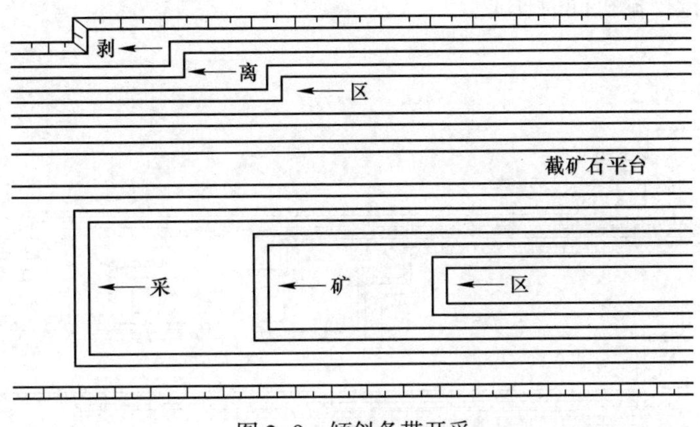

图 2-9 倾斜条带开采

2.1.2.2 组合台阶开采

组合台阶开采是把剥岩帮若干个台阶合为一组，作为一个独立的采剥单元（每组台阶数一般为3~6个），配备一组采装运设备，自上而下逐个台阶轮流开采。只有剥岩帮高差在70~100m以上时，才能形成两组或两组以上组合台阶。与倾斜条带开采比较，组合台阶开采时设备调动的高差小（仅在本组台阶内调动）；上组合台阶作业时，下组合台阶的较宽工作平盘可以截住上部组合台阶下滚的滚石，因而下部采矿区作业较为安全，如图2-10所示，国外露天矿采用组合台阶开采多，如美国西雅里塔铜铝矿、碧玛铜矿、澳大利亚的惠尔巴克铁矿，国内有大孤山铁矿和南芬铁矿等。

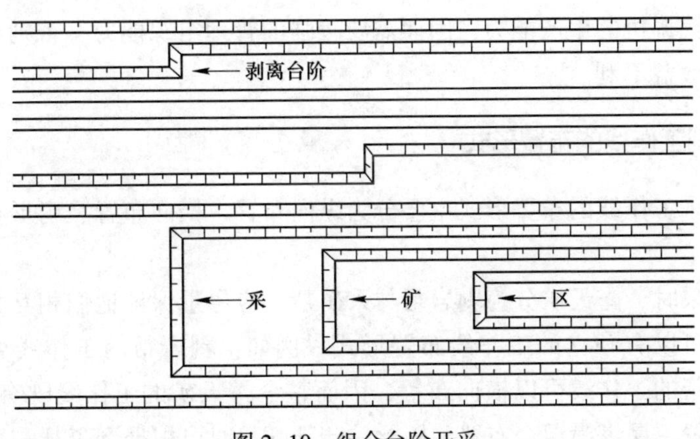

图 2-10 组合台阶开采

2.1.2.3 台阶尾随开采

台阶尾随开采就是一台挖掘机尾随另一台挖掘机向前推进，如图2-11所示，组内有若干台挖掘机同时作业。

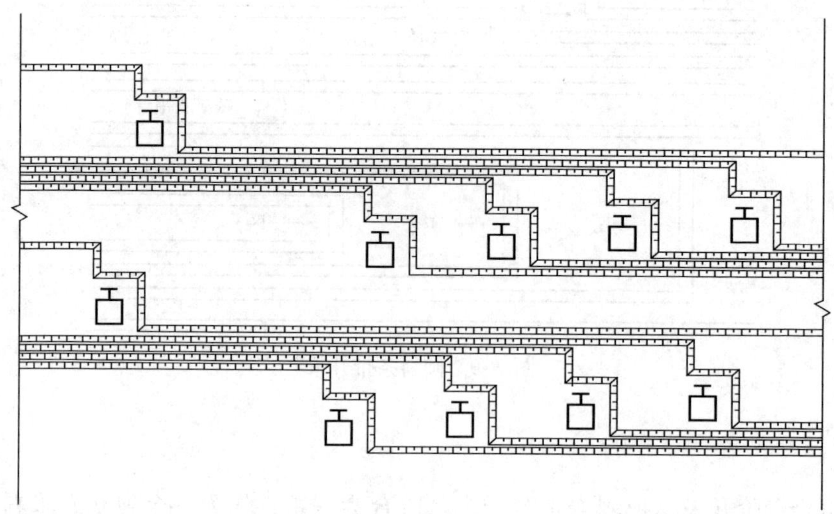

图 2-11　台阶尾随开采

从图 2-11 可以看出，当采用台阶尾随开采方式时，在工作帮任何一个垂直剖面上，组内只有一个台阶在作业，它保留工作平盘宽度，而其他台阶只留运输平台，故可以加陡工作帮坡角，实现陡帮开采。

台阶尾随开采方式利用规格小的采运设备可增加陡工作帮坡角，经济效益好，但是每个台阶要求布置一台挖掘机，上下台阶互相尾随，台阶之间容易互相干扰，降低挖掘机的生产能力，因而需要较强的管理组织能力，否则对提高陡帮开采的经济效益不利。

2.1.3　采剥工作线的布置形式

陡帮开采工作线的布置形式主要分为纵向布置、横向布置、扇形布置和环形布置。

陡帮开采时，露天矿分为剥岩帮与采矿帮，应尽量保证他们相互独立、互不干扰，因而可以有独立的工作线布置形式。例如：剥岩帮的工作线可以纵向布置，而采矿帮的工作线可以横向布置，因而整个露天矿的工作线既有纵向布置，又有横向布置，属纵横混合布置。因此，陡帮开采时可根据剥离帮和采矿帮相互匹配关系，得到露天矿可能的工作线布置方式，见表 2-1 所示。

表 2-1 陡帮开采时工作线布置形式

帮别	剥岩帮	采矿帮	露天矿形态
布置形式	纵向	纵向	纵向
	纵向	横向	纵横向
	横向	纵向	横纵向
	横向	横向	横向
	环形	环形	环形
	扇形	扇形	扇形
	纵横向	纵向	纵横纵向
	纵横向	横向	纵横横向

2.1.3.1 工作线纵横向布置形式

该工作线布置方法是陡帮开采中使用最广泛的一种工作线布置形式，其实质是剥岩帮的工作线沿矿体走向布置，垂直矿体走向推进，而采矿工作帮的工作线却垂直矿体走向布置，沿矿体走向推进。

这种工作线布置形式的主要优点有：

(1) 剥岩帮工作线纵向布置，可以将矿体沿走向长度一次拉开，揭露出来，使揭露的矿石面积最大，因而有利于增加露天矿的备采矿量；

(2) 采矿工作线横向布置有利于配矿和质量中和。露天矿的走向长度一般都比较大，当采矿工作线横向布置并且工作帮坡角相同时，可布置更多的采矿台阶，揭露更多品级的矿石，有利于矿石配矿和质量中和；

(3) 剥岩帮与采矿帮互不干扰。当采用这种工作线布置时，只需保持一定的坑底宽度，而剥岩又能周期性地进行，坑底就能保持有足够的备采矿量；

(4) 剥岩工作线纵向布置，有利于实现分区作业，可以选择矿体厚度大，剥采比小，矿石质量好，开采技术条件优的地方实现优先开采，有利于提高陡帮开采的经济效益。

纵横向工作线布置形式主要适用于走向长度比较大的倾斜急倾斜层状和似层状矿体。

2.1.3.2 工作线纵向布置形式

露天矿采用工作线纵向布置形式时，剥岩帮与采矿帮的工作线均纵向布置，横向推进可以实现分区分条带剥岩，实行优化开采；可以揭露较大的矿体面积，增加备采矿量等。同时采矿工作线亦纵向布置、横向爆破，所占的平盘宽度大，工作帮坡角缓，可能布置的采矿台阶少，备采矿量少，不利于进行配矿、矿石的质量中和以及缓帮采矿。

2.1.3.3　工作线横向布置形式

露天矿的剥岩和采矿工作线都横交矿体走向布置，沿矿体走向推进，此时工作帮坡角可达 25°~35°或更大。

这种工作线布置形式有如下特点：

(1) 剥岩工作和采矿工作都在同一个工作帮上作业，不可能分成剥岩区和采矿区；

(2) 如果采剥工作线都是横向布置，并且帮坡角陡，则露天矿就没有备采矿量或备采矿量少，更难形成按深度法设置的备采矿量；

(3) 如果将两个工作帮的距离拉开，从而在采场底部形成需要额备采矿量区，这时会出现顶、底帮，因而形成四个工作帮。工作线向四周发展，这是名副其实的环形工作线布置形式，或者端帮是横向，顶帮和底帮是纵向的工作线混合布置形式。

2.1.3.4　工作线环形布置形式

露天矿的剥岩帮与采矿帮的工作线都是环形布置，工作线由里向外发展。此时露天矿可分为剥岩区与采矿区，剥岩区的工作帮坡角陡，采矿区的工作帮坡角缓，剥岩与采矿帮都向露天矿四周发展。

采用工作线环形布置形式时，露天矿的备采矿量集中在坑底采矿区。在露天矿上部四周进行剥岩在下部坑底采矿。上部工作帮坡角陡，下部工作帮坡角缓，上下同时作业，互不干扰。

2.1.3.5　工作线混合布置形式

采矿帮工作线一般都采用单一的布置形式，而剥岩帮工作线有时采用单一的布置形式，有时采用混合的布置形式，即端帮是横向，顶帮和底帮是纵向的工作线混合布置形式。

2.1.4　陡帮开采参数

陡帮开采，其工作帮由三个部分组成，如图 2-12 所示，即工作台阶、运输道路及临时非工作台阶。

2.1.4.1　工作台阶

推进中的剥岩帮都有工作台阶。暂不推进的剥岩帮则没有工作台阶，恢复推进时就从最上一个台阶剥离一个岩石条带，即开辟新的工作台阶。工作台阶的平

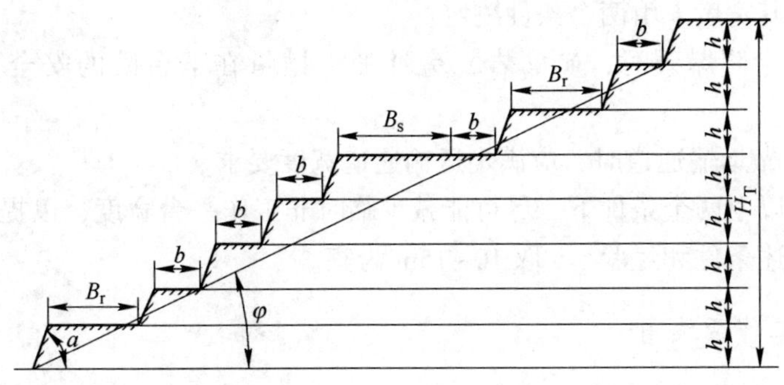

图 2-12 工作帮的组成

B_S—工作台阶；B_r—运输台阶；b—临时非工作台阶

盘宽度由剥岩条带宽度 B_S 值和暂不工作平台宽度 b 值组成。

工作台阶最小工作平盘宽度取决于挖掘机和汽车作业所要求的空间。例如：$4m^3$ 的挖掘机配备 40t 的宽体车时，作业台阶最小平盘宽度不小于 26m。

剥岩帮内同时工作的台阶数目与挖掘机的生产能力、剥岩帮高度、采区长度等因素有关，其关系为：

$$n_y = \frac{T' v_y H_y L}{Q} \tag{2-1}$$

式中 n_y——同时工作的台阶数目，个；

v_y——剥岩工程的水平推进速度，m^3/a；

H_y——剥岩帮的高度，m；

L——采区长度，m；

Q——挖掘机周期生产能力，立方米/周期；

T'——剥岩周期，a。

当 n_y 为 1 时，表示台阶一次轮流开采方式；当 $n_y>1$ 时，表示台阶分组轮流开采方式；当 $n_y=n$（剥岩帮上的台阶数目）时，表示台阶尾随开采方式。

2.1.4.2 运输道路

运输道路主要指运输干线，其宽度与数目影响工作帮坡角。运输道路的数目和开拓运输系统有关。陡帮开采作业时设备移动频繁，通常采用移动坑线，较为灵活，因此在设置运输通道时，应该及时做好生产规划，留设、布置运输道路，防止临时变更道路引起运距增加。

2.1.4.3 临时非工作台阶宽度

由于剥岩帮上大多数台阶是暂时不工作台阶，其所构成的帮坡对剥岩帮坡角影响较大。其宽度 b 由两个条件决定：

（1）本台阶爆破时，矿（岩）旁冲的下抛量在下台阶的安全平台能全部截住。

（2）兼做运输通道时，应满足运输通道宽度要求。

在满足以上两个条件下，尽可能减少临时非工作平台宽度，以提高工作帮坡角。根据上述条件和经验，b 取 10~15m 为宜。

2.1.4.4 工作帮坡角

当剥岩帮上有工作台阶、运输道路及临时非工作台阶都存在时，其帮坡角成为剥岩帮坡角，用 φ 表示；当剥岩帮上只有临时非工作台阶时，称临时非工作帮坡角。

$$\varphi = \arctan \frac{nh}{B_S + n(b + h\cot\alpha)} \tag{2-2}$$

式中 h——台阶高度，m；

α——台阶坡面角，(°)；

n——工作帮上台阶数目，个。

从上式得知，工作帮坡角的大小，取决于工作帮的台阶数（或工作帮高度）、工作平台宽度和安全平台宽度。缓帮开采时，由于剥岩帮工作台阶少，每个台阶都是较宽的工作平台，因而工作帮坡角缓。生产矿山由传统的缓帮开采过渡为陡帮开采，须有一个把缓工作帮状态（工作帮坡角 8°~15°）改成陡帮工作帮状态（工作帮坡角 20°~35°）的过程。

2.1.4.5 剥岩带宽度

剥岩带宽度 B_S 的大小，直接影响着陡帮开采的经济效益。B_S 越小，可均衡生产剥采比越小，反之，生产剥采比越大。剥岩带宽度的确定，除考虑矿体倾角影响外，首先要满足剥岩量最小工作平台宽度的要求，保证采装运输设备活动必要的空间，其次是剥岩下降速度与矿山工程延深速度相适应，以保证矿山工程延深速度所要求的超前剥岩宽度。一般情况下，要求剥岩周期等于或略小于坑底储备矿量保有期。剥岩带宽度与矿山工程延深速度的关系为：

$$B_S = v_h(\cot\varphi \pm \cot\beta) \tag{2-3}$$

约束条件为：

$$B_S \geqslant B_{min} - b;\quad t_1 \geqslant t_2$$

式中 v_h——矿山工程延深速度，m/a；

B_{min}——最小平台宽度，m；

t_1——坑底储备矿量保有期，a；

t_2——扩帮周期，a；

φ——工作帮坡角，(°)；

β——矿体倾角，(°)；

“+”——上盘；

“-”——下盘。

当剥岩量较大时，为了满足扩帮下降速度要求，应尽可能加大扩帮设备的规格。

2.1.4.6 采区长度

陡帮开采时，露天矿一般是分区条带剥岩，条带宽度即为剥岩带宽度 B_s。当剥岩帮高度、条带宽度及挖掘机规格一定时，采区长度 L 越大，剥岩周期就越长，所需的备采矿量越大，坑底采矿取得尺寸也相应地加大，因而影响陡帮开采的经济效益。但 L 值越小，剥岩周期越短，采掘设备上下调动频繁，道路工程量大，也会降低陡帮开采的经济效益。

采区的合理长度主要与挖掘机的规格有关，大挖掘机要求 L 值大，小挖掘机 L 值小。弓长岭独木采场用斗容 $4m^3$ 的挖掘机，采区长度为 350~400m。若采用斗容更大的挖掘机，则合理采区长度将加大。

露天矿山陡帮开采过程中，鉴于山体形态，常常不满足合理采区长度，因此会产生较多上下频繁调动，一般处理边角区域，常使用小型辅助挖掘机进行平台开拓，待形成开采规模后，再由大型挖掘机采掘，即保证了挖掘机的生产效率，又不影响工期进度。

2.1.4.7 采场坑底参数

陡帮开采时，备采矿量的准备具有周期性的，每剥完一个岩石条带，坑底就增加一定的备采矿量，但在剥岩期间又采出一定的矿量，为了保证露天矿持续生产，备采矿量的保有期限应等于或略大于剥岩周期，即：

$$t_1 \geqslant T' \tag{2-4}$$

式中 t_1——备采矿量保有期限，a；

T'——剥岩周期。

确定采场坑底尺寸，需要符合以下原则：

(1) 当最小工作平盘宽度一定时，采场坑底尺寸直接影响陡帮开采的备采矿量。因此，所确定的采场坑底尺寸，应满足剥岩带宽度与矿山工程延深速度的关系。

(2) 坑底采矿区的水平面积是有限的应保证挖掘机有足够的作业空间，否则其生产能力将受到影响。坑底采矿区可以同时工作的挖掘机台数 n_y 为：

$$n_y = \frac{S_p}{S'_p} K_1 K_2 K_3 \tag{2-5}$$

式中 S_p——坑底采矿区的水平投影面积，m^2；

S'_p——每台挖掘机应有的作业面积，m^2；

K_1——考虑到台阶坡面投影面积的系数，取 0.85~0.93；

K_2——考虑到备用作业面积的系数，取 0.75~0.8；

K_3——作业面积的利用系数，取 0.7~0.9。

$$n_y = \frac{A}{Q} \tag{2-6}$$

式中 A——坑底采矿区的矿石产量，t/a；

Q——挖掘机生产能力，t/a。

2.1.5 陡帮开采时运输开拓特点

陡帮开采多运用汽车运输。如果露天矿的开采深度较大，运距较长，可采用联合运输，最常见的是“汽车-破碎机-带式输送机”联合运输系统。

采用陡帮开采的深凹露天矿，其运输开拓的一个特点是大量使用移动坑线，且坑线穿过整个工作帮。有时露天矿上盘和下盘都设置移动坑线。大量使用移动坑线，所以采场道路修筑、维修和保养的工作量很大。

剥岩区不断向外扩展，位置不断变化，工作帮坡度较陡，而且又大量使用移动坑线，线路的位置不断改变，还经常受到工作面爆破施工的影响。坑底采矿区为正常作业区，采出的矿石通过剥岩区外运出矿坑，形成较为复杂的运输开拓系统。

既要保障运输系统通行能力、确保安全，又要保证运输的经济合理性，解决的方法有：

(1) 建立两套完整的独立运输开拓系统，即在陡帮开采时，最好为剥岩与采矿建立两套完整的独立运输系统。各自独立，单独为各自的采区服务，但又有联络道将其连接在一起，即建立两套或多套既各自独立，又相互联系、相互补充的运输开拓系统，确保矿山运输畅通无阻。

(2) 在下盘建立一条安全可靠、畅通无阻的运输干线，即当矿体倾角比较缓，下盘的剥岩量不大时，可以在下盘实行缓帮开采，此时工作平盘较宽，在工作帮上建立一条通向选矿厂（或矿仓）和排土场的通道是完全可行的，这就解决了坑底采矿区的运输和安全问题。

(3) 其他措施。适当分流，保持露天矿合理的货流方向，避免某一区域负荷过大。还可以使用端环线将上下盘连接起来，确保工作面有几个出口，从而保障露天矿运输可靠与安全。

2.1.6 陡帮开采设备特点

露天矿山采用陡帮开采工艺时，受限于陡帮开采工艺特殊的施工方法，同时由于设备本身机械性能，即转弯、行走、体型、重量、配套设施等方面原因，决定了陡帮开采工艺必须投入灵活高效的设备才可实现。因此要求主要设备中小型化。

露天矿山适用的挖掘机种类很多，一般根据其铲装方式、传动和动力装置类型、设备规格及用途不同进行分类。

根据宏大爆破多年矿山工程施工经验，斗容在 4m^3 以下的挖掘机视为小型矿山挖掘设备，斗容介于 4~10m^3 的挖掘机视为中型矿山采掘设备，斗容超过 10m^3 的挖掘机视为大型矿山采掘设备。

按照铲装方式不同，挖掘机可分为正铲、反铲、刨铲和拉斗铲等机型。

按照动力装置不同可分为电力驱动式、内燃驱动式和复合驱动式。

按行走装置不同可分为履带式、迈步式、轮胎式和轨道式。

由表 2-2 可知，设备生产能力越大，规格越大，其吨位越大，行走速度越慢。例如，太重 WK-20 挖掘机标准斗容 20m^3，理论生产能力为 3620t/h，最大行走速度仅为 1.05km/h，需配备 150~220t 的矿用卡车。

表 2-2 矿山工程中常用的大中小型采掘设备参数对比表

对比项	规格及单位	WK-20	PC2000-8	PC1250-8	PC850-8	PC460LC-8（SE）	PC360-8M0
铲装方式	正铲/反铲	正铲	反铲	反铲	反铲	反铲	反铲
驱动方式	电动/柴油/混合	电动	柴油	柴油	柴油	柴油	柴油
工作重量	t	730	200	106.5	78.7	46	33.55
额定功率	kW(PS)	1120(1523)	713(970)	514(699)	363(494)	257(350)	187(254)
标准斗容	m^3	20	12	6	3.4	2.5	1.6-1.9
最大行走速度(高速)	km/h	1.05	2.7	3.2	4.2	5.5	5.5
最大行走速度(低速)	km/h	—	2	2.1	2.8	3	3.2
铲斗挖掘力(最大)	kgf	157080	71100	48800	37000	30120	23200
斗杆挖掘力(最大)	kgf	75990	59800	42000	30400	26300	17400
最大挖掘高度	m	14.5	13.41	13.40	11.955	9.98	9.925
最大卸载高度	m	9.07	8.65	8.68	8.235	7.01	7.04
最大挖掘深度	m	1.64	9.235	9.35	8.445	6.90	7.38
最大垂直挖掘深度	m	0.86	2.71	7.61	8.31	3.865	6.04
最大挖掘半径	m	21.02	15.78	15.35	13.66	11.03	11.08
在地平面的最大挖掘半径	m	20.54	15.305	15.00	13.40	10.805	10.89

陡帮开采过程中，设备移设频繁，工作平台宽度较窄，大型设备体型较大，

移动较慢，难以高频率跨台阶移设，有效采装时间短，甚至难以作业。

为了适应陡帮开采过程中，窄平台、频繁移设、跨台阶作业多等特点，陡帮开采过程中主要选用中小型化设备。

2.1.7　陡帮开采评价及适用条件

2.1.7.1　陡帮开采的优点

(1) 能有效均衡生产剥采比，降低矿山前期生产剥采比。缓帮开采的工作帮坡角为 8°~12°，最大值不超过 15°，生产剥采比是自然均衡的，可调整幅度小，对矿山开采的前期效益不利。陡帮开采的工作帮坡角可以在 16°~35°范围调整，因而生产剥采比均衡的潜力大，这就有可能把生产期的生产剥采比均衡到接近平均剥采比，减少矿山基建投资。

(2) 基建剥岩量和基建投资少，基建时间短，投产早、达产快；可推迟剥岩量和剥离洪峰期，提高矿山前期经济效益。通过加陡工作帮坡角，把大量岩石延缓剥离，平缓和延迟剥离洪峰出现时间，有利于提高矿山整体经济效益。

(3) 推迟最终边坡暴露时间，节省边坡维护费用。由于陡帮开采工作帮坡角较陡，最终边坡只有在靠帮开采时才逐渐暴露，因而出现时间晚，暴露时间短，减少边坡维护费用。

(4) 采用陡帮开采的露天矿山有利于减小汇水面积。露天矿坑开采面积大，则汇水面积大，尤其是强降雨时期，排水费用急剧增加，甚至造成排水不及时，严重影响生产。采用陡帮开采，有利于减小汇水面积，降低排水费用。

(5) 陡帮开采利于缩短矿坑内运输距离，降低运输费用。尤其是在内排的矿山，采用陡帮开采，可缩短工作帮与非工作帮空间距离，节省运输费用。

2.1.7.2　陡帮开采的缺点

(1) 采掘设备上下调动频繁，影响采掘设备的有效作业时间，降低其生产能力。

(2) 陡帮开采时露天矿较多使用移动坑线。开拓运输系统需要随生产推进而不断移设，道路修筑和维护工作量大，费用高。

(3) 采场辅助工程量大。陡帮开采时，采场内的供风管、供水管、排水管路及供电线路移设次数增加，费用增加。采用陡帮开采时，尽量采用灵活高效的设备。

(4) 管理工作复杂。陡帮开采时，上下台阶之间需要配合协调，做到自上而下，有序进行，避免采死，在编制年采剥进度计划时，每年的采剥量做到合理排产。

2.1.7.3 陡帮开采适用条件

陡帮开采基建剥岩量小、投资少、基建期短、投产达产快，经济效益明显，可广泛应用于新建矿山和剥离洪峰尚未到来的露天矿，或扩建改造的矿山。

陡帮开采在欧美等国家已广泛应用，我国从20世纪70年代末起，开始研究应用该项技术，大型露天矿陡帮开采的技术已在全国露天矿逐渐推广。

陡帮开采技术适用条件有以下几种情况：

(1) 矿体埋藏深，储量大，开采时间长的露天矿；

(2) 矿床上部矿量少，下部矿量多的露天矿；

(3) 开采境界大、作业台阶多、矿体厚的露天矿；

(4) 矿体上覆盖层厚，计划减少初期基建工程量的露天矿；

(5) 受限于矿山前期经济投入，而需要初期少剥岩早出矿的露天矿。

2.2 强化开采

多年来我国露天矿山设计，基本沿用苏联时期的一些设计原理和方法，采用一次设计、一次建成的方案，因此存在基建工程量大，基建投资大，基建周期长等问题，投产、达产时间长，不适应市场快速发展的节奏，中小型矿山难以把握有利市场行情。

强化开采是根据矿山开采技术条件，采用“强采、强出”的工艺以及组织管理措施，加快生产节奏，以提高开采强度。随着机械设备转型升级，露天采矿方法不断改进，管理技术不断革新，露天矿山实行强化开采不再困难。

强化开采的原则是以速度为中心，以采掘为基础，以提高开采效率和强度为目的，在生产工艺和技术上，选用快速推进工艺和高效采矿方法，提高装备水平，强化各个工艺环节，在生产组织上，统一调度，合理集中，采用平行、交叉和连续作业等作业方法，提高开采效率。

2.2.1 强化开采方法

露天开采矿山是一复杂系统，主要包含“穿-爆-采-运-排”等多道工序。矿山产能受制于多种因素，其中约束作用最大的可以简单划分为“有效工作设备能力”“有效工作时长”。

影响有效工作设备能力的因素主要有：设备数量、设备效率、设备正常工作空间等。影响有效工作时长的因素主要有：天气情况、工作制度等。

为提高矿山剥采产能，实现强化开采，必须在提高“有效工作设备能力”“有效工作时长”上找方法。可明显提高矿山采剥产能的方法有：

2.2.1.1　有效生产设备数量

生产环境允许情况下，设备数量多寡将直接影响矿山产能。如何尽可能多地安排设备入场工作，达到业主产量要求，是考验一个企业工程管理能力的主要指标。

宏大爆破某项目采用机动灵活的间断工艺，使用柴油小设备，曾在狭长环境下创造了日产 6 万立方米的辉煌成绩。开工之初，作业场地狭小。入场后，积极开拓上部平台，为下方台阶提供推进空间。同时，在保证挖掘设备安全的情况下，减少单个挖掘机作业线长度，尽可能多的布置挖掘设备，提高产能。

2.2.1.2　设备效率

在设备数量一定的条件下，设备效率提高是实现强化开采的重要保障。设备效率提高措施有：

(1) 加强培训，提高操作人员的操作水平和操作技能，减少或避免故障影响；

(2) 合理安排设备保养时间，尽量压缩交接班时间、点检时间等非工作时间；

(3) 合理安排调度设备，让设备工作任务饱和；

(4) 正确选型，提高设备的配套性，尽量使设备分配合理匹配并适应生产环境；

(5) 提高维修技术力量，尽量缩短维修时间和待修时间。

通过以上时间，可以将设备的出动率、有效工作时间、台班效率有一大幅度增加。在不增加额外投入的情况下，提高设备效率是最行之有效的强化开采手段。

2.2.1.3　纵向采剥

不同的开采方式，设备的工作效率有所不同。根据工作线推进方向与矿体走向之间的几何关系，对于矿体呈层状分布的矿山，有纵采和横采之分。

露天矿纵向采剥方法指采剥工作线沿矿体走向布置，垂直矿体走向移动。优点包括：(1) 纵向开采时，工作线是平行推进的，沿工作线的采掘带宽度基本不变，因而有利于发挥设备效率，同时工作台阶数可以减少；(2) 开段沟可以布置在矿体的上盘，并垂直矿体走向推进，因而有利于减少矿石的损失、贫化和剔除夹石。

缺点包括：(1) 在一定的矿山技术条件下，矿岩内部运距较大；(2) 开段沟布置在矿体下盘、工作线由下盘向上盘推进时，矿岩分采比较困难，矿石损失和贫化较大，基建剥岩量较大。

露天矿横向采剥方法指采剥工作线垂直矿体走向布置，沿矿体走向移动。优点是：在一定的矿山技术条件下可以减少露天矿的基建工程量，减少采场内部运距和掘沟工程量等。缺点是：采矿作业台阶多，采矿设备上下调动频繁，影响其生产能力，控制矿石损失、贫化难度大，生产组织和管理比较复杂，容易因计划不周造成采剥失调等。

针对赋存较为规则的大型条状矿脉，矿体赋存较为稳定，可采用纵向采剥，以提高设备采剥效率，增大矿山产能。

2.2.1.4 制定合理的台阶高度

台阶高度主要取决于挖掘机参数、矿岩埋藏条件及矿岩性质、运输条件等。

(1) 挖掘机参数对台阶高度的影响。"挖掘机-汽车"间断运输工艺的采装方式一般均为平装车。对于不需要爆破直接挖掘的软岩工作面，为了保证满斗，台阶高度不应小于挖掘机推压轴高度的2/3；为了保证安全，台阶高度不应大于挖掘机最大挖掘高度。在采掘坚硬矿岩的爆堆时，爆堆的高度一般不应大于挖掘机最大挖掘高度。但当爆破后的矿岩破碎比较均匀、无黏结性且不需要分别采掘时，爆堆高度可以是挖掘机最大挖掘高度的1.2~1.3倍。

(2) 矿岩埋藏条件及矿岩性质。合理的台阶高度必须保证台阶的稳定性，以确保安全生产，对于松软岩石不宜采用过大的台阶高度。在确定台阶高度及其标高时，应尽量使每个台阶由相同性质的岩石组成。即台阶上、下盘的标高尽可能与矿岩接触面一致，以利采掘和减少矿石的损失贫化。

(3) 矿山工程发展速度。当台阶高度增加时，工作线推进速度随之会降低，矿山工程降深速度也会降低。鉴于此，在矿山建设期间，可适当减小台阶高度，以便加快矿山工程降深速度，尽快投入生产。

(4) 运输条件。增大台阶高度，在开采深度一定的条件下，可以减少露天采场的台阶总数，简化开拓运输系统，减少运输线路、管线、供电等工程量及其移设和维修工作量。

(5) 矿石损失与贫化。开采矿岩接触带时，由于矿岩混杂而引起矿石的损失与贫化。在矿体倾角与工作线推进方向一致时，矿岩混采的宽度随台阶高度的增大而增加，矿石的损失与贫化也将随之而增大，这对于赋存条件复杂的有色金属矿床尤为突出。

综合以上台阶高度的影响因素，可知：在满足安全生产和矿石要求前提下，适当增加台阶高度，既能提高采装环节效率，又能有效简化运输系统，可直接提高矿山产能；同时，为了降低矿岩接触带矿石损失和贫化，或加快降深速度提前备矿，也需适当降低台阶。因此强化开采时，台阶高度并非一成不变的，而需根据不同时间阶段的生产要求，及时调整。

言而总之，为了实现强化开采技术，整体矿山台阶高度应尽可能提高，局部区域可适当降低，以满足不同阶段生产需求。

2.2.1.5　分区同时开采

分区同时开采属于提高“有效工作设备能力”的一种方法，其可为前期开采矿山提供更多的工作面，方便布置更多的设备，提高矿山开采能力。

传统的分区开采是指在已确定的合理开采境界内，相同开采深度条件下在平面上划分若干小的开采区域，根据每个区域的开采条件和生产需要，按一定顺序分区先后开采，以改善露天开采的经济效果，可明显降低前期经营费用，提前资源变现。若分区块同时开采，则可明显增加矿山工作线长度，提供充足的设备工作空间，布置更多的设备，提高矿山产能，快速投产达产。

宏大爆破承接的河南舞钢项目，该项目前期为无序开采，由于征地困难、开采技术落后等原因，生产难以为继，在矿区留有 3 个小型采坑，便难以进一步降深。

宏大爆破入场后，结合开采现状，充分利用现有三个采坑，分区同时扩帮，逐渐扩大径山寺矿区矿建面积，剥离到达上部矿体后，连通三个小型采场，形成完整采掘运输系统。原计划 3 年达产，而使用分区强化开采后，实现了半年达产的辉煌成绩，避免了选矿厂闲置，赶上了铁矿石价格高峰期，加速了业主投资成本回收，为矿山持续稳定发展，奠定了资金基础。

2.2.1.6　分期开采

分期开采是当矿山储量较大，开采年限较长，开采深度较深时，选择在矿石多，岩石少，开采条件较好的地段作为首期开采采掘场的一种开采程序。

分期开采的优点包括：

(1) 减少基建期的剥采比，获得品质更优的矿石，从而减少基建期费用，使新建、改扩建矿山尽快达产；

(2) 分期开采可以利用沟谷、荒地、劣地，避免迁移住户；

(3) 分期开采可以选择在地质条件较好的地段；

(4) 分期开采可以避免对环境的危害和污染。

分期开采的适用条件为：

(1) 矿体走向长或延续深，储量丰富，而采矿下降速度慢，开采年限超过经济合理服务年限；

(2) 矿床覆盖岩层厚度不同，地表有独立山峰，基建剥离量大；

（3）矿床地表有河流、重要建筑物和构筑物以及村庄等；

（4）矿床厚度变化大，贫富矿分布在不同区段，或贫富矿石加工和选别指标不同；

（5）矿床上部某一区段已勘察清楚，一般先在已获得的工业储量范围内确定分期开采境界，随着矿山开采和补充勘探扩大矿区范围和深度，并增加矿产资源，引起境界扩大而形成自然分期开采。

分期开采可使矿山开采初期将有限的投资用在“刀刃”上，合理的操作空间布置设备，加快降深速度，提前见矿，减少基建时间及费用，尽快投产、达产，实现资金滚动回收，逐步达到规模化开采。

2.2.1.7　提高有效工作时长

提高有效工作时长，可以增加日生产班次或减少不利气候生产停滞影响。

一天 24 小时，我国劳动法规定实行 8 小时工作日，正常单班为 8 小时。在此基础上，根据矿山生产需要，有“单班制”“双班制”“三班制”等多种工作制度。在人员、环境允许的情况下可由“单班制”转变为“三班倒”工作制，提高设备日产量。

一年日历天数 365 天，因存在恶劣天气、休假、检修、设备故障、上下游工艺制约等因素，难以全年无休生产，年度规划中有效工作日为 330 天或 300 天，雾霾、多雨、高寒、高原等极端环境下，有效工作日会进一步缩减。为了增加有效工作日，可将允许人为安排的部分影响因素，如“休假、检修”等安排在天气恶劣、暂停施工的时间段。同时通过改善矿山环境，降低恶劣天气对矿山生产的持续影响。例如，因暴雨冲刷路面，造成道路湿滑，将影响一星期矿山正常生产，现改变了道路修筑工艺，降低了暴雨对路面的损坏程度，由一星期影响降低为仅有两天（甚至一天）影响。采用此类方法，可大幅度提高有效工作时长。

2.2.1.8　科学管理

宏大爆破在多年的工程施工中，已深刻认识到“科学管理”的重要性。每一项工程均耗资巨大、工艺复杂，是建设单位、施工单位及其他相关部门工作人员智慧和汗水的结晶。企业是否能高效低成本完成施工任务，已成为该企业能否在该行业立足的根本。管理水平的高低，将直接影响工程项目的利润点。

施工现场做到科学管理主要有如下几个方面：生产管理流程科学化、职能分工合理、有效激励、员工培训规范化。

（1）生产管理流程科学化。生产任务由上而下灌输，严格按照操作流程逐层交底，提出科学的操作方法，合理利用工时，提高效率。宏大爆破在各工艺施工过程中，通过碰头会、早班会、现场办公会等方法做到上通下达，以文件的形式推广到工作环节的每一个节点处，让员工明白自身工作的意义及重要性。

（2）职能分工合理。每位管理者和操作人员都是该工程不可缺少的一部分，每一环节出现问题，势必会不同程度影响整个生产系统，因此必须合理划分每一位从业者的职责范围，只有各司其职、各负其责，才能做到上下各环节畅通无阻。

（3）有效激励。强化开采生产节奏快、工作强度大，需要提出有效的激励措施、共同受益，才能更大程度的提高每一位工作人员的积极性，投入紧张工作，实现高效生产。

（4）员工培训规范化。矿山工程危险系数较大，员工培训必不可少，要让员工知道什么可以做、如何做、禁止做，快速提升员工工作技能，跟上紧张生产节奏。宏大爆破通过“师带徒”“传帮带”“集中培训”等措施，保证了新员工快速上手，提高了工效。

2.2.2　强化开采优缺点

强化开采即根据矿山开采技术条件，采用“强采、强出”的办法、开采技术以及组织管理措施，加快生产节奏，提高开采强度。该技术在应用过程中有诸多优缺点。

2.2.2.1　强化开采优点

强化开采优点包括生产能力大，产量高、提高备采矿量和开拓矿量、快速满足短时生产需求。

中小型矿山矿石需求量往往随市场或下游消化能力波动变化较大，造成矿山产能波动，为了契合市场需求，施工单位需要相应提高产能，才可达到产销平衡。

强化开采时，设备作业效率高，数量多，日产能大，可以迅速扩帮扩采、开拓工作面，提高推进速度，提高备采矿量和开拓矿量。面对多变的生产环境，可游刃有余完成任务。

2.2.2.2　强化开采缺点

强化开采缺点有生产节奏紧张、安全压力及管理压力大、容错率低、配套辅助工程量大、设备综合利用率低。

以某石场为例，因运输船舶往来不平衡，平均日产约 3 万立方米石料，高峰期日需 6 万立方米；产量低谷期，一天产量不足 2 万立方米。高峰生产期，需要 40 余台挖掘机同时作业，生产节奏紧张，存在同台阶多台设备同时作业，安全及管理压力大。生产任务重，要求高，生产节奏紧张，某一环节出现问题，将严重影响后续环节施工，生产工艺容错率低。同时，强化开采过程中设备调动频繁，临时性辅助工程量大。生产低谷期，设备工作任务不饱和，闲置率高，综合利用率低。

2.3 陡帮强化开采技术应用

宏大爆破自成立以来凭借精湛的爆破技术在拆除爆破工程领域崭露头角，随后将业务领域延展到矿山采剥工程台阶爆破。矿业服务行业竞争激烈，初期采矿技术人员少，业主要求高，宏大爆破要进入其中甚为困难。在有限的开采空间和有限的投资下，宏大爆破工程技术人员迎难而上，秉持“崇德崇新、我创你赢”的核心价值观，不断钻研，精益求精，以业主需求为出发点，逐步摸索出一套适合各类矿山采剥工程的陡帮强化开采技术，并应用于生产实践之中，取得了不俗成绩，提升了公司竞标能力，在矿山采剥工程中站稳了脚跟。较为典型的陡帮强化开采技术应用成功案例有：海南三亚铁炉港规格石开采项目、河南舞钢铁矿项目。

2.3.1 山坡露天矿陡帮强化开采技术应用实例

铁炉港规格石开采项目是宏大爆破承接的第一个大型露天矿山工程，也是宏大爆破陡帮强化开采技术孕育之地。

2.3.1.1 项目基本情况

铁炉港采石场为筑海堤提供石料，日均开采各类规格石3万立方米。日爆破工程量3万立方米的指标不是一个很高的露天开采指标，不少大型露天矿山日开采总量都在10万立方米以上。采用适当规格的大型机械设备，在数平方公里的作业场里，较容易做到，属于常规露天作业，且现场作业工程机械数量较少。

但是铁炉港采石项目生产条件是：采石工程工期较短，不可能向大型露天矿一样购置大型设备，仅能组织ϕ150mm以下的钻机，1.6m^{3}以下的挖掘机，30t以下的汽车；在东西长仅400m，高差180m的山坡上布置10台英格索兰ϕ140mm，1.0~1.6m^{3}的挖掘机80台，15~30t自卸车250台，作业场地蔚为壮观，远远望去车水马龙，形成一道亮丽风景线。

铁炉港采石项目曾是当时全国石方爆破总量最大的单项爆破工程之一，具有以下特点：

(1) 爆破块度要求非常严格。爆破生产的成品石料主要提供给防波堤使用，包括堤心石和规格石两部分，总计15种规格之多，岩石级配要求严格（参见表2-3）。

表 2-3　岩石级配要求

品种	规格	级配要求
堤心石	规格 1	800kg 以下石块，其中 10kg 以下块石不得大于 10%，200~800kg 块石含量不得大于 20%
	规格 2	500kg 以下块石，其中 10kg 以下块石不得大于 5%，200~500kg 块石含量不得大于 20%
	规格 3	500kg 以下块石，其中 10kg 以下块石不得大于 10%，200~500kg 块石含量不得大于 20%
规格石	其他 12 种	10~100kg、60~100kg、100~200kg、150~300kg、200~400kg、200~500kg、300~400kg、400~800kg、500~1000kg、700~900kg、1000~1500kg、1500~2000kg

(2) 爆破作业次数频繁，业主要求每天平均出产成品石料 3 万立方米，相应的山体爆破放量约 3 万立方米，加上保证均衡生产要求，每天爆破作业工作面进行爆破，钻孔量达 1500m，爆破设计、布孔、施工、解炮、分析优化爆破参数及管理工作量较为庞大、工作内容复杂。

(3) 爆破作业区内地质条件复杂。爆破作业区高差 180m（+10~+190m）、面积约为 40 万平方米。采区内岩石为闪长花岗岩，普氏系数 11~14，节理、裂隙、风化沟、破碎带十分发育，裂隙水丰富。在同一平台出现几种不同的地质条件、甚至同一爆破作业面都含有几种不同地质条件的岩石，爆破生产条件相当不利。

(4) 作业工作面短、均衡生产难度大。按前期工程施工经验，要实现连续均衡作业，必须每天都保证 2200m 以上的作业线长度，即有 6 个工作平台正常作业。要求计划、调度、钻爆、装运、工作面清理等各个方面要相互配合，各个环节要做到做好，尤其钻爆方面，若有一两炮效果差便会影响矿山正常生产。

(5) 运输道路的规划要求高，上下山只有一条运输道路，还必须与台阶协同推进，需要变更路线。每天要运出 4000 车石料，因受海域施工限制，每天作业时间平均仅有 10h，所以运输道路的规划和维护是保障强化开采的重要问题。

宏大爆破入场后，对现场地形仔细研究，因地制宜规划开拓运输系统，使用中小型设备，采用的陡帮强化开采技术，通过合理规划、有效组织，完成以往只有大型设备才可完成的高强度开采，保障了业主生产需求。

为实现陡帮强化开采技术，设计、施工中要做到：

(1) 在保障安全情况下，巧妙设计开采方案，灵活布置开拓运输系统；

(2) 根据业主需求，爆破足够的“合格”石料；

(3) 挖掘机生产能力达到 3 万立方米，满足高强度开采任务；

（4）运输环节，汽车在路上跑得起来，摆得开，除台风和大雨外，能正常运输。

2.3.1.2 开采方案优化

宏大爆破入场时为工程第二期，已有台阶但较为杂乱，单一开拓道路，恢复正常施工难度大，如图 2-13 所示。

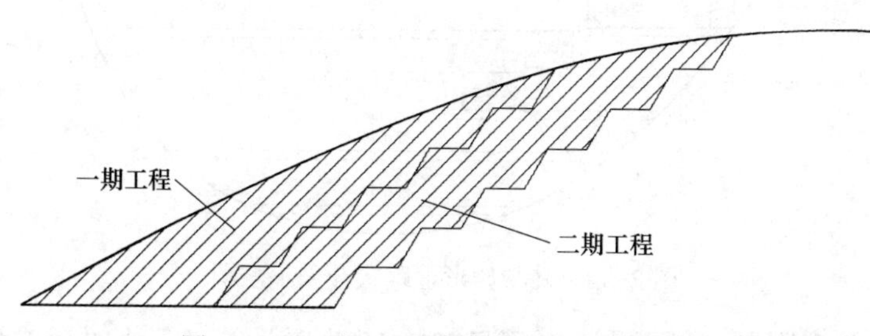

图 2-13 一期工程和二期工程开拓示意图

为尽快达到业主需求生产能力，宏大爆破由资深采矿专家刘殿中教授带队，根据现场实际情况提出“破旧立新、陡帮强化开采”的设计思路。

矿山整体山势较为平缓，且无陡崖断壁。开采方式为“依山开采，逐步推进”。为提高运输能力，拟修建两条环山道路，保证道路运输能力。

一期工程已形成部分台阶，但大多不规则，且部分并段。面对工期紧、要求高的情况，宏大爆破入场后，为快速打开工作面，迅速展开最上部平台清表工作，上部推进 20m，下部平台则依次雁形跟进（图 2-14），逐步释放开拓空间。选用 20~30t 卡车 1~2m^3 挖掘机进行采装作业，仅需 20~25m 工作线，便可正常作业。一套机组一日可产出 1500m^3，最高日产可达 6 万立方米，则必须配备 40 台挖掘机正常作业。因此必须保证 800~1000m 可正常工作线。

宏大爆破入场后采用“分期清理，陡帮推进”施工思路，实现了进场当天下午开工，第三天出产品，第七天日产 1 万立方米规格石，第十五天达产 2 万立方米的骄人成绩，得到业主的高度认可。

陡帮强化开采过程中，生产任务重，生产节奏紧张，若某一台阶发生严重滞后，则将累及下部台阶推进。同时，业主生产任务变化幅度较大，除了日常生产，抢工期时会突增生产任务。为了防备以上两种情况，特在下部平台设置备采区域。

2.3.1.3 运输道路规划和养护

每天生产 3 万立方米石料，大体需爆破 3 万立方米自然方，按岩石比重 2.7t/m^3 计算，有 8 万吨运输量，按平均每车运量按 20t 计算，每天要运出 4000

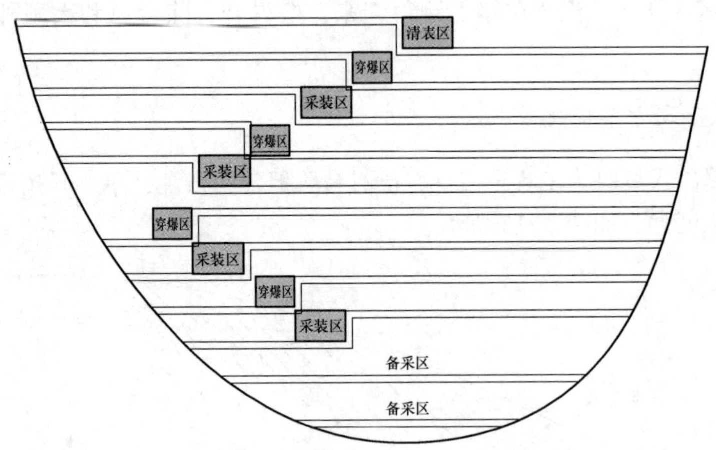

图 2-14　陡帮雁形追踪式开采示意图

车。受海域施工限制，每天作业时间只能按 10 小时计算，每小时运输量 400 车，每分钟 6~7 车，即每 10 秒钟运出一车。所以运输道路的规划和维护，是保障完成强化开采的关键问题。

采场道路分半永久道路（服务半年以上）和临时道路（服务半年以下），均为双车道、砂石路面，其道路坡度、路面回转半径等设计要达到：半永久道路按一级矿山道路要求，临时道路按三级矿山道路要求。

为降低道路对日生产能力的制约，根据地形地貌，建立环形双边半永久道路上至+175m 台阶，并与三个排土场相接，每个工作台阶都可以由两端公路进出，提高运输效率，整个运输系统呈多级环路（图 2-15）。在上山路的出口处设两台地磅记录运至船上的石方量。

为保证运输道路的正常作业，安排 1 辆洒水车、1 辆装载机和 5 名养路工进行日常维护。

上山道路的维护重点是排水，三亚地区年降水量达 2000mm，采区上方有 50 万平方米的汇水面积，采区面积 48 万平方米，排水问题解决不好，洪水不但会冲毁上山道路，还可能冲毁钻爆工作面，整个采场陷入瘫痪。铁炉港采石场一期工程，曾发生过多起上山道路被冲毁事件，造成大雨停工 3 天，中雨停工 2 天，严重影响整个采石工程的正常施工。

针对以往的实际情况，在中国有色工程设计总院的指导下，完成了以下工作：

（1）将采场上方 50 万平方米的汇水面积的水引到采场侧面的沟中排出，不流经采场；

（2）在采场上沿挖掘截水沟，在永久边坡的台阶上挖排水沟，将水沟引到侧面的沟中排水，不直接排采场；

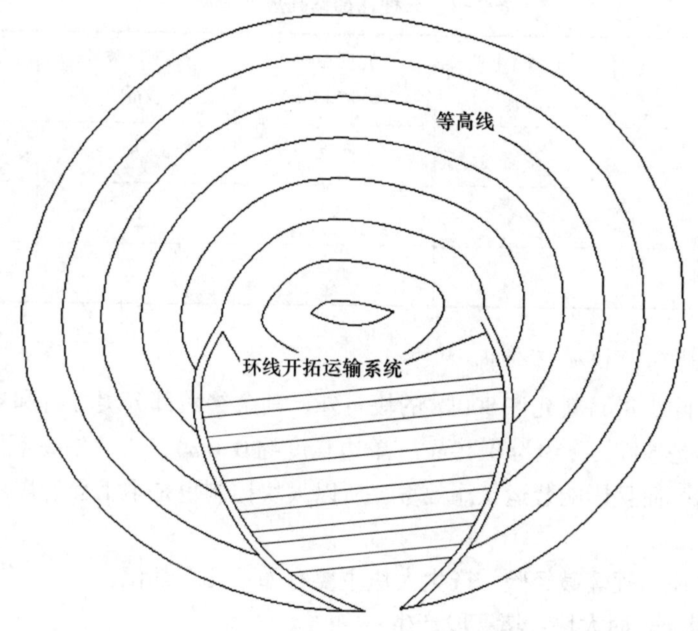

图 2-15 环线开拓运输系统示意图

（3）道路边上挖排水沟，将采场内的水引到排水沟后再引到侧面排水主沟或引到采场下部排出；

（4）暴雨时，在坡度较大的上山道路段放置横向沙包组成一道小横堤，将正在冲刷路面的水截流到边沟，防止冲毁路面。

通过以上措施，我单位可做到中雨不停工，大雨、暴雨后马上可恢复生产。

2.3.1.4 台阶爆破

开采方案和运输道路规划完成后，本工程的施工重点是选择合理的钻爆参数和爆破工艺，保证每天爆破足够方量的石料，且石料级配好、易于挖装，提高采装和运输效率，保证采装、运输环节饱和生产。并在满足以上基本要求的前提下，追求爆破成本最小化。

A 钻孔直径的选择

可供选择的孔径有 ϕ76mm、ϕ100mm、ϕ140mm 三种，设计单位推荐采用 ϕ76mm 和 ϕ100mm，以降低大块率。

根据我们以往的工程经验，认为只要爆破参数和爆破工艺合理，三种孔径的钻孔都可以爆出合格的、基本满足要求的爆堆，但是三种孔径爆破的钻孔成本却相差很大（表 2-4）。此外，考虑到 ϕ140mm 孔径的钻孔，改变横向不耦合装药系数的可操作性好、作业方便，故在施工中选择了 ϕ140mm 孔径。

表 2-4　三种孔径钻孔成本分析

孔径 ϕ /mm	钻孔成本价 /元 · m^{-1}	孔网参数 $a\times b$/m×m	延米爆破量 /m^3	钻孔费用 /元 · m^{-3}
76	28	2×3	6	4.7
100	34	3×4	12	2.8
140	40	4×5	20	2

B　大块率及粉矿率分析

本工程除少量石料允许 800kg 的块石外，其余绝大部分堤心石和规格石允许的大块标准是 500kg（约为 0.19m^3，单边长度约 0.6m），大块率高不仅要花费二次破碎费用，而且影响装运工作效率，所以大块控制也是本工程的爆破技术关键之一。

根据以往工程爆破经验，产生大块主要有如下几个部位：

(1) 爆堆表面大块：堵塞段产生；

(2) 爆堆前沿大块及最底层大块：第一排孔产生；

(3) 爆堆后侧的上部大块：后冲产生；

(4) 爆堆两侧大块：侧向带炮产生；

(5) 爆堆内部大块：孔网参数不合理，钻孔偏斜过大，延迟时间不合理产生；

(6) 根底：超深不够，底盘抵抗线过大或节理影响。

本工程 10kg 以下的小块石基本都作为废料排弃到排土场，而且这部分费用需要自理，因此爆出 10kg 以下碎块，不仅浪费钻爆费用，还要自己出钱运至排土场，所以控制粉矿率是本工程是否盈利的关键。根据我单位对一期工程工作的调查，认为产生粉矿主要分为如下几个部位：

(1) 原岩中受节理、裂隙切割而形成的天然粉矿：岩体越破碎，粉矿率越高；

(2) 钻孔中装药爆破时，其四周粉碎区的粉矿：岩石越破碎，粉矿越多，装药越集中，粉矿越多；

(3) 孔间出现过粉矿：孔间距越小或孔间挤压越严重，粉矿率越高；

(4) 爆堆表层的粉矿：上一个台阶面没有清理干净的碎渣和上一台阶爆破超深过大炸出的碎矿。

C　爆破参数和爆破工艺的优选

每座矿山地质条件不同，因此爆破参数优化必须结合矿山实际情况仔细分析，现场爆破实验必不可少。现场试验是结合生产进行的，首先是保证产量，保证挖运工作正常进行，在分析爆破效果基础上，调整爆破参数和爆破工艺，使工程成本降低。经过数月的不断实践和总结，摸出了一些规律，使优选工作迈上了一个新台阶。

a 装药结构的调整

将单一装药结构（装药段延米装药相同）改为上下段装药，下段延米装药量是上段延米装药量的1.2~2.2倍（上下不同装药直径），对控制粉矿率起到了关键作用，并降低了单耗（山体自然方平均单耗0.37kg/m^3）和爆破成本（合格石料平均装船爆破成本4.52元/m^3，计算山体自然方爆破成本4.98元/m^3）。

b 岩石可爆性分级及单耗控制

按矿山的经验，经地质调查和对爆破效果的统计分析，将采区内岩石分为相对难爆、中等可爆、易爆三个等级，其具体分类如表2-5所示。

表2-5 采区岩石按爆破难易程度分类

类别		Ⅰ	Ⅱ	Ⅲ
可爆性描述		相对难爆	中等可爆	易爆
岩石种类		花岗岩	花岗岩及辉绿岩	花岗岩
风化程度		弱风化、微风化	弱风化	全风化、强风化
节理裂隙状况	130°∠80°	间距70~200cm之间	间距40~70cm之间	间距10~40cm之间
	60°∠60°~80°	间距>50cm或>100cm	间距>50cm	间距50cm以内
爆破描述		需强烈破碎才能达到合格的岩块	需将天然石块进一步破碎，否则大于500kg	不需将天然石块进一步破碎，只要将岩体松散便可装运
不同类别岩石所在位置		平台西部	+115m平台以下各平台中部	+115m平台以下各平台东部及+115m平台以上平台

各类岩石的平均单耗和装药结构见表2-6。

平均单耗的控制方式有两种：（1）相同类别岩石区域不大，相互交错分布时，布相同间排距的炮孔，通过调整装药结构和堵塞长度来调整平均单耗，使之符合各类岩石平均单耗范围；（2）一个爆区就是同一类岩石时，采用相同的装药结构调整布孔间排距，调整范围如下：

Ⅰ类岩：a=5.0~5.5m，b=3.5~4.2m；超深1.5m；堵塞3.0m；

Ⅱ类岩：a=5.0~6.0m，b=3.5~4.2m；超深1.2~1.5m；堵塞3.0~3.5m；

Ⅲ类岩：a=5.0~6.8m，b=3.5~4.2m；超深1.0~1.2m；堵塞6.0m。

极端情况下用到$a\times b$ = 6.8×4.2m^2，超深1.0m，堵塞6.0m，平均单耗0.2kg/m^3。当岩性极易碎时，堵塞甚至达到9m。

表 2-6　各类岩石的平均单耗和装药结构

项　目 \ 岩石类别		相对难爆Ⅰ	中等可爆Ⅱ	易爆Ⅲ	备注
单孔药量/kg		170~145	145~125	125~100	
平均单耗/kg · m^{-3}		0.5	0.4	0.3	±0.05
下部装药	装药长度/m	5	4.5	4	投入
	直径/mm	110	110	100~110	
	药量/kg	70~80	60~70	50~60	
	装药线密度/kg · m^{-3}	14.4	14.4	14.4	
上部装药	装药长度/m	7~8	7~8	5.5~7.5	吊装
	直径/mm	80~100	80~100	70~100	
	药量/kg	75~90	65~75	50~65	
	装药线密度/kg · m^{-3}	5.1~9.0	5.1~9.0	4.3~9.0	

c　二次破碎

在陡帮强化开采工艺中，二次破碎是爆破工艺的关键环节之一。二次破碎是中深孔爆破与挖运作业之间的环节，若操作不当，将严重影响挖运工作效率，工作面清理不净或迟迟清理不出来，势必会延误中深孔爆破，所以二次破碎安排不好，陡帮强化开采无法实施。

为减少二次爆破对作业环境的干扰，二次破碎工作主要以液压锤（油炮）为主。

有大面积根底需要处理时，若采用浅孔爆破处理，则费时费力，严重影响强化开采作业效率。为加快处理根底速度，采取抬炮爆破工艺，即在根底处采用 ϕ140mm 钻机钻斜孔，斜孔底部装药，按集中药包计算装药量，$Q \leqslant W^3$，其参数如表 2-7 所示。

表 2-7　抬炮的钻爆参数设计

最小抵抗线/m	药包间距/m	装药量/kg	堵塞长度/m
2.5	2.5~4.0	10~15	>2.5
2	2.0~3.0	3.0~5.0	>2.0
1.5①	1.5~2.5	1.0~2.0	>1.5

①最小抵抗线小于 1.5m 时，用小孔径爆破处理。

抬炮与台阶爆破第一响需要同时或提前 25~50ms 起爆。

本工程的特点是要千方百计减少粉矿率。为减少粉矿率。必须容许一定的大块率和根底，围绕着经济效益进行统计、分析表明，工程允许 5%~6.5%的大块率，10%左右的根底率在经济上是合算的。

2.3.1.5 工程小结

铁炉港多规格石开采项目是宏大爆破转型升级第一个大型项目，项目之初宏大举步维艰，但凭借精湛的控制爆破技术、科学的管理、务实的态度，宏大爆破逐步站稳了脚跟。

施工中，宏大爆破使用多年实践总结出来的精准控制爆破施工技术，结合现场地质和岩石节理裂隙条件，开发了一套分区分段优化开采参数软件，使爆破产品一次合格率大大提高。利用不耦合装药进行精准控制爆破，分爆区的直接爆破出规格石，避免了挑选和二次倒运，大大提高了工作效率，降低了成本。同时，基于宏大爆破的核心爆破技术，采用陡帮强化开采技术，实现了快速达产，高效出矿，顺利完成了业主变动幅度较大的生产任务。

海军某领导曾用“三个想不到”来总结宏大爆破施工管理：一是想不到宏大上千台设备、几千人换防，3 天完成；二是想不到爆破质量非常高，抽查 48 车，没有一车不合格；三是想不到施工效率高，当天下午入场布孔，三天出产品，工期由原来的 2 年缩短为 5 个月。

该项目是宏大爆破首次运用陡帮强化开采技术的项目，并尝到了甜头。从铁炉港走出的一位位宏大人，逐步将这一理念推广到全国宏大项目部，使其成为宏大的核心竞争力。

2.3.2 凹陷露天矿陡帮强化开采技术应用实例

2.3.2.1 舞钢经山寺项目简介

经山寺铁矿和扁担山铁矿为舞钢中加矿业有限公司旗下的两座铁矿，位于河南省平顶山舞钢市境内，属中型露天矿山，均为深凹露天矿。

矿区地处丘陵地区，地表地形较为平缓，高差不大。露天开采范围内最高标高 135.44m，封闭圈标高为 100m。选矿厂位于露天采场西侧约 3.5km，排土场位于露天采场东北，紧邻露天矿。

矿区地层主要为新太古界太华群铁山庙区域变质岩系，矿区被七条断层截割为条块状。经山寺矿段由经山北坡向斜和经山南坡背斜组成，矿体走向近东南，倾角为 100°~180°，开采矿体为缓倾斜、多层状矿体，矿床各段分为 C14 层、C13 层及 C12 层，每层矿由 3~5 个小分层组成，单层矿厚度介于 1.06~31.68m，平均 5.91m，总厚度 23m~253m 以上，平均 108m。经山寺的矿体上部基本上都是氧化矿，深度一般为 30~40m，下部为原生矿，埋藏较深。岩石普氏系数 f 约 12~14，矿石普氏系数约 16~22。与一般露天矿比较而言，经山寺矿区矿体特点是矿体小、赋存条件复杂，分采、剔除工作量大。经山寺矿区某勘探线剖面如图 2-16 所示。

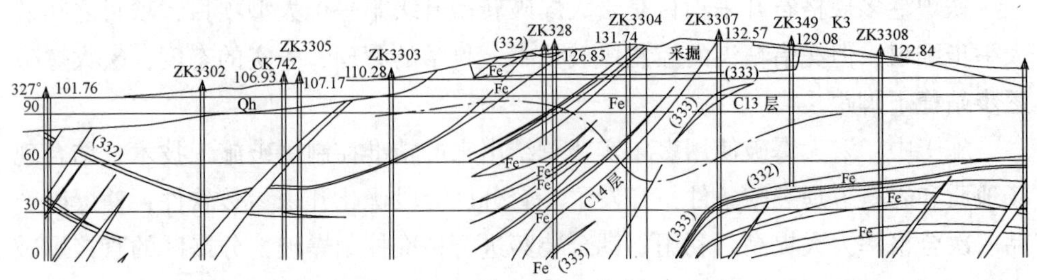

图 2-16 经山寺矿区某勘探线剖面图

经山寺露天铁矿的建设不仅解决了中加钢铁公司原料不足的窘境，使之有了一个稳定的原料供应基地，同时消除了原料采购环节中价格、质量、运输、资金等方面造成的不利因素，而且对今后生产发展和稳步成长，提高经济效益发挥重要作用。

2.3.2.2 原采矿设计分析

经山寺采选工程包含经山寺和扁担山两个矿段，实行规模开采、合理开发、充分利用并保护矿产资源，采矿规模为 240 万吨/年，生产规模按照总体规划，整体设计、分步实施，最终形成 240 万吨/年铁矿石，年生产精矿粉 70 多万吨的采选综合能力，露天开采服务 11 年，露天结束后转为地下开采。

露天开采时期，矿山采用水平台阶开采，台阶高度 10m，公路开拓，自卸车运输。经山寺矿和扁担山矿共用 1 号和 2 号排土场，部分废石内排。

露天采场参数如表 2-8 所示。

原设计中，经山寺铁矿逐年矿岩采剥情况如图 2-17 和表 2-9 所示。

原设计中，扁担山铁矿逐年矿岩采剥情况如图 2-18 和表 2-10 所示。

经山寺和扁担山的矿体上部基本上都是氧化矿，深度一般为 30~40m，经山寺矿段氧化矿矿量约 611.14 万吨，扁担山矿段氧化矿矿量约 357.44 万吨。经山寺露天开采境界内氧化矿矿量占境界内可采矿量的 48.8%，扁担山露天境界内氧化矿矿量占可采矿量的 32.3%。从基建期至达产期时间较长。从采剥进度计划图表编制结果可以看出，经山寺矿基建第二年投产，第三年达到设计规模；扁担山矿第二年投产，第三年达到设计规模。这就意味着按原设计开采，在矿山投产的前四年之内所生产的矿石基本上都是氧化矿，第四年以后才能采到原生矿。而且氧化矿的选矿工艺复杂，单一磁选可选性差，选出率低，经济效益不高。

表 2-8 露天采场设计参数

序号	名称		单位	经山寺矿段	扁担山矿段
1	最终边坡角	上盘	(°)	55	55
		下盘	(°)	沿矿体倾斜	沿矿体倾斜
		端帮	(°)	55	55
2	台阶高度		m	10	10
3	安全平台		m	5	5
4	清扫平台		m	8	8
5	运输平台		m	14	14
6	采场内圈定的氧化矿		万吨	610.56	317.14
7	采场内圈定原生矿		万吨	641.06	704.37
8	采场内圈定岩石量		万吨	3921.62	4371.85
9	采场内圈定矿岩总量		万吨	5173.24	4428.18
10	平均剥采比		t/t	3.13	3.95

表 2-9 经山寺铁矿逐年矿岩采剥情况

年 序	1	2	3	4	5	6	7	8	9	10	11	12	合计
矿石/万吨	25	71	120	120	120	120	120	120	120	155	171	70	1332
岩石/万吨	275	378	473	473	473	473	361	323	231	190	167	56	3873
矿岩合计/万吨	300	449	593	593	593	593	481	443	351	345	338	126	5205
剥采比/$t \cdot t^{-1}$	11	5.32	3.94	3.94	3.94	3.94	3.01	2.69	1.93	1.23	0.98	0.8	2.91
$1m^3+4m^3$/台	1+2	2+4	4+4	4+4	4+4	4+4	1+3	4+2	4+2	4+2	5+2	2+1	

表 2-10 扁担山铁矿逐年矿岩采剥情况

年 序	1	2	3	4	5	6	7	8	9	10	11	合计
矿石/万吨	27	64	120	120	120	120	120	120	120	85	67	1083
岩石/万吨	220	414	521	521	521	521	521	521	443	123	69	4395
矿岩合计/万吨	247	478	641	641	641	641	641	641	563	208	136	5478
剥采比/$t \cdot t^{-1}$	8.15	6.47	4.34	4.34	4.34	4.34	4.34	4.34	3.69	1.45	1.03	4.06
$1m^3+4m^3$/台	1+2	2+3	3+4	4+4	4+4	4+4	4+4	4+4	4+4	3+1	2+1	

而且扁担山矿段存在棘手的搬迁问题，根本无法按时完成搬迁工作，扁担山矿段难以如期完成计划产能。

因此，若按照原设计开采，矿山生产期长，矿山生产能力不足，选矿厂生产能力不足，难以形成规模生产等问题。在铁矿市场最好时期，丧失企业发展壮大

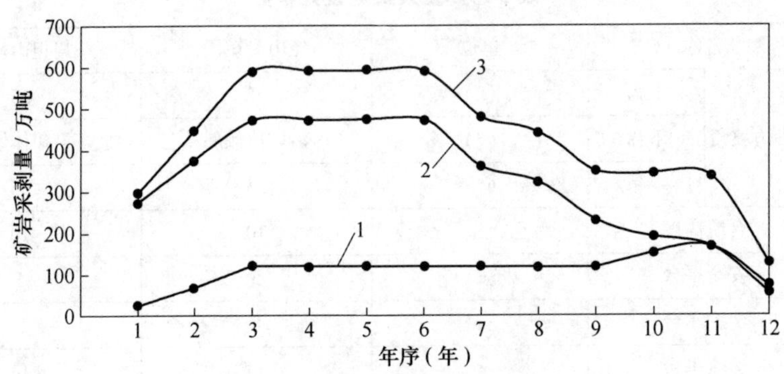

图 2-17　经山寺铁矿逐年矿岩采剥情况

1—矿石；2—岩石；3—矿岩合计

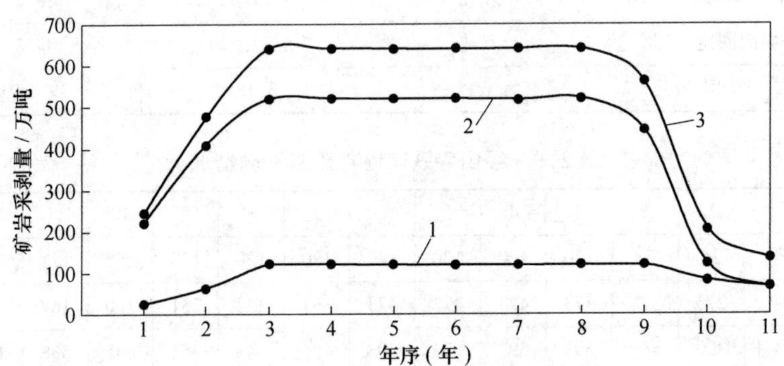

图 2-18　扁担山铁矿逐年矿岩采剥情况

1—矿石；2—岩石；3—矿岩合计

的良好机遇，不利于企业回收投资，延缓企业发展。

2.3.2.3　宏大爆破优化方案——陡帮强化开采方案

A　业主要求

为减少初期投资，缓解征地难题，迎头赶上铁精矿粉价格持续走高的良好机遇，加快投资收益，实现企业经济效益最大化，综合考虑采矿、选矿和冶炼各环节，业主提出以下要求：

（1）前期只对经山寺矿段进行开采，生产规模达到原经山寺和扁担山同时开采的总规模，即 240 万吨/年；

（2）生产量：前 19 个月采出原生矿石量 120 万吨以上；

（3）生产能力及出矿量：第七个月原生矿生产能力达到 10 万吨每月以上，并具备稳定的原矿生产能力。

B 陡帮强化开采技术的应用

宏大爆破结合现场踏勘，认真研究原设计文件，采用“陡帮强化开采”的方法可解决目前困境，实现矿山规模开采，合理开发、充分利用和保护矿产资源。

a 设备的选择

钻孔设备：中深孔选用英格索兰 CM351 型柴油动力潜孔钻机，孔径 140mm。浅孔凿岩选用钻孔直径 42mm 的手持式风动凿岩机。

挖运设备：选用斗容 1.2~1.5m³ 的液压反铲和载重 15~25t 的自卸汽车。

其他辅助设备主要有推土机、压路机、装载机以及其他辅助、配套设备。

b 台阶设备布置

由于选用中小型挖运设备，所以达到所要求的开采强度必然会用到数量较多的挖运设备。强化开采首先要解决的问题是如何合理布置如此繁多的挖运设备。

初期根据经山寺铁矿矿体倾角缓，浅部氧化矿开采已形成三个露天采坑的有利条件，将露天采场划分为三个相对独立的采剥作业区，形成多工作面作业，以加快台阶的推进速度和矿山工程的延深速度，尽快形成三个台阶同时作业局面，达到强化开采的目的。

(1) 为了达到要求的开采强度，工程采用同一台阶多台液压挖掘机平行作业的方式进行铲装。为了保证台阶运输线路畅通无阻和及时降段，同台阶作业的液压挖掘机的推进速度应尽可能保持一致。

(2) 为提高铲装效率，液压挖掘机的配车方式采用直进式。台阶尽可能采用双出入沟，形成双侧运输系统。

(3) 为保证生产安全，相邻台阶作业的液压挖掘机应错开布置，同一台阶相邻的液压挖掘机之间应留有足够的安全距离。

c 快速降深

采用陡帮强化开采，回采矿量主要取决于新水平的开拓。为了达到矿量需求，因此需要保证每年下降三个台阶的降深速度。经山寺铁矿设计台阶高度 10m，其新水平准备工程量约为 25 万立方米，随着降深的增加，还会相应增加。

采用自卸卡车，转弯半径小、机动灵活，新水平延深时可以安排 2 台挖掘机掘出入沟，出入沟掘出后用 4 台铲扩帮，新水平准备时间一般为 3~3.5 个月。合理组织生产，及时安排掘出入沟和扩帮工作每年保证降深速度。

2.3.2.4 强化开采运输道路的规划

经山寺露天矿采用公路开拓运输系统，为了配合陡帮强化开采技术，选用中小型矿山设备。运输作为采矿中较为重要的一环，运输道路通过能力也制约着采剥生产能力。在露天矿生产运输中，运输道路的技术情况直接关系到矿山的生产安全与效率，也是衡量矿山现场管理水平的一个重要标志。

A 强化开采、快速降深对道路的要求

(1) 装车地点、卸载地点、辅助车间、材料库等自始至终均应形成一个完整的运输系统；

(2) 满足运输能力的要求；

(3) 不压矿或尽量少压矿；

(4) 能发挥汽车运输的效率，保证作业安全；

(5) 控制工程量和初期投资；

(6) 养护费用及改道工程投资合理；

(7) 避开爆破作业及其他危险作业影响或将影响减到最小。

B 开工初期对运输道路的改造

原设计经山寺露天矿的运输道路是根据矿体赋存条件及地表条件，采用下盘公路开拓，运输干线总出入沟口设在矿体东侧端部，标高为 106m，从出入沟口开始向西以 8%坡度沿矿体下盘延伸，在 40m 水平设回头向东延深至 20m 标高，在 20m 水平标高设回头折返继续向西延伸至露天境界底部标高 0m 处。

由于以往无序开采，采区境界范围内浅部氧化矿已形成三个露天采坑，另外，项目部所在地、机械停车场、修理车间和选矿厂都集中在采场西部，为了达到强化开采的目的，研究决定对原设计道路进行改造，将露天采场划分三个相对独立的采剥作业区，提高工作线长度，多工作面作业。

矿山前期修建两条移动（临时）道路运输，一条承担北采区的矿岩运输，另一条承担南采区和西采区的矿岩运输。矿山初期北采区移动（临时）运输道路干线起点在露天开采境界的北侧偏东（北采区位置），重点为排土场西端，道路总长度 360m；南采区和西采区移动（临时）运输道路干线起点在露天开采境界的南侧偏西（西采区位置），终点为排土场西端，道路总长度 695m。另外自南采区至露天开采境界西南端的总出入口修筑矿石运输道路，长度 455m，这样可以节约矿石运距 1km。

从经济角度综合分析，在采场西南部增加一个总出入沟，预计初期投入 15 万元，另外每年需要 15 万元的维护费用，然而运矿距离缩短了 1km，经山寺露天采场预计开采 1200t 矿石，则可节约费用约 840 万元，经济效益显著。

C 运输道路设计与施工

矿山运输道路通过能力主要取决于选用的运输设备和当地的气候条件对道路状况的影响。经山寺露天矿选用载重 15~25t 的自卸汽车运输，气候影响按路面干燥、潮湿和泥泞三种路况考虑，则双车道运输道路通过能力计算如表2-11所示。

表 2-11 双车道运输道路通过能力计算表

序号	项目名称	计算公式	单位	道路状况		
				干燥	潮湿	泥泞
1	平均运行速度 v		km/h	18	18	18
2	不均衡系数 K_1			0.5	0.5	0.5
3	安全系数 K_2			0.38	0.36	0.34
4	司机反应距离 L_1	$L_1=2V/3.6$	m	10	10	10
5	计算黏着系数 A			0.75	0.5	0.4
6	黏着系数 A_1			0.45	0.3	0.24
7	滚动阻力系数 B			0.04	0.04	0.03
8	道路纵坡 i			0.08	0.08	0.08
9	制动使用系数 K			1.4	1.4	1.4
10	制动距离 L_2	$L_2=K\dfrac{V_2}{54A_1+B-i}$	m	3.97	5.95	7.44
11	停车安全距离 L_3		m	8.04	8.04	8.04
12	安全距离 S_T	$S_T=L_1+L_2+L_3$	m	22.01	23.99	25.48
13	能力利用系数 K_3			0.9	0.9	0.9
14	道路通过能力 N	$N=1000VK_1K_2\dfrac{K_3}{S_T}$	辆/小时	139	121	108

利用表 2-11 计算可知载重 15~25t 的汽车在路面干燥、潮湿、泥泞条件下，道路单向通过能力分别为 139 辆/小时、121 辆/小时和 108 辆/小时，平均为 122 辆/小时。干燥情况下，道路通行能力最好，较泥泞道路通过能力增加 28.7%，由此可见，良好的路面环境可大大促进道路通行能力。

为满足矿岩运输要求，固定道路、移动（临时）道路干线均采用双车道，部分分支道路采用单车道，主干道路面采用碎石硬化路面。路基上铺设 30cm 厚的碎石整平层，表面铺 3cm 细沙磨耗层。主干道两边设路边排水沟，沟宽 1m，深 0.5m。开挖区根据现场地形设临时排水沟。矿岩运输道路主要参数如下：

（1）固定道路。道路等级为二级，道路宽度：15m（双车道）和 9m（单车道），路面横向坡度 1%~2%，纵坡坡度不大于 8%。

（2）移动（临时）道路。道路等级为三级，路面宽度；13.5m（双车道）和 8.0m（单车道），路面横向坡度 1%~2%，纵坡坡度不大于 11%。

施工道路拟投入挖掘机、推土机、装载机、自卸车、压路机等施工机械分段修筑，路基成型后开挖路边排水沟。碎石硬化路面同样分段施工，碎石子采用剥离石料。临时排水沟的开挖根据现场需要，采用反铲挖掘机挖掘，就近疏排水到主排水系统，严禁路面积水。

D　运输道路的维护

为了确保施工期间道路畅通，保证施工的顺利进行，设立现场维护小组，配足人员与设备，保证施工道路的日常维护。

主要机械设备有：装载机 1 台，洒水车 1 台，压路机 1 台，其他设备根据需要临时调配。储备部分修路专用碎石，利用剥离石料，运至修路碎石储备点堆放。

（1）安排道路检查人员进行日常检查、巡视，及时发现破损路段，及时进行维护。同时加强夜间检查和雨雪天气后道路修缮养护。

（2）每天及时安排洒水车洒水除尘，路面养护。特别是夏季路面温度高，路面过于高温干燥，极易引起轮胎损耗，需及时洒水养护。

E　道路修筑及维护心得

在矿山实际生产过程中，稳定投产时期车辆运输高峰路段，排土场通过车辆数为 130 辆/小时，选厂方向为 60 辆/小时，在宏大科学的管理下，经山寺露天铁矿运输道路未出现重大事故，保障了道路运输能力，稳定了产量。总结有以下经验，为其他矿山道路修筑及维护提供参考。

（1）优化固有道路和临时道路系统，争取减少综合运距、满足强化开采运输能力、节省运输成本；

（2）建立道路养护专业队伍并有效管理和考核；

（3）提高道路穿爆、采装质量，为道路创造良好条件；

（4）树立“修路就是修车”的思想，增加道路维护保养的投入。

总之，露天矿运输安全管理工作，应重视并熟悉本矿山道路生产环境特点，依靠科学的管理方法，采取严格的管理制度，加强安全管理基础工作，及时设计并施工临时道路，尽可能缩短运距，对道路进行及时养护，才能保证矿山运输车辆的安全运行，更好完成矿山运输任务。

2.3.2.5　陡帮强化开采技术矿山深孔台阶爆破参数优化

经山寺露天铁矿矿山首期采剥总量为 1100 多万立方米，而工期只有 19 个月。因此要求每天平均剥采 2 万立方米以上，矿区面积相对较小，且需要降深 80m，属于陡帮强化开采。为了顺利完成任务，必须在爆破阶段就控制好爆破质量，不影响采装效率。宏大技术人员对此进行了不断探索，并形成了有效的爆破技术经验，顺利完成了强化开采任务。

A　主要参数对爆破成果的影响分析

a　爆破网络参数对爆破成果的影响

选择最优爆破网络参数是改善爆破效果、提高工程经济效益的关键。而网络参数的选择首先需要确定的是孔间距和抵抗线，选择多大的孔网直接影响岩石破碎单耗的大小。如果孔网参数过大，则爆破单耗偏小，爆破大块过多，爆堆成型效果不佳，影响采装效率，制约矿山产能。

宽孔距小排距爆破技术逐渐成熟，爆破系数 m 对爆破效果有较大影响。然而 m 数值大小，未有定论。在舞钢经山寺矿区，宏大爆破技术人员结合矿区台阶爆破地质情况及钻孔质量，研究确定爆破系数 $m=a:b=1.8$ 时，爆破效果最好。

b　超深对爆破成果的影响

超深在台阶爆破中的作用是用来克服台阶底盘岩石的夹制作用，使爆破后底板不留根底，易于台阶平整。超深对跟脚的影响较大，如果超深不够，就难以克服台阶底部围岩的夹制作用，产生根底，使得台阶越推越高。经山寺项目，通过实验及爆破成果比较，选择岩石（$f=16\sim22$）超深为 1.5m，原生矿因硬度较大（$f=16\sim22$）超深为 2m 较为合适。

c　堵塞长度对爆破成果的影响

爆破堵塞长度控制爆破表面大块和爆破飞石。若堵塞较长，易于上部形成大块；若堵塞过短，则爆破易冲孔，产生飞石，威胁矿区安全。同时因爆破泄能降低炸药对周边围岩，尤其是底部岩石的破坏作用，形成根底。通过不断尝试，经山寺矿区，岩石爆破时堵塞长度控制在 3.5m 左右，矿石爆破堵塞长度控制在 3m 左右。

B　台阶爆破新技术的探索

a　空气间隔技术的应用

集中药包耦合装药时，作用于岩体的冲击波压力峰值很高，将会造成围岩的过度粉碎，浪费能量；另外，冲击波对岩体的作用时间较短，冲击能量利用率低。有关研究表明：若在孔内药包之间设置一定的空气间隔，可起到缓冲作用，降低作用在岩壁上的冲击峰值，减少粉碎圈范围，延长应力波在岩石中的作用时间2~5倍，使能量得到合理分配，提高对岩石的破碎效果。由于冲击波压力阵面、爆炸产物形成时产生的振动以及来自岩壁反射波压阵面穿过气隙时速度或距离不同而产生碰撞效应，激起二次压力波，拉应力波与压应力波相互叠加，破碎岩石效果较好。

河南舞钢经山寺露天矿台阶爆破采用中部空隙爆破技术，效果良好，保证爆破质量的前提下，降低了单耗。其中关键一点是要保证底部装药量不低于最小抵抗线的 1.4 倍。根据实际最小抵抗线 $W=3.8$m 计算，则应保证底部装药长度不小于 5.3m。中间留空隙 2.5m，上部装药长度最好不小于 3.0m，加上堵塞 3.5m，所以能采用空气间隙台阶爆破要求台阶高度必须大于 13.5m。

采用中部空气间隙爆破技术的爆破效果与采用耦合装药爆破效果比较：从爆堆形态上而言，爆堆抛掷效果有所减弱，但岩石爆破的块度更加均匀，大块率有所降低；底板的平整度和残留的跟脚率与耦合装药效果相差无几。从经济角度分析，孔径140mm的炮孔，平均延米装药量14kg/m，那么每个孔会少装5kg炸药，以1kg炸药7块钱计算，一个炮孔可节省炸药成本245元，扣除多用的两个雷管28元，则每个孔可以节省217元。日爆破量为2万立方米，则需要爆破100个孔，采用空气间隙爆破每日可省2万多元，提高了项目的收益。

b 不耦合装药技术

在爆破台阶高度不够采用中部空气间隙爆破技术时，而岩石的硬度又不是很大，除了适当增大孔网参数外，还可采用底部耦合装药，上部不耦合装药方法。底部耦合装药高度同样需要大于1.4倍最小抵抗线。

在经山寺露天铁矿施工中，装药方式为：底部采用直径为110mm条状乳化炸药或多孔粒状硝酸铵，而上部采用吊装的方法吊装直径90mm的条状乳化炸药。

采用不耦合装药爆破技术与耦合装药爆破效果相差无几，基本都可达到爆破设计要求。但采用不耦合装药，每个孔可少装21kg的炸药，单孔可节省炸药成本147元，效益可观。

C 陡帮强化爆破安全注意事项

由于陡帮开采的特殊性，在陡帮开采过程中，一定要注意陡帮开采的生产工艺间的协调和边坡管理，安全要求主要包括：

（1）陡帮开采工艺的作业台阶，不应采用平行台阶的排间起爆方式，宜采用横向起爆方式；

（2）爆区最后一排炮孔，孔位应成直线，并控制炮孔装药量，以利于为下一循环形成规整的临时非工作台阶；

（3）在爆区边缘部位形成台阶坡面处进行铲装时，应严格按计划线铲装，以保证下一循环形成规整的临时非工作台阶；

（4）爆破作业后，在陡帮开采作业区的坑线上和临时非工作台阶的运输通道上，应及时处理爆渣中的危险石块，汽车不应在未经处理的线路上运行；

（5）上部采剥区段在第一采掘带作业时，下部临时帮上运输线不应有运输设备通过；

（6）临时非工作台阶作运输通道时，其上部临时非工作平台的宽度应大于该台阶爆破的旁冲距离；

（7）临时非工作台阶不做运输通道时，其宽度应能截住上一台阶爆破的滚石；

（8）组合台阶与工业区之间或组合台阶与采场下部作业区之间，应在空间上错开，两个相邻的组合台阶不应同时进行爆破；

(9) 作业区高程差超过 300m 时，应严格按设计规定执行；

(10) 采用陡帮扩帮作业时，每隔 60～90m 高度，应布置一个宽度不小于 20m 的接滚石平台。

2.3.2.6 陡帮强化开采的效益

A 为业主带来的经济效益

(1) 基建投资方面，按原计划进行开采，需经山寺与扁担山两矿区同时基建，通过陡帮强化开采，前期只需开采经山寺矿区便可，节省了一半的前期投资基建费用。

(2) 运营成本方面，陡帮强化开采使生产集中在经山寺矿内，矿山的管理运营成本大大降低。

(3) 成本回收快：陡帮强化开采后，经山寺露天矿前十九个月采出原生矿石 130 万吨，较原设计的第四年才可采到原生矿，提前了两年达产，提早回收了成本。

(4) 宏大爆破通过采用中小型设备，采用倾斜台阶开采工艺和小台阶开采工艺，运用压渣爆破和大块采矿法，将矿石损失率和贫化率均比设计值降低 1 个百分点，提高了矿石的利用率，经济效果显著。

B 陡帮强化开采为扁担山矿带来的经济效益

由于前期只对经山寺露天矿进行开采，结束后再开采扁担山矿段，可以利用经山寺的已有设备，节省了设备投资。

另外扁担山矿的废石可以回填经山寺露天矿采坑，不仅可以缩短运距、节约排土费用，还可以减少占用土地面积，为矿山开采和后期农田复垦带来极大方便，从而带来巨大的经济效益和社会效益。

C 陡帮强化开采为经山寺带来的经济效益

经山寺露天矿按原设计开采 12 年，现通过强化开采后只需 5 年半时间就可以完成矿山的全部开采计划，运营时间缩短，相应费用大大降低。

(1) 边坡成本方面，由于矿山服务年限缩短为 5 年半，边坡处理用缓冲爆破代替原设计的预裂爆破可以满足矿山对边坡的要求，仅此一项节省费用 800 万元。

(2) 排水成本方面，原计划两矿同采，需要两套排水设备，现只需一套，设备投资方面可以节省一半。另外，现阶段只开采一个矿段，矿坑汇水面积降为原来一半，排水费用以及排水工作量都会降低很多。

(3) 其他方面，如道路维护费用，采场和排土场管理费用等都因为矿山服务年限缩短一半而减半或更多。

2.3.2.7　工程小结

陡帮强化开采工艺在舞钢经山寺露天矿生产实践中获得成功应用，圆满完成了一期工程量，取得一系列强化开采的技术和管理成果，创造了良好的经济效益和社会效益，受到了业主的一致好评。陡帮强化开采，弥补了常规开采下降速度慢，见效晚，产量低的不足，值得在中小型露天矿中推广。

3 露天开采方案优化

露天矿山设计一般采用两阶段设计，即初步设计和施工设计。若开采技术条件极其复杂，可根据具体情况采用三阶段设计，即初步设计、技术设计和施工设计；对于技术条件简单的小型矿山，可简化初步设计，重点进行施工设计。

宏大爆破承接的项目均为即将动工或已生产的矿山，因此本书重点介绍施工过程中的方案优化。

露天开采方案涉及的因素很多，诸如地质、地理、气候、经济等，无不影响露天开采方案。因影响因素的种种差异，开采方案也多不胜数。前期设计院所做设计方案中规中矩，但一般均为整年度的方案。在宏大施工过程中发现，设计院所出的矿山设计方案在某段时间并不能完全指导现场施工。宏大爆破技术人员为提高项目效益，解决业主难题，不断追求优化开采方案，实现提产、降本、增效。

3.1 陡帮强化开采技术方案优化点

开采方案涉及因素较多，要结合矿山实际情况，区分主要因素和次要因素，抓住影响全局的主要因素，寻找可优化点，才能得到最优开采方案。

构成露天开采方案的主要技术因素为开采工艺、开采程序和开拓运输系统。在某开采工艺条件下，可采取不同的开采程序，开采程序的不同，将会影响露天矿山不同年份的剥离量，优化的方案可使矿山初期剥采比小，初期投资小，盈利现值大。在同一开采程序条件下，可采用不同的开拓运输系统。开拓运输系统在露天开采过程中是动态变化的，一方面它应满足露天矿在一定的开采程序条件下矿山工程不同发展时期建立运输通道的需要，另一方面应力求矿岩的运距短和开拓工作量小。同一开采工艺条件下，由于设备选型和开采参数不同，也将派生出许多子方案。

开采程序是露天开采方案中最活跃的因素。在露天开采境界范围内，可以全境界开采、也可分区或分期开采，可以有不同的拉沟位置，不同的工作线推进方向和矿山工程延深方向以及不同的台阶划分方式，工作帮结构和工作帮坡角等。这将影响露天矿的基建工程量、生产剥采比和运距。

在开采方案满足可行性合理性的前提下，常见可优化指标有：运距、运费、矿山基建工程量、生产剥采比、开拓工程量、投资、成本、投资回收年限、盈利、投资利润率、净现值、劳动生产率等。

对生产能力和开采工艺优化时，优化点有：投资额、单位投资、成本、净现值、补加投资回收期、投资利润率等等指标。

当开采工艺条件确定时，开采程序优化点有：矿山基建工程量、一期生产剥采比和成本、投资回收期及净现值等指标。考虑费用时间因素的净现值指标是客观评价不同开采程序时较适用的指标，可反映不同开采程序条件下所形成的不同剥采关系的经济效果，从而对开采程序做出正确评价。

当开采程序确定时，可优化开拓运输系统，优化点有：运距、运费、线路工程量、开拓及扩帮工程量等指标。

开采方案有时需结合几类重要指标进行评估，得出最优方案。

方案比较法是露天开采方案优化最常用的方法。通过数学计算不同方案的投资、成本、油耗、炸药单耗、生产剥采比等指标，进行开采方案分阶段递推优化达到综合最优化。

3.2　方案优化实例

宏大爆破施工项目遍布祖国大江南北，并搭“一带一路”快车，顺利进军海外市场，承接了煤矿、铁矿、有色矿山、石材矿等矿山采剥服务，积累了丰富的矿山生产经验，培养了一批批采矿技术人员。

宏大爆破致力于为业主提供最经济合理的开采服务，接触项目的第一时间就会了解客户需求，认真研读分析工程资料。

只有对业主和矿山现状充分了解的前提下，凭借公司丰富的矿山施工经验，制定出最切合业主需求的开采方案。

由于露天矿生产规模大，前期投资大，如何利用少量的资源，尽快赢得较多回报是业主和宏大共同关心的问题。

3.2.1　原设计解读

设计院设计是工程开工的必要资料，设计院设计方案中规中矩，设计时思路略微保守，并未充分深入了解业主的困境所在，提供有针对性设计方案。

宏大爆破结合自身生产实践，深入了解业主需求，充分了解矿体赋存及矿区工程地质情况，从业主角度出发，在不改变最终设计的基础上，通过调整剥采顺序、优化道路布置、采用灵活采剥方法等措施，往往能提出更具实操性、更大胆的设计方案。

海外某铁矿项目是宏大爆破跟进的一项大型露天铁矿项目。设计单位提供的方案属于中规中矩的常规扩帮开采方案，其开采终了图如图 3-1 所示。

开采参数如表 3-1 所示。

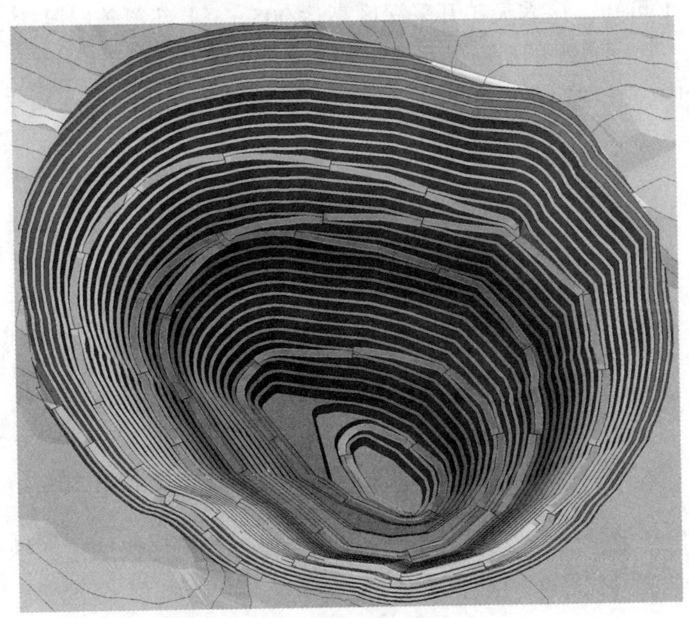

图 3-1 某海外铁矿开采终了图

表 3-1 某海外露天铁矿开采参数表

<table>
<tr><th>序号</th><th colspan="2">名　称</th><th>单位</th><th>参数</th><th>备注</th></tr>
<tr><td>1</td><td colspan="2">采矿场最高标高</td><td>m</td><td>460</td><td></td></tr>
<tr><td>2</td><td colspan="2">露天底标高</td><td>m</td><td>-445</td><td></td></tr>
<tr><td>3</td><td colspan="2">终了境界开采深度</td><td>m</td><td>905</td><td></td></tr>
<tr><td>4</td><td colspan="2">封闭圈标高</td><td>m</td><td>395</td><td></td></tr>
<tr><td>5</td><td colspan="2">终了边坡角</td><td>(°)</td><td>37.0~45.89</td><td></td></tr>
<tr><td rowspan="2">6</td><td rowspan="2">台阶坡面角</td><td>第四系</td><td rowspan="2">(°)</td><td>50</td><td></td></tr>
<tr><td>其他</td><td>65</td><td></td></tr>
<tr><td rowspan="2">7</td><td rowspan="2">台阶高度</td><td>第四系</td><td rowspan="2">m</td><td>15</td><td>不并段</td></tr>
<tr><td>其他</td><td>30</td><td>并段高度</td></tr>
<tr><td rowspan="2">8</td><td rowspan="2">平台宽度</td><td>第四系</td><td rowspan="2">m</td><td>12.5</td><td></td></tr>
<tr><td>其他</td><td>12.5</td><td></td></tr>
<tr><td>9</td><td colspan="2">双线运输平台宽度</td><td>m</td><td>30</td><td></td></tr>
<tr><td>10</td><td colspan="2">单线宽度</td><td>m</td><td>18</td><td></td></tr>
</table>

由表3-1可知，该露天矿开采深度高达905m，上部覆盖层厚达280m，原生矿赋存较深，属于典型的矿石储量大、厚覆盖层的大型露天铁矿。

原设计中，基建期及生产期前五年年剥采总量变化如图3-2所示。

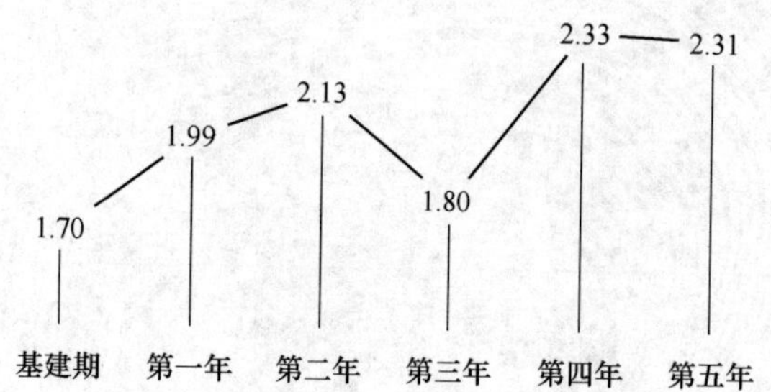

图3-2　原设计基建期及生产期前五年年剥采总量变化图

若常规化开采，前期投资巨大且投产达产慢。如何尽快见矿、尽早回收投资成本，成为业主困扰已久的难题。

3.2.2　方案优化思路

宏大爆破技术团队，认真分析工程地质资料，结合在舞钢、铁炉港等项目的施工经验，提出了应用“陡帮强化开采”的方法，黑虎掏心直奔原生矿的施工思路（参见图3-3）。陡帮强化开采施工工艺充分利用中小型辅助设备的灵活性辅助开段掘沟作业，配合大型设备进行高效扩帮开采，可实现窄平台强化快速降深。

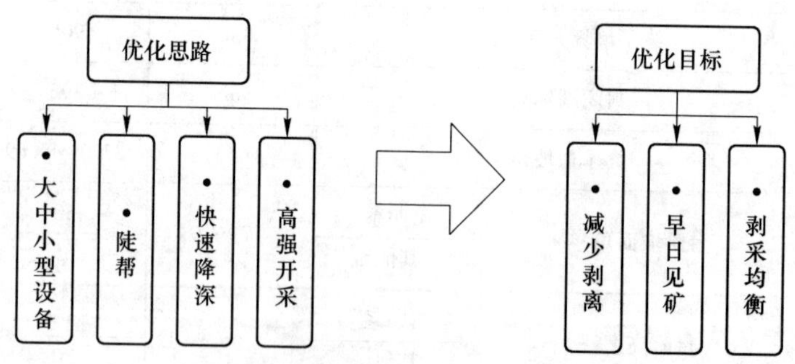

图3-3　宏大爆破技术团队方案优化思路

3.2.3　开采规划

为减小前期剥离量，节省业主初期投资，宏大爆破计划采用陡帮强化开采，大中小设备相互配合，充分利用柴油设备的灵活性，摒弃了传统的整体开采，留取北部和南部部分物料，调节后期剥采均衡。

开采参数：台阶高度 15m，台阶坡面角上部为 45°，下部为 70°，平台宽度为 30m，整个工作帮帮坡角达到了 22.93°。

3.2.3.1 基建期规划

基建期末生产计划图如图 3-4 所示。

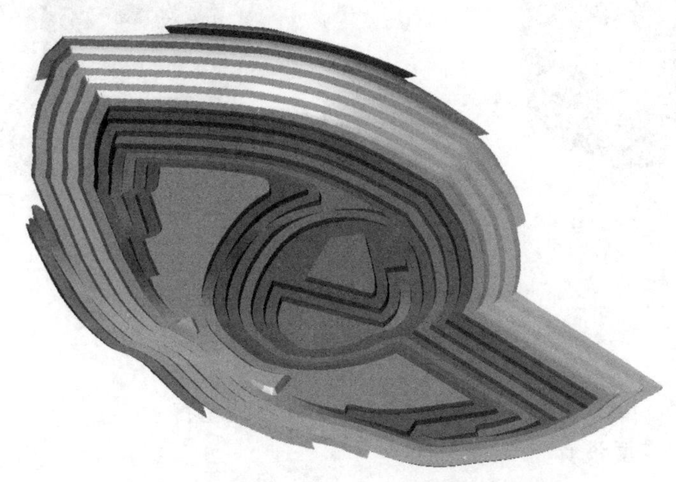

图 3-4 宏大爆破某铁矿项目基建期末开采示意图

矿山分为南北两侧短期固定的开拓线路，均为掘沟下沉式，满足坑内卡车运输能力。南北两侧均留有暂未开采区域，用于增加工作线长度，灵活布置开采设备。

基建期优化前后对比如图 3-5 所示。

基建期的剥采情况如表 3-2 所示。

表 3-2 优化后基建期剥采量

矿岩性质	体积/万立方米	重量/万吨
砂	5495	9616
原岩	1695	4740
砂砾岩	4769	10253
角砾矿	317	1010
合计	12276	25619

1.5 年总开采量为 2.56 亿吨，时间紧、任务重，为了能顺利完成这一艰巨任务，便于进一步指导生产，我公司技术人员将基建期按季度进行了细化设计。

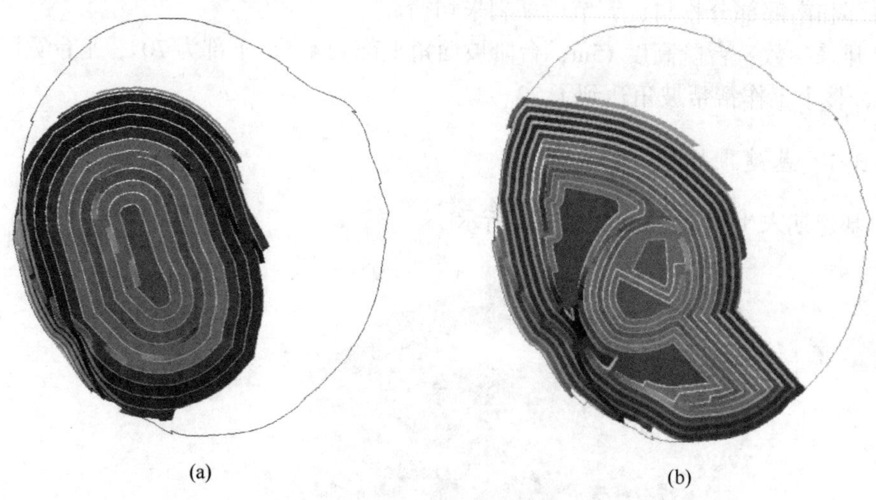

图 3-5　基建期优化前后采场设计图
（a）优化前；（b）优化后

6 个季度，每季度生产任务为 4200~4300 万吨左右。

A　第一季度设计

万事开头难，前期生产施工各项条件均不算成熟，施工难度较大。第一季度生产任务包括：

（1）开凿西侧总出入沟和南侧总出入沟；

（2）全矿坑分为三个小采场，增加工作面；

（3）南北两侧采场达到+395m 水平，中部采场达到+380m 水平。

第一季度剥采情况如图 3-6 和表 3-3 所示。

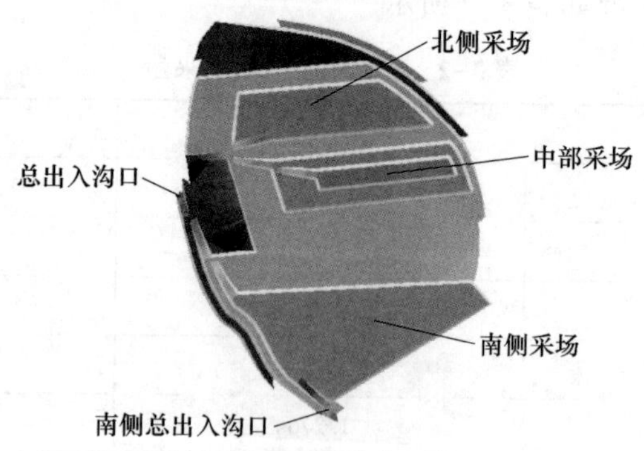

图 3-6　基建期第一季度剥采计划

表 3-3 第一季度剥采情况

矿岩性质	体积/万立方米	重量/万吨
砂	1962.98	3435.21
原岩	1.05	2.94
砂砾岩	363.82	782.22
角砾矿	0.45	1.35
合计	2328.30	4221.72

由表 3-3 可知，第一季度，生产剥采总量为 4221.72 万吨，该阶段于中部采场+380m 水平，开始露矿。

B 第二季度设计

第二季度在第一季度基础上，进一步降深。第二季度主要生产任务包括：

（1）北侧采场降深至+380m 水平，中部采场降深至+365m 水平，南侧采场降深至+380m 水平；

（2）两侧端帮道路均下降到+380m 水平，形成交汇。

第二季度剥采情况如图 3-7 和表 3-4 所示。

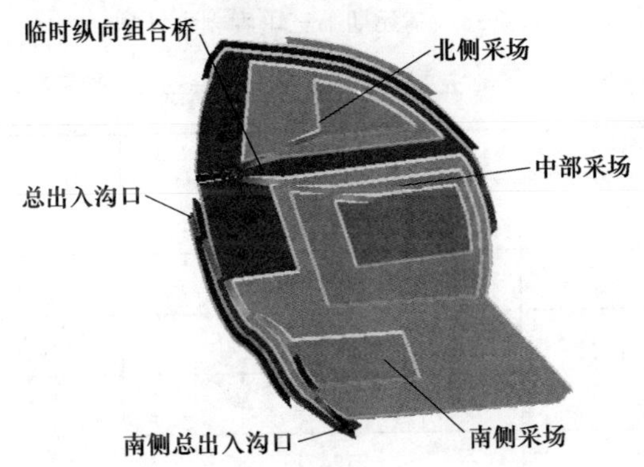

图 3-7 基建期第二季度剥采计划

表 3-4 第二季度剥采情况

矿岩性质	体积/万立方米	重量/万吨
砂	1496.43	2618.74
砂砾岩	713.95	1534.99
角砾矿	14.60	47.24
合计	2224.98	4200.97

由表 3-4 可知，第二季度，生产剥采总量为 4200.97 万吨。

C　第三季度设计

第三季度在第二季度基础上，进一步降深。第三季度主要生产任务包括：

（1）开采量主要集中在中部采场与南侧采场，北侧采场未降深，只有部分水平推进，中部采场降深至+350m 水平，南侧采场降深至+365m 水平；

（2）临时纵向组合桥+410m 水平开始桥体回收。

第三季度剥采情况如图 3-8 和表 3-5 所示。

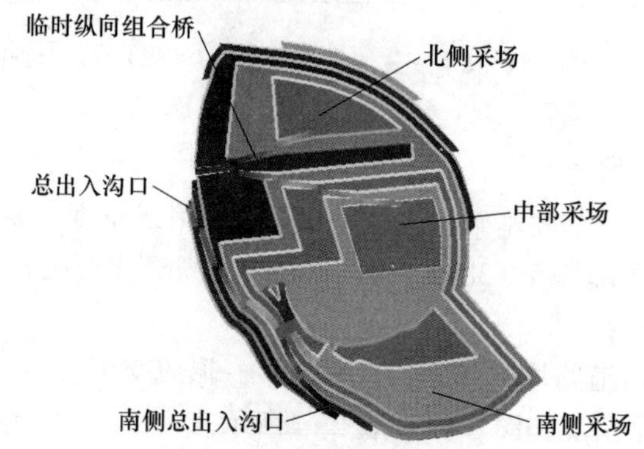

图 3-8　基建期第三季度剥采计划

表 3-5　第三季度剥采情况

矿岩性质	体积/万立方米	重量/万吨
砂	1188.83	2080.44
原岩	60.28	168.51
砂砾岩	847.00	1821.05
角砾矿	28.02	96.35
合计	2124.13	4166.35

由表 3-5 可知，第三季度，生产剥采总量为 4166.35 万吨。

D　基建期第一年末设计

基建期第一年末在第三季度基础上，进一步降深。第四季度主要生产任务包括：

（1）北侧采场降深至+365m 水平，基本采完；中部采场降深至+335m 水平，南侧采场降深至+365m 水平，并为进一步降深扩出空间；

（2）临时纵向组合桥整体桥体回收。

第一年末剥采情况如表 3-6 所示。基建期第一年末剥采计划如图 3-9 所示。

表 3-6 第一年末剥采情况

矿岩性质	体积/万立方米	重量/万吨
砂	478.83	837.94
原岩	325.95	911.84
砂砾岩	1099.27	2363.44
角砾矿	26.42	83.77
合计	1930.47	4196.99

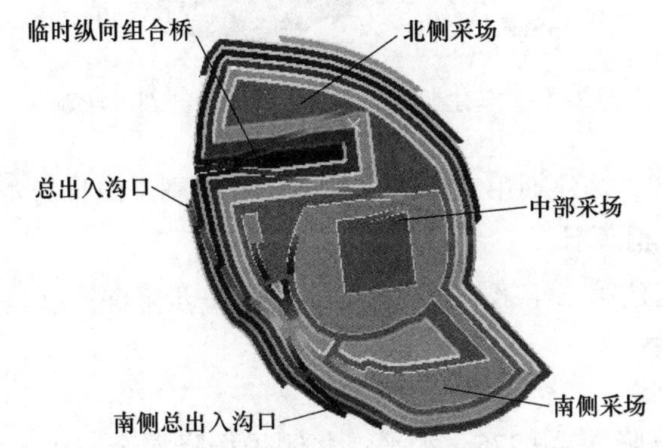

图 3-9 基建期第一年末剥采计划

由表 3-6 可知，第一年末，生产剥采总量为 4196.99 万吨。

E 基建第二年第一季度设计

基建第二年第一季度在第一年末基础上，进一步降深。基建第二年第一季度主要生产任务包括：

(1) 临时纵向组合桥回收完成；

(2) 中部采场降深至+320m 水平；北侧采场降深至+335m 水平；南侧采场降深至+335m 水平，并为进一步降深扩出空间。

基建期第二年第一季度剥采情况如图 3-10 和表 3-7 所示。

表 3-7 基建期第二年第一季度剥采情况

矿岩性质	体积/万立方米	重量/万吨
砂	344.80	603.40
原岩	285.37	796.06
砂砾岩	1265.50	2720.83
角砾矿	103.40	330.78
合计	1999.07	4451.07

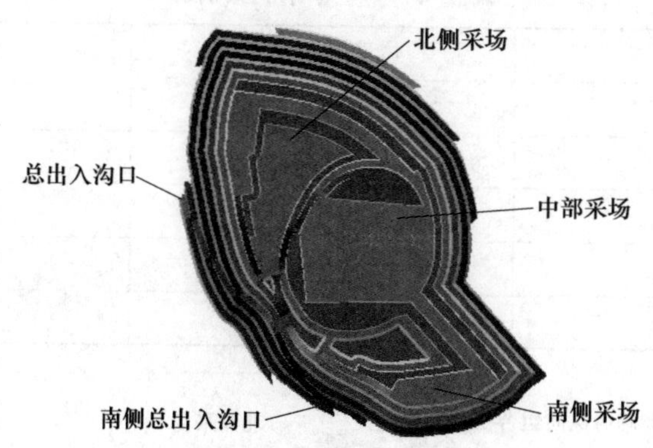

图 3-10　基建期第二年第一季度生产剥采计划

由表 3-7 可知，基建期第二年第一季度，生产剥采总量为 4451.07 万吨。

F　基建终了图设计

基建终了在基建第二年第一季度基础上，进一步降深。基建第二年第二季度主要生产任务包括：

(1) 坑底留矿；

(2) 中部采场降深至+275m 水平；北侧采场降深至+305m 水平；南侧采场降深至+305m 水平。

基建期末剥采情况如图 3-11 和表 3-8 所示。

表 3-8　基建期末剥采情况

矿岩性质	体积/万立方米	重量/万吨
砂	23.15	40.51
原岩	1022.63	2860.61
砂砾岩	479.32	1030.55
角砾矿	144.07	450.31
合计	1669.17	4381.98

由表 3-8 可知，基建期第二年第二季度，生产剥采总量为 4381.98 万吨。

3.2.3.2　生产期优化

为了保证前期生产剥采均衡，宏大爆破暂优化了生产期前 3 年的生产计划。

A　生产期第一年

生产期第一年末生产规划如图 3-12 所示。其当年生产情况如表 3-9 所示。

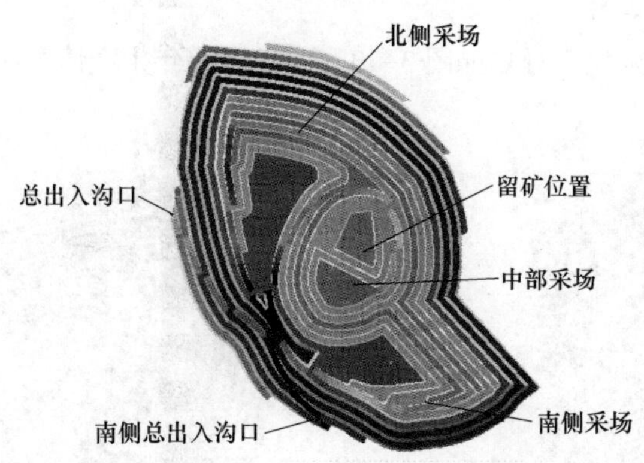

图 3-11 基建期末生产剥采计划

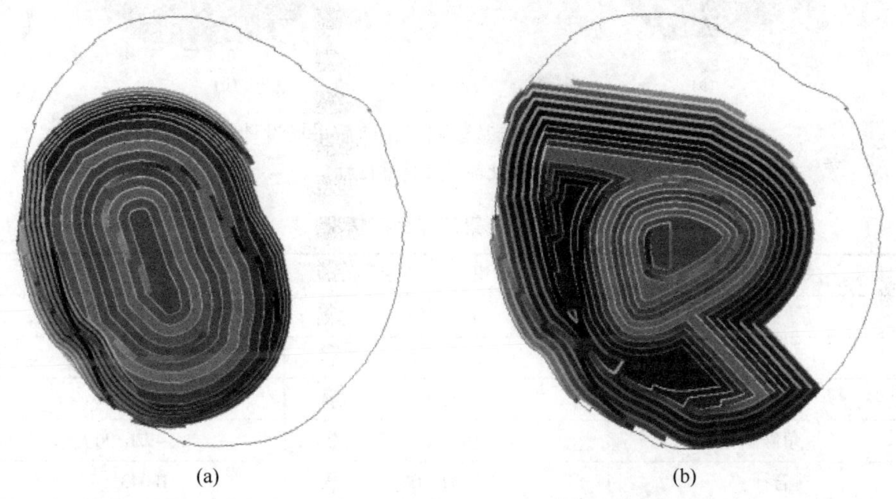

图 3-12 第一年末基建期优化前后采场设计图
(a) 优化前；(b) 优化后

表 3-9 第一年生产情况

矿岩性质	体积/万立方米	重量/万吨
砂	836.95	1464.66
原岩	1203.45	3365.96
砂砾岩	3782.63	8132.64
角砾矿	1263.32	3964.94
合计	7086.35	16928.20

B　生产期第二年

生产期第二年末生产规划如图 3-13 所示，其当年生产情况如表 3-10 所示。

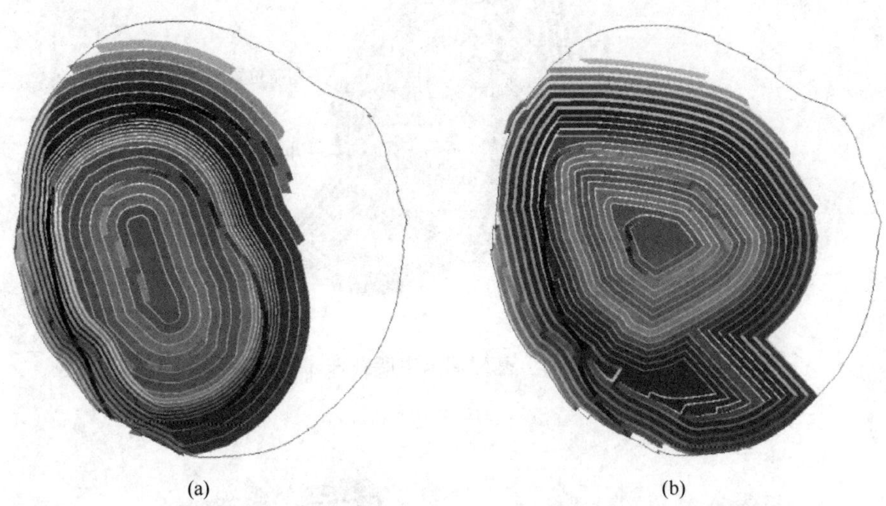

图 3-13　第二年末基建期优化前后采场设计图
(a) 优化前；(b) 优化后

表 3-10　第二年生产情况

矿岩性质	体积/万立方米	重量/万吨
砂	602.48	1054.33
原岩	2009.32	5619.43
砂砾岩	2996.82	6443.17
角砾矿	1553.88	4926.96
合计	7162.50	18043.89

C　生产期第三年

生产期第三年末生产规划如图 3-14 所示，其当年生产情况如表 3-11 所示。

表 3-11　第三年生产情况

矿岩性质	体积/万立方米	重量/万吨
砂	672.85	1177.49
原岩	2486.50	6957.44
砂砾岩	2021.87	4347.03
块矿	19.58	68.57
角砾矿	1544.05	4892.42
合计	6744.85	17442.95

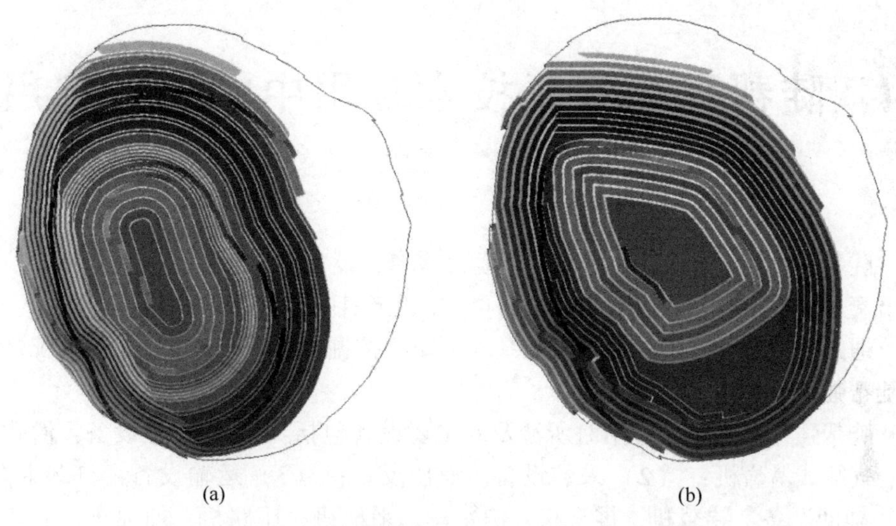

图 3-14 第三年末基建期优化前后采场设计图
(a) 优化前；(b) 优化后

3.2.3.3 陡帮强化开采优化后特点

通过对原设计的采矿方案进行优化，优化后的方案操作性更强、更加经济合理，具体优点有：

(1) 剥采均衡：留有剥采缓冲区域，每年工程量稳定在 1.7~1.8 亿吨；

(2) 早日见矿：采用“黑虎掏心”的施工方法，灵活高效；

(3) 可操作性强：道路坡度合理，道路宽度满足运输能力；

(4) 运输系统布置合理：减少道路移设，提前布置坑内破碎站，减小汽车运距；

(5) 减少初期剥采投资：减少初期剥采投资约 9.4 亿元。

3.3 小结

设计是施工的源头，属于矿山生命周期中的“顶层设计”。一套好的设计方案可确保矿山生产稳步、快速、经济合理的运行。宏大爆破陡帮强化开采技术的应用给矿山生产方案提供了更大的优化空间。

4　陡帮强化开采技术应用中的设备选用

陡帮强化开采过程中，作业平盘宽度较窄，设备调动频繁，投资预算少，生产节奏快，容错率低，因此需要设备可靠，生产工艺简便灵活，投资少。

通过对比各种露天矿开采工艺系统可知“挖掘机-汽车”间断工艺系统是实现陡帮强化开采技术的不二选择。

陡帮强化开采技术应用时所涉及的主要设备包括：（1）钻孔设备：潜孔钻机、气腿式凿岩机；（2）采装设备：液压反铲；（3）运输设备：自卸卡车；（4）辅助设备：装载机、推土机、洒水车、平地机、压路机、加油车、混装炸药车等。

设备选型原则：（1）选用灵活、高效、先进、可靠的施工设备；（2）各生产工序设备之间要配套；（3）合理安排各台阶剥离开采的设备，保证台阶有序推进，避免“采死”情况发生；（4）设备数量尽量充足，调配不宜跨多台阶；（5）在施工工艺安排上，始终贯彻节能减排的原则，选用的主体设备和主要辅助设备效率高，耗能低，排放物不会对环境造成危害，对人体健康不构成威胁的设备；（6）维修配套设施齐全。

4.1　钻孔设备

钻孔设备是用来在岩体上钻出供爆破装填炸药用的炮孔的机械。选择钻孔机应当按设计要求块度、年平均穿爆工程量、台阶高度、岩石可钻性及可爆性等基础数据，综合考虑钻机的能力、适应性和钻孔综合成本进行钻机选择。

在陡帮强化开采技术应用的实践中，常应用到的钻孔机械有潜孔钻机和气腿式凿岩机。

4.1.1　岩石的物理机械性质

露天矿岩石破碎常用破碎方法是穿孔爆破。岩石的性质直接影响钻孔机械的工作性能和钻孔速度：

（1）容重：岩石在干燥状态下单位体积的重量；

（2）松散性：整体岩石破碎后，其容积增大的性能；

（3）硬度：岩石抵抗尖锐工具侵入的能力。硬度越大，钻孔越困难，消耗功率也越多；

（4）弹性：岩石在所受外力释放后，恢复其原状的性能。弹性越大，钻孔越困难；

（5）脆性：岩石被破碎时不带残余变形的性能。脆性越大的岩石消耗于岩石变形的功越小，钻孔越容易；

（6）强度：岩石抵抗机械破坏（拉、压和剪切等）的能力，不同的破坏方式，其强度是不同的，一般岩石的抗压、抗拉和抗剪的极限强度比为 $1:(\frac{1}{10}\sim\frac{1}{50}):(\frac{1}{8}\sim\frac{1}{12})$；

（7）研磨性：岩石磨损工具的性能。用单位压力下工具移动单位长度后被磨损的体积或重量来表示，其大小取决于岩石颗粒的大小、硬度和胶结物的性质。岩石研磨性越大，钻头磨损越快；

（8）稳定性：岩石暴露出自由面以后，不致塌陷的性能。岩石稳定性差，钻孔易塌帮，会造成卡钻和排渣困难；

（9）坚固性：岩石抵抗破碎的综合性质，是指岩石抵抗拉、压、剪切、弯曲和热力等作用的综合表现，通常用坚固性系数 f 表示：

$$f=\frac{\sigma}{10}$$

式中　σ——岩石的极限抗压强度，MPa。

钻孔机械效率与岩石物理力学性质息息相关，为合理配置钻机，必须对岩石物理力学性质有所了解。

4.1.2　潜孔钻机

潜孔钻机在凿岩作业过程中，冲击能量不是通过钻杆传递到钻头上，而是直接传递到钻头上，其能量传递效率高，凿岩效率不随钻孔深度增加而降低。同时，由于冲击器紧跟钻头，其工作压气全部通过钻头排放，增强了排渣效果，提高了穿孔速度，结构简单，使用方便。

4.1.2.1　潜孔钻机的工作原理

潜孔钻机由钻头 1、冲击器 2、钻杆 3、回转供风机构 4 和推进调压机构 5 五大部分组成，如图 4-1 所示。

钻机工作时，由回转供风机构 4 带动钻杆 3、冲击器 2 和钻头 1 回转，产生对岩石刮削作用的剪切力；同时压气经钻杆进入冲击器，推动冲击器的活塞反复冲击钻头，使钻头侵入孔底产生挤压岩石的冲击力，钻头始终与孔底岩石接触；钻头在冲击器的活塞不断的作用下，改变每次破碎岩石的位置。所以，钻头在孔

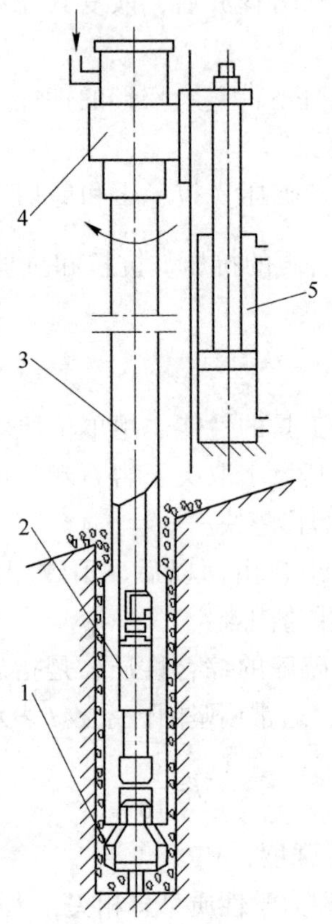

图 4-1　潜孔钻机机构组成

底回转是连续的，冲击是间断的；在冲击器的冲击力和回转机构的剪切力作用下，孔底的岩石不断被压碎和剪碎，把破碎后的岩渣从钻杆与孔壁之间环形空间吹到孔外。另外，回转供风机构在推进调压机构 5 的作用下沿其轴向移动，推进冲击器和钻头，实现连续钻进。

4.1.2.2　潜孔钻机分类

露天潜孔钻机大都有独立的行走机构，按其钻孔直径和重量可分为轻型、中型和重型三种。

轻型钻机重量一般为 1～5t，可钻孔径 100mm 左右，由机外风源供风。该种钻机价格便宜，移动方便，可以适配 9～12m^3 空压机使用，但凿岩速度较慢（日凿岩 60m 以内）。

重型露天潜孔钻机重量约 30～45t，钻孔直径 180～310mm，有自配空压机(分体专用)，履带式行走，爬坡能力强，主要应用于大型露天矿山。

中型露天潜孔钻机重量约 10~20t，钻孔直径 130~180mm，适用于一般石方钻爆作业。一般不带空压机，由机外风源供给压气，履带式行走，是露天矿山使用最为普遍的潜孔钻机。

4.1.2.3 潜孔钻机生产效率

在选择钻机时，首先应根据现场实际情况、块度要求、设计生产强度选择钻孔直径，钻孔直径和延米爆破量的关系可参见表 4-1。

表 4-1 不同孔径钻孔延米爆破量

钻孔直径/mm	38	50	76	100	140	150
延米爆破量 Q/m^3	1.0	2.2	6	11	23	27

常见潜孔钻机不同孔径台班穿爆效率如表 4-2 所示。

表 4-2 不同孔径潜孔钻机台班穿爆效率

岩石等级 f	$\phi76$	爆破量	$\phi100$	爆破量	$\phi140$	爆破量
4~8	160	960	140	1400	120	2400
8~12	130	780	120	1200	100	2000
12~16	110	660	100	1000	80	1600
16~18	90	540	80	800	65	1300

4.1.2.4 钻孔直径的选择

钻孔直径的选择受矿岩特性、要求破碎程度、台阶高度、单方爆破穿孔费用等因素的制约。

当钻孔直径较小时，平均单耗较低，但是钻孔和起爆的费用通常较高，而且装药、填塞炮孔和连线作业耗时且劳动强度大，尤其在陡帮强化开采工艺中，这些缺点将被放大，弊大于利。但是如果孔径过大，则布孔参数将相应增大，导致岩石破碎不良，特别在有宽间距张开节理的岩石里的爆破更是如此。

另外孔径与台阶高度需匹配。例如在 5m 高的台阶上钻 $\phi310$mm 孔，堵塞长度至少为炮孔的 70%，爆炸能量分散不均匀，爆破效果较差。

适当增大孔径的优点包括：（1）提高爆破工作的效率；（2）相同条件下，大直径炮孔钻进速度比小炮孔快；（3）大直径的钻头可以制造得更加坚固，因为它有条件采用能承受冲击载荷、承受工作中较大的压力和扭矩、使用寿命较长的轴承；（4）采用大直径炮孔还可以增加第一行炮孔离台阶坡顶线的边距，以保证有较安全的生产条件和较大的延米爆破体积；（5）药包直径随孔径变大而增大，从而拥有较高爆速，爆轰过程更为稳定，且受外界因素的影响更小。

4.1.2.5　陡帮强化开采技术适用钻机参数

陡帮强化开采过程中平台宽度较窄，使用重型潜孔钻机，移动不方便。而且重型钻机所钻孔径较大，同等单耗情况下，矿岩爆破后块度较大，与中小型采装设备不配套。

通过表“不同孔径潜孔钻机台班穿爆效率”可以看出，ϕ140 的钻机，其台班效率约为 ϕ76 钻机的 240%，约为 ϕ100 钻机的 160%。因此使用轻型潜孔钻机效率较低，难以跟上强化开采的生产节奏。同时，ϕ140mm 钻机其爆破后矿岩块度适中，可满足采运生产要求。

采用陡帮强化开采技术时，推荐选用 ϕ140mm 型中型潜孔钻机。

4.1.2.6　钻机设备数量计算

钻机所需配备台数计算方法：

$$N=\frac{V}{Q_z P}k$$

式中　V——露天矿矿岩年产量，m^3/a；

Q_z——钻机年生产能力，米/(台 · 年)；

P——每米钻孔的爆破矿岩量，m^3/m；

k——钻机备用系数，一般 $k=1.1 \sim 1.2$。

国内常用的中风压钻机（孔径 ϕ140mm）每天平均工效可以按爆破 3000m^3 考虑，每月近 10 万立方米，年产能约 100 万立方米。

4.1.3　气腿式凿岩机

气腿式凿岩机，凿岩时安装在起支架和推进作用的气腿子上，是一种高效率的凿岩机械。它广泛应用于岩巷掘进及各种凿岩作业中钻凿爆破孔，是矿山、铁路、交通、水利建设等石方工程中的重要机器。

气腿式凿岩机是量大面广的手持类、半机械化（手工操作、人力挪移设备）产品。其操作灵活、维修方便、价格低廉，但凿孔速度低、作业噪声大、占用人员多、效率低、劳动强度大、容易发生机械人身事故，因此在露天矿山仅用于高陡山体修路等浅孔穿爆的工作。

国内气腿式凿岩机的主要技术参数及台班工作效率见表 4-3 和表 4-4 所示。

气腿式凿岩机孔径一般为 40mm 左右，台班效率较小，适用于潜孔钻机作业不方便或不经济的穿孔任务，仅作为潜孔钻机的辅助设备使用。

表 4-3 国产气腿式凿岩机主要技术指标

型号	凿孔		耗气量 /L·s^{-1}	体长/mm	重量/kg	生产厂
	直径/mm	深度/m				
YT24	34~42	5	80	678	24	天水风动工具厂
YT28	34~42	5	85	661	26	
7655	34~42	5	78.3	628	24	沈阳风动工具厂
YT27	34~42	5	83.3	668	26	
YTP26	36~42	5	85	680	26.5	湘潭风动机械厂
YTP26G	36~42	5	50		26.5	
YT25DY	46	5	75	693	24.5	南京华瑞工程机械公司
YT23	34~42	5	80	628	24	桂林风动工具厂

表 4-4 常用 YT24 气腿式凿岩机的钻孔效率

物料性质	松石	次坚石	普坚石	特坚石
钻孔效率/m·（台·班）$^{-1}$	62	47	33	22

4.2 采装设备

采装设备是从工作面挖取剥离物或矿石，装入运输设备的机械，是矿山生产核心设备。

其选型需结合现场生产环境、生产需求综合考虑，主要影响因素有：矿山生产规模、配套运输设备、台阶高度、平台宽度、物料性质、爆破效果、工作线推进速度、选采需要等。

露天矿山，可用于采装作业的机械设备有：挖掘机和装载机。正常情况下，挖掘机是主要采装设备，装载机仅为辅助采装。

单斗挖掘机工作循环：挖掘-满斗提升-回转-卸载-回转，一个作业循环时间为几十秒到一分多钟。

4.2.1 单斗挖掘机优选

根据驱动方式不同，可分为：电动机驱动电铲和柴油机驱动柴油铲。

根据传动方式不同，可分为：机械传动机械铲和液力传动液压铲。

根据行走机构的不同，可分为：履带式、轮胎式、迈步式。

根据工作装置不同，可分为：正铲、反铲、拉铲、抓铲、刨铲。

使用电铲需要配套的驱动电缆，且移动较慢，工作线长度需求较大（150~200m）。陡帮强化开采过程中，单套设备的工作线长度仅为20~50m，工作面设备密度较大，因此采用电力驱动的电铲难以适应快速推进、灵活开采的工作任务。

机械式挖掘机是利用齿轮、链轮、钢绳、皮带等来传递动力。液压挖掘机采用容积式液压传动来传递动力，由液压泵、液压马达、液压缸、控制阀、油管等元件组成，较为灵活。

与机械式挖掘机相比，液压挖掘机的优点有：（1）质量轻、生产能力大。斗容相同时，液压挖掘机比机械式质量轻40%~60%；（2）挖掘力大。机械式挖掘机是依靠挠性的钢绳提升铲斗来进行挖掘，液压式挖掘机铲斗与斗杆铰接，可相对转动，强制切入岩层；（3）液压挖掘机采装灵活。机械式挖掘机近似圆弧形，而液压式能沿矿层轮廓运动，做各种不同的直线、折线、曲线运动，可进行分层开采，铲平、清根、松石时不用辅助设备；（4）移动性能好。液压独立行走装置，结构简单紧凑，操作灵活，转弯方便；（5）复杂地形适应性好。液压式挖掘机越过路坎或高地，运移时自行上下运输设备。

液压铲的主要缺点包括：元件的加工精度要求高、装配要求严格、制造困难、维护要求高，液压油要求高。

综合分析其优缺点，液压铲的铲斗运动自如，满斗率比机械铲高15%，斗齿寿命提高1.2倍；灵活的装卸料动作，加上较快的平台回转速度，缩短了作业周期时间，可得到较高的生产能力和较低的作业成本。液压挖掘机在矿山将得到越来越广泛的应用。

根据工作装置不同，液压铲有正铲和反铲之分。对于液压正铲，其采装物料以停机面以上为主，停机面以下物料挖掘效率较低。液压反铲则主要是用于停机面以下的挖掘。

反铲挖掘机较正铲挖掘机有以下优点：（1）作业灵活、回转角度小、调度时间短、操作省力；（2）挖掘力大、装载高度大、易于装车、作业安全稳定；（3）下挖准确、适于选采、有利于改善采掘工作面质量；（4）作业循环时间短、工作半径较大、便于实现往复运动、生产效率高；（5）站在搭建台阶上，不挤占运输车辆道路，安全性好。

经过以上种种性能比选，易知灵活高效的单斗液压反铲挖掘机成为陡帮强化开采技术采装设备的必然选择。

4.2.2　单斗挖掘机生产效率

挖掘机是矿山生产核心设备，其台班生产能力：

$$Q_{c}=\frac{3600qK_{H}T\eta}{tK_{P}}$$

式中　q——挖掘机的斗容，m^3；

t——挖掘机铲斗循环时间（可参见表4-5给出的推荐值），s；

K_H——挖掘机铲斗满斗系数（查表4-6）；

K_P——矿岩在铲斗中的松散系数（查表4-6）；

T——挖掘机班工作时间，h；

η——班工作时间利用系数（查表4-7）。

表4-5 挖掘机工作循环时间 t 推荐值

挖掘机斗容 /m^3	挖掘机工作条件			
	易于挖掘	比较易于挖掘	难于挖掘	非常难于挖掘
1.0	16	18	22	26
2.0	18	20	24	27
3.0~4.0	21	24	27	33
6.0~8.0	24	26	30	35
10.0~12.0	26	28	32	37
15.0	28	30	34	39
17.0	29	31	35	40

表4-6 铲斗装满系数 K_H 和物料松散系数 K_P 值

被挖掘物料性质	相当硬度系数 f	装满系数 K_H	松散系数 K_P
易于挖掘：如砂土和小块砾石等	0-0.5	0.95-1.05	1.2-1.3
比较易于挖掘：如煤、砂质黏土及土夹小砾石等	6.0-10	0.90-0.95	1.30-1.35
难于挖掘：如坚硬的砂质岩、较轻矿岩和页岩等	10-12	0.80-0.90	1.4-1.5
非常难于挖掘：如一般铜矿、铁矿岩爆堆等	12-18	0.70-0.80	1.5-1.8

表4-7 时间利用系数 η

效率高低	很好	良好	一般	较不利	十分不利
每小时纯工作时间/min	55	50	45	40	35
时间利用系数 η/%	92	83	75	67	58

从上述计算公式可知，适当提高挖掘机斗容、满斗率、时间利用系数等参数，可提高单体挖掘机台班效率。同时，挖掘机台班生产能力受多种技术和组织

因素影响，如矿岩性质、爆破质量、运输设备规格、其他辅助作业配合条件和操作技术水平等，具体情况还需结合现场实际进行评估。

挖掘机生产经验：国内常用的柴油动力反铲斗容在 $2m^2$ 左右，一个白班加小夜班装岩效率是 $1500m^2$ 左右，正常作业所需工作面 20m 宽，设备作业率一般取 75%，以平均工效为每天 $1100m^2$，每月 3 万立方米，每年 30~35 万立方米。

4.2.3　挖掘机设备数量计算

挖掘机所需配备台数计算方法：

$$N=\frac{V}{Q_{w}FT_{a}}k$$

式中　V——露天矿矿岩年产量，m^3/a；

Q_w——挖掘机班生产能力，$m^3/$(台·班)；

F——每日班次，单班制、双班制、三班制；

T_a——年有效工作天数，日；

k——挖掘机备用系数，一般 $k=1.1\sim1.2$。

4.2.4　宏大爆破挖掘机使用经验

总结现场施工经验，可提高挖掘机生产能力的措施包括：

(1) 采用合理的采装方式和工作面规格。陡帮强化开采过程中，搭建作业平台，采用双车道下装车（图 4-2），设备效率较平装车效率高 15%左右，操作视野好，满斗率高。工作面台阶过高对挖掘机作业不安全，过低则不易满斗。窄采掘带会增加挖掘机移动时间，太宽则推进速度慢，采装效率低。

图 4-2　双车道下装车示意图

(2) 合理配置工作线路和合理调车。陡帮强化开采过程中，平台较窄，若能形成环形工作线，则可避免卡车调头、转弯等时间，同时挖掘机待装时间减少。

(3) 合格的爆破质量和足够的矿岩爆破储量，一般爆破储量约 5~7 天工作量较好，既可预防待爆事故、又不占据过多采装位置。

(4) 配备足够的运输设备，提高空车供应率。

(5) 加强设备维修，按时保修养护，减少机械故障。

(6) 加强各生产环节的配合，减少外障影响。

(7) 提高挖掘机司机操作技术，压缩采装周期时间。

4.3 运输设备

鉴于汽车运输具有适应性强、灵活高效、爬坡能力强、生产组织简单等多种优点，绝大多数中小型露天矿山均采用汽车作为主要运输设备。

4.3.1 矿用自卸汽车类型

自卸汽车是露天矿山最常用的矿用汽车，有后卸式、底卸式、侧卸式。自卸式矿用汽车按结构分为：铰接式、刚性两类；按传动方式分为：机械传动、液力机械传动、电力机械传动；按能源情况分：柴油动力、双能源。

机械传动的自卸汽车，由发动机发出动力，通过离合器、机械变速器、传动轴及驱动轴等传给主动车轮。由于机械传动具有结构简单、制造容易、使用可靠和传动效率高等优点，一般载重量 30t 以下的重型汽车多采用机械传动。

液力机械传动的自卸汽车，由发动机发出动力，通过液力变矩器和机械变速器，再通过传动轴、差速器和半轴把动力传给主动车轮。30~100t 的矿用自卸汽车基本上采用这种传动方式。

电力机械传动的自卸汽车，由发动机直接带动发电机，发电机发电直接供给电动机来驱动车轮。由于电力传动的汽车自重较大、造价较高，电机尺寸和重量较大，载重量在 100t 以上的自卸汽车才适合采用电力传动。

采用陡帮强化开采技术的矿山，运输方式灵活、平台宽度较窄，因此推荐使用载重 20~60t 的中小型自卸汽车。

4.3.2 汽车运输能力

汽车运行周期 t_{zq} 由装载时间 t_z、卸载时间 t_x、运行时间 t_y、调车等进时间 t_d 及其他时间 t_q 组成。

$$t_{zq}=t_z+t_x+t_y+t_d+t_q$$

汽车的台班运输能力 P_b：

$$P_b=\frac{60Tq}{t_{zq}}K_q$$

式中　P_b——自卸汽车台班运输能力，m^3/(台·班) 或 t/(台·班)；

T——班作业时间，由班日历时间乘以作业效率求得。通常一班作业时作业率为0.9，二班作业时为0.8，三班作业时为0.75；

q——汽车载重量，m^3 或 t；

t_{zq}——汽车运行周期时间，min；

K_q——载重利用系数，又称有效载重率，%。

计算自卸汽车的年运输能力 P_n：

$$P_n = PP_b$$

式中　P——自卸汽车年工作班数，按年日历时间减去节假日、气候影响和检修时间乘以每天工作班数确定。

4.3.3　汽车数量计算方法

自卸汽车的工作台数 N_g 和在籍台数 N_z 计算方法为：

$$N_g = \frac{KA_b}{P_b}$$

$$N_z = \frac{N}{K_s}$$

式中　K——产量波动系数，为1.15~1.20；

A_b——露天矿每班生产能力，立方米/班或吨/班；

K_s——汽车出动率，为0.7~0.9。它主要取决于汽车的故障、修理时间和检修保养制度、管理水平等，该值对不同矿山差别较大，应根据实际情况进行分析。

4.3.4　宏大爆破汽车运输管理经验

正常生产期间，汽车漫山遍野，如何通过科学管理提高汽车运输能力，宏大人进行了不断的钻研与探索。

4.3.4.1　灵活调度机制

以往生产过程中，常使用定铲配车机制，即某些车辆固定服务某台挖掘机。然而在生产过程中，因各种各样因素的影响，将会打破设计好的采运模式。出现某些挖掘机无车可用，待装时间过长或某些挖掘机异常繁忙，车待铲时间过长。出现以上两种情况，表明采装能力或运输能力未得到充分利用。

宏大爆破调度管理人员，通过不断分析，提出了两种车辆调度模式：

调度模式一：采取总排队供车模式。所有车辆并不定铲服务，而是根据调度指令前往服务挖掘机处。该调度模式可充分利用每台设备的生产能力，减少挖掘机和车辆等待时间，提高采运综合生产能力，但其管理工程量大，必须实时掌握现场情况，据此而分析，下达调度指令。

调度模式二：（1）定铲配车，但是为每一台挖掘机少配备1台卡车；（2）将减配的车辆加上2到3辆成立机动调车组。该调度模式，可极大改善车铲不匹配的状况，充分发挥采装环节和运输环节生产能力，达到均衡状态。该调度模式管理工程量相对较小，且能弥补定产配车模式的不足，可操作性较高。

陡帮强化开采过程中，为尽可能发挥各设备的生产效率，加快生产节奏推荐采用第二种调度模式。

随着科学技术的发展，GPS卡车调度系统逐步应用到露天矿山生产中来。通过该系统可极大降低管理工程量，第一种调度模式也将成为现实，进而降低陡帮强化开采技术应用难度。

4.3.4.2 修车不如修路

汽车能否正常高效作业，很大程度上与矿山道路的状态有关。在同样生产条件下，汽车的运输能力主要取决于道路的类型及养护水平。良好的道路可以降低燃料消耗和汽车的维修费用，减少设备的故障率，提高运行速度，延长轮胎的寿命，运输安全性也大大提高。

在河南舞钢铁矿项目中，认真贯彻“修车不如修路”的思想。设立了道路养护队，修路前后对比分析可知：自卸车平均车速提升了30%，柴油消耗降低了10%，生产效率提高了35%，轮胎使用里程提高了27%，道路养护加上运输成本比以前降低了11%，降本增效的效果明显。因此，“修车不如修路”成为每一位宏大管理人员的共识。

4.4 辅助设备

矿山工程中辅助设备主要有：装载机、推土机、洒水车、平地机、压路机、加油车、混装炸药车等。本节主要讲述装载机、推土机和压路机三种重要的辅助设备。

4.4.1 装载机

露天矿山装载机主要从事的工作包括：（1）装载或攒堆松散物料和爆破后的矿石；（2）对土壤作轻度的铲掘工作；（3）清理、刮平场地；（4）短距离装运物料及牵引等作业。

装载机按大小分类可分为：小型（小于74kW）、中型（74～147kW）、大型（147～515kW）、特大型（大于515kW）。按照行走方式分类可分为：轮胎式、履带式。其中，轮胎式装载机具有重量轻、速度快、机动灵活、作业效率高、不破坏路面，接地比压大、重心高、通过性和稳定性差等特点。履带式装载机特点则是接地比压小、通过性好、重心低、稳定性好、牵引力大，速度慢、不灵活、破坏路面。

轮胎式前装机是露天矿山最常用到的辅助设备。

4.4.1.1　前端式轮式装载机的基本构造

前端式轮式装载机的基本构造如图4-3所示。

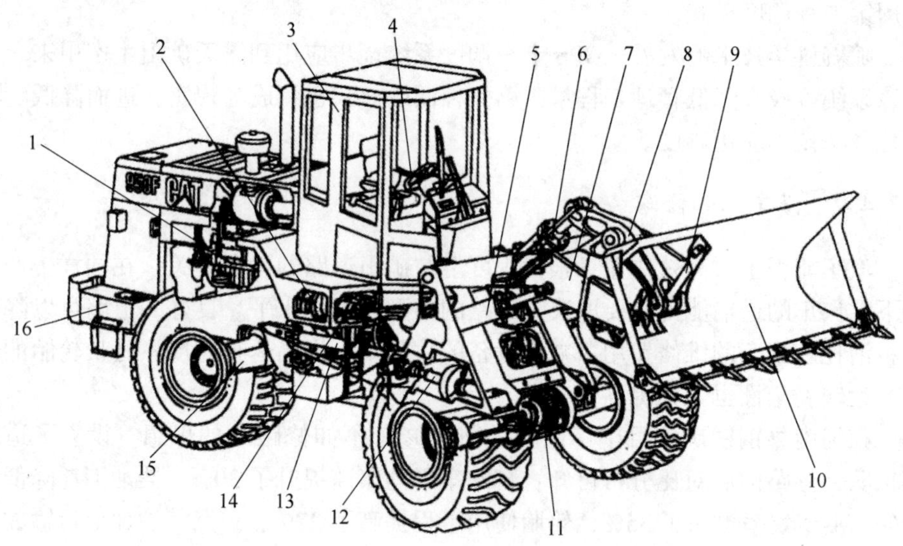

图4-3　前端式轮式装载机的基本构造图

1—发动机；2—变矩器；3—驾驶室；4—操纵系统；5—动臂油缸；6—转斗油缸；7—动臂；8—摇臂；9—连杆；10—铲斗；11—前驱动桥；12—传动轴；13—转向油缸；14—变速器；15—后驱动桥；16—车架

4.4.1.2　前端式轮式装载机的生产能力

前端式轮式装载机是一种灵活、机动、生产费用低的高效能装载设备。装载机自铲自运时，履带式合理运距小于50m，轮式合理运距为50~100m。整个铲装、运送的整个作业循环应控制在3min之内。用前装机代替挖掘机装载卡车时，应选择合理的运距，一般3~6斗装满一车为宜。

装载机生产效率，即每小时装卸物料的质量或体积，计算公式如下：

$$Q=\frac{3600V_{H}K_{z}K_{t}}{TK_{s}}$$

式中　Q——装载机的生产率，m^3/h；

T——每一作业循环所需的时间，s，一般对轮式取40s，履带式取46s；

V_H——装载机的额定斗容，m^3；

K_z——装载机的满斗系数，当土质条件为比较容易装满时取0.8~1.0，装满较困难时可取0.5~0.6，一般情况下可取0.6~0.8；

K_t——时间利用系数，可取0.75~0.85；

K_s——物料的松散系数，对砂土可取1.1~1.2，对黏土可取1.2~1.4；爆破矿岩1.3~1.5。

4.4.1.3 陡帮强化开采中装载机的应用

在采用陡帮强化开采技术的矿山，一般选用中型装载机（74~147kW），主要负责辅助工作：（1）零散物料攒堆、临时装载；（2）修建安全挡墙；（3）清理炮位；（4）排土场推排；（5）道路养护；（6）牵引救援被陷设备。装载机活跃在矿山的每一个角落，是露天矿必不可少的辅助设备。

4.4.2 推土机

推土机既能铲挖物料，又能推运和排弃物料。在露天矿中主要从事道路维护、待钻炮区场地平整，在挖掘机工作时推运矿岩，排土场推排等辅助性作业。

按发动机功率推土机可分为小型（小于75kW）、中型（75~239kW）、大型（大于239kW）；按行走装置推土机可分为：履带式和轮式。

履带式推土机推力大、行走平稳、地形适应性好，在矿山工程中应用较广泛。

4.4.2.1 推土机的基本构造

推土机的基本构造如图4-4所示。

4.4.2.2 推土机的生产能力

推移土岩时，推土机台班生产能力按下式进行计算：

$$Q=\frac{480q\eta}{TK_p}$$

式中 Q——推土机台班生产能力（实方），m^3；

q——铲土板的额定斗容（松方），m^3

η——时间利用系数，一般$\eta=0.7\sim0.75$；

T——作业循环所需时间平均值，min；

K_p——物料的松散系数，对砂土可取$K_p=1.1\sim1.2$，对黏土可取$K_p=1.2\sim1.4$；爆破矿岩$K_p=1.3\sim1.5$。

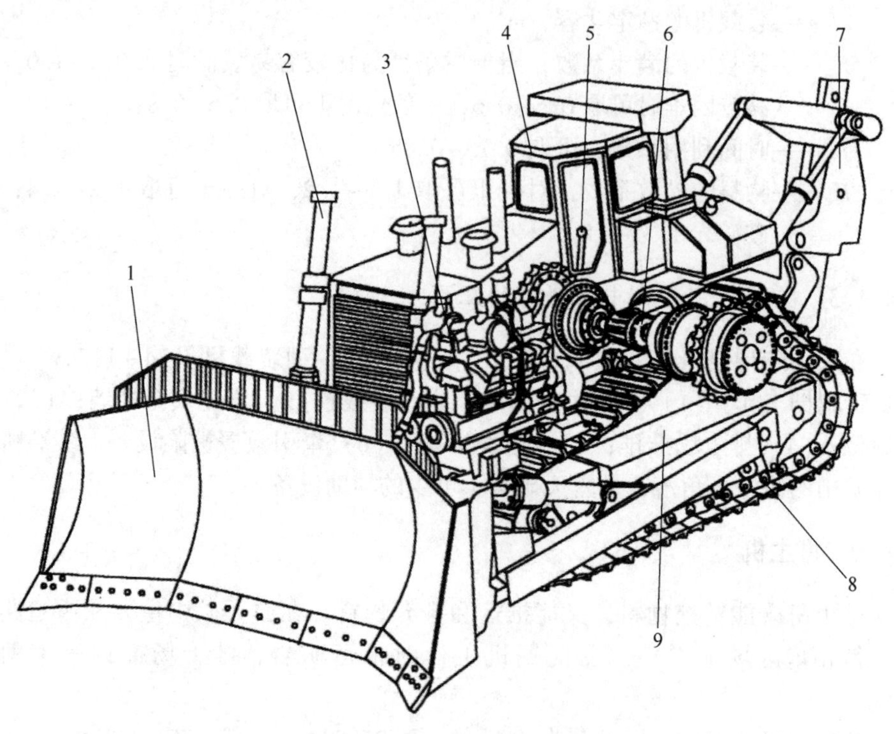

图 4-4 推土机的基本构造图

1—铲刀（铲刀有固定式、回转式）；2—液压系统；3—发动机；4—驾驶室；5—操作系统；6—传动系统；7—松土器；8—行走装置；9—机架

推土机配置数量，按下式计算：

$$N=\frac{V_c K_1}{Q}$$

式中 N——推土机的数量，台；

V_c——每班推移物料（岩石实方）量，m^3

Q——推土机台班生产能力，m^3（实方）；

K_1——设备检修系数，取 $K_1=1.2\sim1.25$。

在推排作业时，应考虑其经济运距：对履带式推土机，小型的运距不宜超过50m；中型的运距在 50~100m 间，最大运距不宜超过 120m；大型的运距不宜超过 150m。

4.4.2.3 陡帮强化开采中推土机的应用

陡帮强化开采过程中，所使用的挖掘机一般介于 $1\sim2m^3$。推土机选型需要考虑与之相匹配（见表 4-8）。

表 4-8 挖掘机斗容与推土机功率的匹配关系

挖掘机斗容/m^3	1~2	4~4.6	7.6~11.5
推土机功率/kW	75~90	135~165	240~308

根据表 4-8 推荐使用 90kW 左右的中型推土机。

推土机在生产过程中主要承担以下辅助工作：（1）推移攒堆爆破矿岩；（2）道路修筑与养护；（3）排土场土岩推排；（4）待穿孔炮区平整；（5）台阶平台平整等。其最常应用场地为排土场，推排废弃土岩，控制排土线反坡等。

4.4.3 压路机

常见压路机有四种，即光轮压路机、振动压路机、轮胎压路机和羊角碾。对石料填方压实，多用振动压路机。振动压路机分为机械传动式和液压传动式，一般将机重 0.5~2.0t 的称为轻型振动压路机，2~8t 称为中型振动压路机，8t 以上称重型振动压路机。

振动压路机是利用机械高频率的振动，使被压材料的颗粒发生共振，从而使颗粒间产生相对位移，其内摩擦力会减少、间隙也会缩小，土层被压实。

与静作用压路机相比，振动压路机具有如下优点。

（1）同样质量的振动压路机比静作用压路机的压实效果好，压实后的基础压实度高，稳定性好。

（2）振动压路机的生产效率高，当所要求的压实度相同时，压实遍数少。

（3）由于机载压实度计在振动压路机上的应用，驾驶员可及时发现施工道路中的薄弱点，随时采取补救措施，从而大大减少质量隐患。

（4）由于振动作用，可使面层材料与石料基础充分渗透、柔和。故路面耐磨性好，返修率低。

（5）可以压实大粒径的回填石等静作用压路机难以压实的物料。

（6）当压实效果相同时，振动压路机在结构质量上可比静作用压路机轻一倍，发动机的功率可降低 30%左右。

振动压路机的振动频率对压实效果有很大影响，通常振动频率在 25~50Hz 之间，但还应视作业对象而定。

用于压实大体积土壤和岩石填方的厚铺层时，适宜的振动频率为 25~30Hz，如再采用较大振幅，将能达到很高的压实密度。用于压实沥青料层时，适宜的振动频率为 33~50Hz，最佳振幅为 0.4~0.8mm。

此外，压实表层时可采用高频振动及小振幅，压实基层时可采用低频振动大振幅。

振动压路机的运行速度和碾压次数对压实质量和生产率有显著的影响，在铺层厚度一定时，压实质量与碾压次数成正比，与运行速度成反比。

经验表明，自行式振动压路机的运行速度宜在1~6km/h之间，也可由振动频率计算运行速度 $v=0.2f^{0.5}$。在碾压土壤和岩石的大面积填方时，振动压路机的最佳运行速度为3~6km/h。在大型工程中，推荐的碾压速度为3~4km/h。

4.5　设备配置特点

大型露天矿山开采一般采用中规中矩的扩帮推进模式，"宽平台、缓工作帮"是其显著特点。对于中小型矿山，因受开采范围、投资规模、地形地势等因素影响，陡帮强化开采技术便可大展拳脚，为业主创造意想不到的利润。经以上各环节设备选型分析，可总结出采用陡帮强化开采技术的矿山，设备配置特点有：

(1) 柴油动力；

(2) 各环节设备合理匹配。

只有满足以上两条，才可顺利实现陡帮强化开采技术。

4.5.1　柴油动力

虽然电动机的效率比柴油机高且功率大、可靠性也较高，但是柴油设备与之相比，最大的优点是自由灵活，组织调度简单。

陡帮强化开采过程中，各环节设备上下调动频繁，大量设备在同一台阶或分台阶快速移动，要实现灵活采掘。而且电动机设备的附属设施多，设备间安全距离要求高，因此采用大型电铲、牙轮钻等电力驱动设备，来完成灵活采掘，是较难以实现的。

4.5.2　设备合理匹配

常有一种说法，露天剥离及采矿工程的实质就是在拼设备。此说法不无道理，若设备短缺，没有配备合理的设备，即使再优秀的团队，也将面对"巧妇难为无米之炊"的困境。

设备的数量、选型是保障入场设备完美运行的关键。施工组织工作的核心就是选择适当的设备，设备到现场后要摆得开，服务主体设备的辅助设备要配备齐全以保证主体设备正常工作、发挥出正常效率。为解决这一难题，需要设计人员、施工管理人员和技术人员对施工设备、各环节设备匹配做到心里有数。

4.5.2.1　主要环节能力上的平衡

露天开采"穿、爆、采、运、排"各生产环节呈串联连接，任一环节产能过高或过低，都不利于系统内所有设备得到最优利用，将会严重制约整个矿山生产能力。陡帮强化开采过程中，生产节奏快、任务重、容错率低，因此要合理搭配主要生产环节设备，平衡各环节生产能力，避免“短板效应”，提高整个开采工艺系统可靠性，以保证整个矿山的生产能力。

设露天矿矿岩日产量为 Q，各环节的总能力也均应不小于 Q，则有下述关系才可使各生产系统内所有设备得到最优利用，亦即才能保证日产能 Q 的完成：

$$Q=N_zQ_z=N_cQ_c=N_yQ_y=N_pQ_p$$

式中 N_z，N_c，N_y，N_p——当日出动钻机、挖掘机、自卸车、排土设备的数量；

Q_z，Q_c，Q_y，Q_p——钻机、挖掘机、自卸车、排土设备的单台日能力。

则可推知，穿、采、运、排生产环节设备数量比为：

$$N_z:N_c:N_y:N_p=\frac{1}{Q_z}:\frac{1}{Q_c}:\frac{1}{Q_y}:\frac{1}{Q_p}$$

为保证日产量 Q，穿孔、采装、运输、排土各环节设备数量的比与其设备的能力成反比。任一环节能力的下降，必然会影响其他环节能力的发挥。该比值在组织和调度管理中起着重要作用。

根据宏大爆破陡帮强化开采生产实践，生产工艺系统的可靠性小于 1，出现外障、内障均影响生产。为提高生产系统的容错能力，可采取以下措施：(1) 为保证挖掘机工作不因等待穿爆而中断，一般挖掘机应有 5~10 天的采掘储量；(2) 各生产环节设备中，挖掘机单方设备投资较大，为完成生产任务且充分利用采装设备生产效率，将各生产环节产能关系微调，即 $Q<N_cQ_c<N_zQ_z=N_yQ_y=N_pQ_p$，使日生产能力稍小于采装能力，采装能力稍小于穿爆能力（运输能力、排土能力）。

4.5.2.2 因地制宜

矿山设备型号多种多样，对于不同矿种、不同规模、不同地质情况的矿山，选用设备不可千篇一律、照搬照抄，必须对矿山进行综合分析，选定适合矿山本身的设备。

在河南舞钢经山寺铁矿项目，由于矿山开采面积仅为原矿开采面积的 1/4，采用常规的开采方案使用大中型设备，不能满足业主高强度生产、早日见矿的需求，因此只能采用小型设备，才能实现狭窄空间内强化开采，加速降深，早日出矿。

而在中国第二大铜矿山——多宝山铜矿，年采剥总量可达 4000 万立方米，若仅使用小型设备，则需要小设备的数量较多，管理难度较大，因此为了提高生产效率，采用中型设备较为合理，既能保证矿山的采剥能力，又有利于控制设备投资。

在神华哈尔乌素露天煤矿，年剥离总量超 1 亿立方米。煤层近水平赋存，采用横采内排工艺，台阶工作面长度由上至下逐渐减小。剥离施工过程中，采用大中小型设备相结合才可降低设备投入，保证各台阶均衡推进，且不会造成设备窝工现象。

4.5.2.3 设备规格匹配

由于系统内各环节的设备类型和规格繁多，仍然存在着各环节间设备类型和规格的匹配问题。

从规格看，若 $2m^3$ 挖掘机配以 20t 自卸车，或 $2m^3$ 挖掘机配 60t 自卸汽车，这在实践上是可以实现的，但却不能达到设备的最佳利用。选配大车型，可以减少汽车在工作面入换次数，增加挖掘机纯装车时间的比例。但是车型过大，装车时间在汽车运输循环中的占比加大，将降低行车时间比重，影响车辆运输能力。反之，车型太小，则车体强度不足，容易装车中损坏，且需增加车辆服务挖掘机，增加露天矿车流密度，影响挖掘机采装效率，增加了司机数量和管理工作量。因此选择合适的匹配设备才能充分发挥设备的生产能力。

根据宏大爆破陡帮强化开采技术实践经验，运距 2～3km 时，自卸车容积与挖掘机斗容之比应控制在 4~7 较为合适。

4.6 设备管理

设备管理属于现场管理，引入精细化管理的理念，是管理工作的重要内容。本节就设备完好率、设备作业率、设备实际工作效率几个问题做一些阐述。

4.6.1 设备完好率

完好的设备指的是能正常作业且能发挥台均生产能力的设备，设备完好率是指完好设备占同一设备的百分比。只有各类设备都保持较高的设备完好率才能保障成套设备正常生产。维持设备正常完好率应当做好以下工作：

(1) 不违章作业，把安全操作的要求制度化，把岗位责任制落到实处是保证设备少出事故、正常工作的基本保障，也是保证设备完好率的基础。违规操作不但容易造成安全事故，更容易损坏设备，降低设备完好率；

(2) 建立完善的设备维修制度，或配备维修工人、设备、车间或委托固定的维修的单位，设备按时检修，小修时间到坚持小修，中修到时中修，该大修时大修，做到不过度工作，不带病工作，是维护设备具备高完好率的另一关键；

(3) 建立严格的交接班制度，交接班时必须对设备运行状态进行检查、签字交接，不接带病交接设备，哪个班出的问题哪个班修理。

4.6.2 设备作业率

设备作业率不仅取决于设备的完好率，同时也和现场生产调度指挥有很大关系。有不少地方生产调度松松垮垮，堆放着大量闲置设备不能作业，但是也看到有一些工地虽然作业场地条件很差，可设备作业率很高，在150m长的作业平台布置6台反铲同时装车（1.5m^3柴油铲，20t自卸车）一台铲日装车量1500m^3以上（山体方），整个工地热气腾腾、生龙活虎。

4.6.3 设备实际工作效率

设备实际工作效率影响因素多种多样，其中管理是一个重要因素，工艺程序安排是否合理也是一重要影响因素。

生产作业过程中，由于工序繁杂，生产不平衡的情况时常发生，亦要求设备管理部门运筹帷幄，当机立断，迅速处理，及时恢复生产的动态平衡，这既能使生产作业稳定、秩序良好，又有利于生产设备正常运行和维护，提高设备的完好率、利用率和工人劳动生产率，也有利于安全生产，消除事故隐患，避免突发事件和人身伤亡事故的发生。所以，设备调度要反应灵活，信息畅通敏捷，全场一盘棋，要有统一性、及时性、计划性、预见性、均衡性和群众性。只有全面了解，深入分析，准确掌握现场生产情况，才能抓住问题的关键，做出及时妥善的处理，只有对生产问题的解决做到“严、细、准、快”，才能为现场的生产作业赢得时间，提高现场的生产能力和经济效益。

在一个工地看到项目经理每天盯在工地看挖掘机装车，问他为什么安排这么多时间看工地，他回答是工程接近后期，工期很紧，影响工期的主要工序是挖运，他只要在工地和工人近距离接触，挖掘机工作效率平均提高百分之十以上，他在现场的工作是监督、指挥和协调，十台挖掘机一天可以多挖2000m^3，他在现场的一天可以多创造2~3万元产值，为如期竣工起了很大作用。

内蒙古某工地在修车和修路的选择上做出了很好的范例，他们投入了平路机、压路机、洒水车、养路工，改善了路况，汽车由一班跑15车增加到18车，汽车实际工作效率提高了20%，汽车平均吨公里耗油量减少了25%，汽车作业率提高了30%。该项目部挖运工作外包他们的外包，可使单价比其他相邻工地少20%，分包单位也愿意跟他们合作，收益比其他挖运队高。这也是精细化管理创造效益的一个例子。

4.7 设备维修与保养

设备维修的任务是设备发生故障后，可尽快修理好，甚至在未出现故障前便采取相应的措施避免故障，从而提高设备的有效性。可用度是设备可靠性与维修性的综合指标，指在规定条件下，产品处于可使用状态的概率，失效率的减少、修复率的增加均可提高设备的可用度。为提高系统可用度，可通过提高设备的可靠度来增加平均故障间隔时间，或通过提高其维修性来降低平均修复时间。

设备全生命周期的费用含研发成本、生产成本、使用与维修成本以及报废处理成本见表 4-9。

表 4-9　设备全生命周期费用成本占比

全生命周期费用	研发成本	生产成本	使用与维修成本	报废处理成本
成本占比/%	10	30	50~60	<5

维修费用是企业的重要支出。因此，制定合理的维修维护策略，可降低维修成本，增加系统正常生产时间，是矿山管理中重要事项。然而企业常认为维修是“必要但令人讨厌的工作”，往往采用比较被动或盲目的维修策略，造成维修不及时或维修过剩等问题。

维修主要有两大类：故障后维修和预防维修。顾名思义，故障后维修指运行设备故障后再行维修，是最原始的维修方式。该维修方式无法保证系统的安全性与可靠性，难以应对突发紧急故障，可造成生产中断、对人员、设备、环境造成危害，造成巨大损失。古语有云：预则立，不预则废。预防维修则是在系统正常工作情况下，为消除或减少未来可能发生的故障，对故障进行预防性维修，可采用提前撤换损耗过重设备或提前做好故障应急预案，重点观测可能发生故障的设备。预防维修可降低设备故障带来的损失，使的风险在可控范围内。

预防维修主要包括计划维修和视情维修。计划维修是指根据给定的时间定期对未失效的系统进行维修。计划维修应用广泛，一定程度上提高了系统可用度和可靠性，减少了维修支出。分析表明，实行计划维修可以使维修费用降低到完全实行故障后维修的三分之一。计划维修的缺点是忽视系统的个体差异，从而导致盲目维修、维修不足或者维修过剩；维修不当的情况下，甚至可能损坏设备。视情维修强调根据具体系统的实际劣化程度安排维修工作。这不仅能够减少不必要的维修工作，也可以进一步提高系统的安全性、可靠性。采用预防维修策略，由于多数故障具有随机性，因此也不能完全避免系统故障的发生。现根据布沼坝露天矿剥离半连续工艺系统存在的问题，提出基于可靠性的预防维修方法，以提高系统的维修率。

4.7.1　设备定期轮检轮修

矿山设备作业环境差，任务繁重，常处于满负荷或超负荷运转状态。在这种环境下机械疲劳引起的设备构件损伤、断裂、失效等故障数不胜数。

机械疲劳失效的过程如图 4-5 所示。

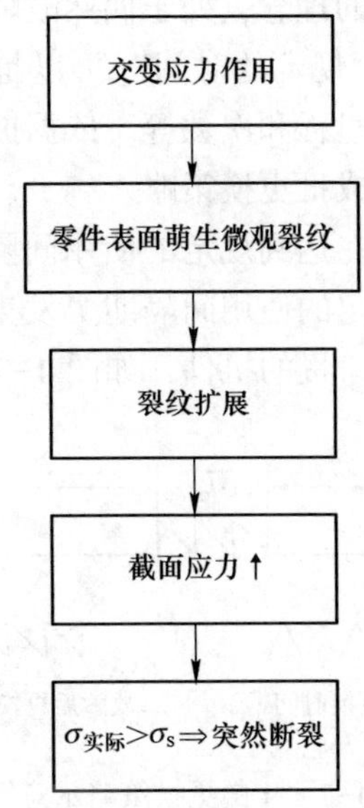

图 4-5 机械疲劳失效过程

根据机械疲劳极限应力与循环次数的关系可知，随着设备的运行，零件受到应力循环的次数逐渐增加，极限应力逐渐降低，直至一个常数，当零件所承受的应力强度大于疲劳极限时，设备极易产生疲劳而失效，如图 4-6 所示。

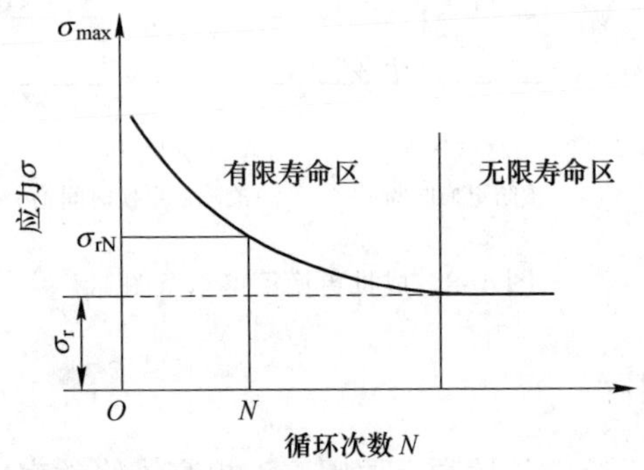

图 4-6 极限应力与循环次数的关系

为了使零件提高其疲劳强度可靠性，应采取以下措施：（1）尽可能降低产品的应力集中（首要）；（2）在不可避免要产生较大应力集中的结构处，采用减载槽来降低应力集中的作用；（3）在综合性能要求和经济性后，采用具有高疲劳强度的材料，并配以适当的热处理和表面强化处理；（4）适当提高应力集中部位表面质量；（5）减少或消除产品表面初始裂纹的尺寸。

维修部门须针对各设备制定合理的检修时间，适当降低设备作业强度，或撤换即将疲劳损坏的零件，避免设备超过疲劳极限而报废。

基于预防维修和机械疲劳的理念，处于偶然故障期的设备，当设备使用时间达到规定时间时须定时维修。“规定的时间”可以是规定的间隔期、累计工作时间、工作工程量、日历时间、里程和次数等。依据拆修范围，可确定时维修的两种维修策略：年龄更换策略和成批更换策略。

年龄更换策略指某一机件在达到规定的使用间隔期 T，即使无故障发生也要进行预防性更换；如未达到规定的使用间隔期 T 发生了故障，则对机件作故障后更换，该维修策略适用于价格昂贵的机件，如图 4-7 所示。

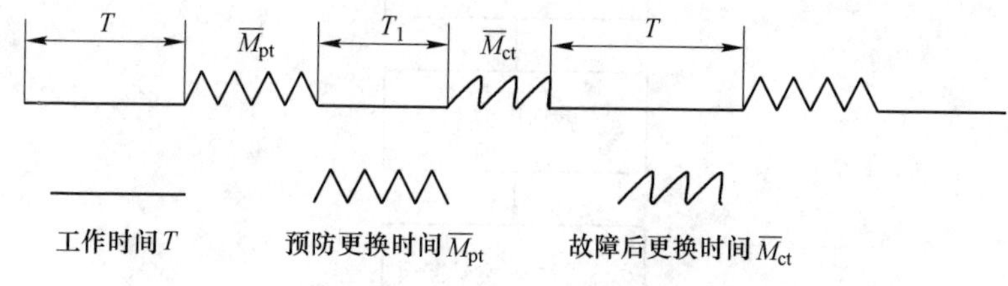

图 4-7　年龄更换策略示意图

成批更换策略是指机件在给定的时刻做成批更换，即使有的机件中途故障更换过，达到更换间隔期 T 也要一起更换。这种更换策略适用于价格比较低廉而且使用数量又较多的电子元器件、橡胶件等，如图 4-8 所示。

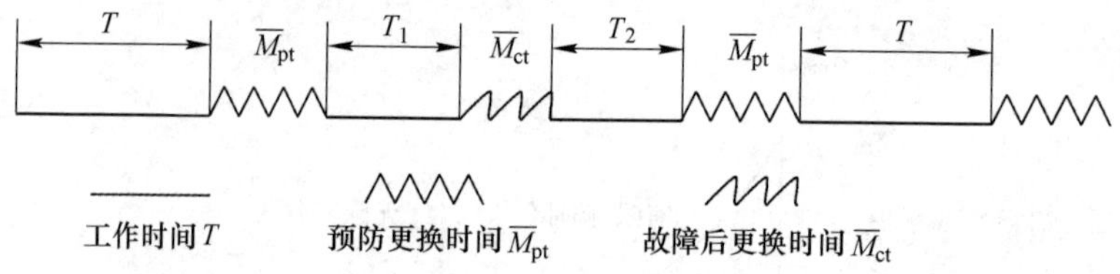

图 4-8　成批更换策略示意图

4.7.2　提高维修效率

维修效率是提高系统有效性的重要因素，提高维修效率可大大缩短故障维修时间，增加产能。提高维修效率的方法包括：

（1）增加维修工的数量；

（2）提高维修人员的业务熟练程度；

（3）增加备件的储备，多使用标准件；

（4）编制故障代码，提高故障反馈速度，缩减出修时间；

（5）制定完备的故障应急预案，当出现类似故障，有章可循，缩短维修时间。

4.7.3 根据浴盆曲线设定设备更换原则

实践证明大多数设备的故障率是时间的函数，典型故障曲线称之为浴盆曲线，如图 4-9 所示。

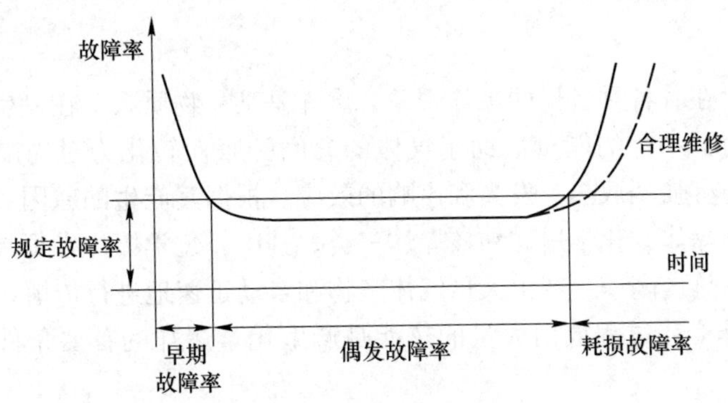

图 4-9 设备故障浴盆曲线

通过合理的维修可一定程度上延长设备的寿命。但设备或零件总会有报废的时限，当处于损耗故障期的设备，出现故障的概率会随时间的推移逐渐增大，若不及时更换设备或零件，将严重影响系统整体可靠性。对剥离半连续工艺系统生产数据进行分析可发现：当设备因零件损伤而发生故障时，进行不更换零件维修后，设备在 3 天内发生故障的概率可达 40%。所以当发生设备零件损坏时，应及时更换或加大监测力度，再发生类似故障，则有所准备，缩短维修时间。

对于关键设备或昂贵设备，可进行长期的生产跟踪，绘制其浴盆曲线，当处于早起磨合期还是晚期损耗期，都需进行重点关注，加快维修效率。当故障率超过规定故障率时，须及时更换。

4.8 小结

矿山设备是矿山生产的重要生产工具，设备投资占初期投资的比重较大。选用中小型设备进行陡帮强化开采，不仅能保证矿山正常的生产能力，且可大幅降低初期设备投资。在投资有限时，该技术是一不错的选择。

5 露天矿台阶爆破

自然界存在着各种各样的爆炸现象。爆炸是某一物质系统在发生迅速的物理或化学变化时，本身的能量借助于气体的急剧膨胀而转化为对周围介质做机械功，同时伴随有强烈放热、发光和声响的效应。根据其产生的原因和特点，可将爆炸分为物理爆炸、化学爆炸和核爆炸三类。其中，化学爆炸必须具备下列4个条件，即：放热、高速、产生大量气体产物和自动迅速地进行传播。

(1) 爆炸变化过程放出大量的热能是产生化学爆炸的首要条件。热是爆炸做功的能源。

(2) 变化过程必须是高速的。只有高速的化学反应才能忽略能量转化过程中热传导和热辐射的损失，使所产生的高温高压气体迅速向四周膨胀而做功。

(3) 变化过程中应能生成大量的气体。这种气体是做功的介质。由于气体具有很大的可压缩性和膨胀系数，在爆炸的瞬间处于强烈的压缩状态而形成很高的势能，该势能在气体膨胀过程中，迅速转变为机械功。

(4) 变化过程能自动传播。

上述4个条件是相辅相成的，缺一不可。只有其综合效果才能使化学反应变化过程具有爆炸性质。

炸药爆炸是一种化学爆炸。工程爆破是利用炸药的化学爆炸对岩体或原结构物的爆炸作用来达到预期目的的爆破技术。它作为工程施工的一种手段，直接为国民经济服务。爆破的结果必须满足设计要求，同时必须保证周围人和物的安全。

工程爆破从大的空间领域可分为地面（露天）爆破、地下（隧道、洞室或采场）爆破和水下爆破。工程爆破根据具体操作方式分又有：

(1) 集中药包法、延长药包法、平面药包法、形状药包法；

(2) 药室法、药壶法、炮孔法、裸露法。

工程爆破技术主要有以下几种：

(1) 微差爆破技术；

(2) 挤压爆破技术；

(3) 光面爆破技术；

(4) 预裂爆破技术；

(5) 定向爆破技术；

（6）其他特殊条件下的爆破技术。

宏大爆破近十余年来业务重点是露天矿山台阶爆破，本章主要讲述宏大爆破在台阶爆破技术领域的探索、创新和积累的经验教训。

5.1　岩石爆破及岩石可爆性

岩石爆破是爆生气体压力与爆炸反射拉应力波共同作用的结果。即：炸药在装药空间内爆炸产生强大膨胀压力作用而破坏岩石并将岩块沿最小抵抗线抛掷；同时，炸药爆炸时产生的爆轰波传播到炮孔壁引起强大压应力波，此波传播到自由面上转变成强大反射拉应力，致使岩石从自由面向药包方向层层拉断破坏。

5.1.1　爆破漏斗及相关术语解释

5.1.1.1　爆破漏斗及自由面

若装药的最小抵抗线小于其临界抵抗线，即炸药在自由面（自由面是被爆岩体与空气接触的岩石表面，又叫临空面）附近爆破，炸药爆炸后形成一个倒锥形凹坑，就是爆破漏斗。它是爆破破坏的基本形式。

自由面在工程爆破过程中具有重要意义。自由面愈多爆破效果愈好，爆破时岩石向自由面方向发生破裂、破碎和移动。

5.1.1.2　爆破漏斗构成要素

爆破漏斗参数如图 5-1 所示。

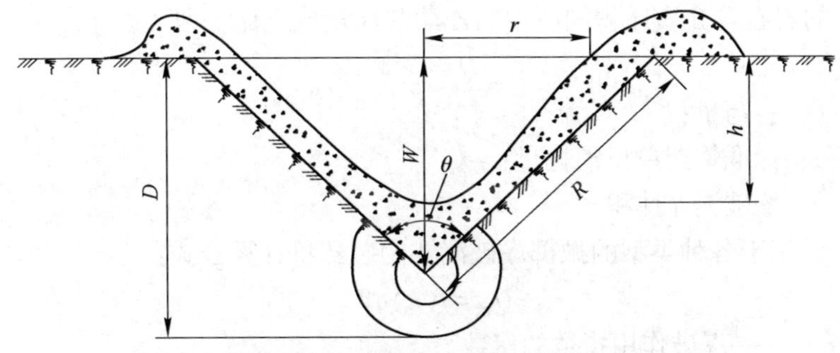

图 5-1　爆破漏斗参数示意图

（1）最小抵抗线 W：从药包中心到自由面的最短距离叫最小抵抗线。爆破时，最小抵抗线方向的岩石最容易被破坏，它是爆破作用和岩石移动的主导方向。

（2）爆破漏斗半径 r：靠近自由面的药包爆破时通常在自由面处形成一个圆形缺口，底圆半径叫做爆破漏斗半径。

（3）爆破作用半径 R：又叫破碎半径，是指从药包中心到爆破漏斗底圆圆周上任一点的距离。

（4）爆破漏斗深度 D：自爆破漏斗尖顶至自由面的最短距离叫作爆破漏斗深度。

（5）爆破漏斗可见深度 h：自爆破漏斗渣堆表面最低点到自由面的最短距离叫作爆破漏斗可见深度。

（6）爆破漏斗张开角 θ：爆破漏斗的顶角叫爆破漏斗张开角。

5.1.1.3　爆破作用指数 n

爆破作用指数 n 是爆破漏斗半径 r 与最小抵抗线 W 的比值。即：$n=r/W$。爆破作用指数 n 在爆破工程中是一个极为重要的参数。通常情况下，爆破作用愈强，爆破形成的爆破漏斗半径愈大，相应地，爆破漏斗内岩石的破碎和抛掷作用也随之增强。当 $n\approx0.75$ 时，爆破漏斗为松动抛掷爆破漏斗，这时唯有岩石的破裂、破碎而没有抛掷作用，没有明显的漏斗出现，它是控制爆破常用的形式。当 $n=1$ 时，爆破漏斗称为标准抛掷爆破漏斗，此时 $\theta=90°$；当 $n>1$ 时，爆破漏斗称为加强抛掷爆破漏斗，此时 $\theta>90°$；当 $0.75<n<1$ 时，爆破漏斗称为减弱抛掷爆破漏斗，此时 $\theta<90°$；当 $1<n<3$ 时，爆破漏斗称为加强抛掷爆破漏斗。$n>3$ 已无实际意义。

5.1.1.4　装药量计算原理

计算装药量常采用体积法则。其内容是：在一定的炸药和岩石等介质条件下，爆落的岩石等介质体积同所用的炸药装药量成正比。即

$$Q=q\cdot V$$

式中　Q——装药量；

q——标准炸药单位消耗量；

V——爆破漏斗体积。

（1）适用于各种类型的抛掷爆破漏斗的装药量计算公式：

$$Q_{抛}=f(n)qW^3$$

式中　$f(n)$——爆破作用指数的函数。

函数 $f(n)$ 的表达式有许多，其中目前应用较广的经验公式是：

$$f(n)=0.4+0.6n^3$$

故适用于各类型的抛掷爆破漏斗的装药量计算公式可表达为：

$$Q_{抛}=(0.4+0.6n^3)qW^3$$

（2）对于松动爆破漏斗的装药量，更为适合的经验公式为：

$$Q_{松}=(0.33\sim0.55)qW^3$$

5.1.1.5 单位炸药消耗量 q

q 是爆破工程中一个重要的技术经济指标，受许多因素影响。确定 q 的方法很多，爆破工程中常采用的方法包括：查表法、经验类比法、经验公式法和现场标准抛掷爆破漏斗试验法。通常，需对影响单位炸药消耗量的诸因素进行综合分析，才能确定爆破设计所需要的单位炸药消耗量。

5.1.2 岩石的可爆性

岩石的可爆性是指岩石在炸药爆炸作用下发生破碎的难易程度，它是岩石物理力学性质、岩体地质结构对炸药、爆破参数和工艺等因素在爆破过程的综合表现，并影响着爆破效果。按照岩石可爆性进行岩石分级，可预估炸药消耗量，制定定额，并为爆破优化提供依据。

5.1.2.1 岩石的可爆性影响因素

影响岩石爆破性的主要因素，一方面是岩石本身的物理力学性质的内在因素另一方面是炸药性质、爆破工艺等外在因素。前者决定于岩石的地质生成条件、矿物成分、结构和后期的地质构造，它表征为岩石密度或容重、孔隙性、碎胀性、弹性、塑性、脆性和岩石强度等物理力学性质；后者则取决于炸药类型、药包形式和重量、装药结构、起爆方式和间隔时间、最小抵抗线与自由面的大小、数量、方向以及自由面与药包的相对位置等等。此外，还包括对爆破块度、爆堆形式以及抛掷距离等爆破效果的影响。显然，岩石本身的物理力学性质是最主要的影响因素。

炸药爆炸对岩石的爆破作用主要有两个方面：（1）克服岩石颗粒之间的内聚力，使岩石内部结构破裂，产生新鲜断裂面；（2）使岩石原生的、次生的裂隙扩张而破坏。前者取决于岩石本身的坚固程度，后者则受岩石裂隙性所控制。因此，岩石的坚固性和岩石的裂隙性是影响岩石爆破性最根本的影响因素。

A 岩石的结构（组分）、内聚力和裂隙性对岩石爆破性的影响

岩石由固体颗粒组成，其间有空隙，充填有空气、水或其他杂物。当岩石受外载荷作用，特别是在受炸药爆炸冲击载荷作用下，将引起物态变化，从而导致岩石性质的变化。

矿物是构成岩石的主要成分，矿物颗粒愈细、密度愈大，愈坚固，则愈难于爆破破碎。矿物密度可达 $4g/cm^3$ 以上，岩石的容重不超过其组成矿物的密度。岩石容重一般为 $1.0 \sim 3.5g/cm^3$。随着密度增加，岩石的强度和抵抗爆破作用的能力增大，同时，破碎或抛移岩石所消耗的能量也增加，这就是一般岩浆岩比较难以爆破的原因。至于沉积岩的爆破性，除了取决于其矿物成分之外，很大程度

受其胶结物成分和颗粒大小的影响。例如：沉积岩中细粒有硅质胶结物的，则坚固，难爆破；含氧化铁质胶结物的次之；含有石灰质和黏土质胶结物的沉积岩不坚固，易爆破。变质岩的组分和结构比较复杂，它与变质程度有关。一般变质程度高、质量致密的变质岩比较坚固，难爆；反之则易爆破。

岩石又是由具有不同化学成分和不同结晶格架的矿物以不同的结构方式所组成。由于矿物成分的化学键各不相同，则其分子的内聚力也各不相同。于是，矿物晶体的强度便取决于晶体分子之间作用的内力、晶体结构和晶体的缺陷。通常，晶体之间的内聚力，都小于晶体内部分子之间的内聚力。并且，晶粒越大，内聚力越小，细粒岩石的强度一般比粗粒岩石的大。又因为晶体之间的内聚力小于晶体内的内聚力，所以，破坏裂缝都出现在晶粒之间。

岩石中普遍存在着以孔隙、气泡、微观裂隙、解理面等形态表现出来的缺陷，这些缺陷都可能导致应力集中。因此，微观缺陷将影响岩石组分的性质，大的裂隙还会影响整体岩石的坚固性，使其易于爆破。

岩体的裂隙性，不但包括岩石生成当时和生成以后的地质作用所产生的原生裂隙，而且包括受生产施工、周期性连续爆破作用所产生的次生裂隙。它们包括断层、褶曲、层理、解理、不同岩层的接触面、裂隙等弱面。这些弱面对于爆破性的影响有两重性，一方面，弱面可能导致爆生气体和压力的泄漏，降低爆破能的作用，影响爆破效果；另一方面，这些弱面破坏了岩体的完整性，易于从弱面破裂、崩落，而且，弱面又增加了爆破应力波的反射作用，有利于岩石的破碎。但是，必须指出，当岩体本身包含着许多尺寸超过生产矿山所规定的大块（不合格大块）的结构尺寸时，只有直接靠近药包的小部分岩石得到充分破碎，而离开药包一定距离的大部分岩石，由于已被原生或次生裂隙所切割，在爆破过程中，没有得到充分破碎，在爆破震动或爆生气体的推力作用下，脱离岩体、移动、抛掷成大块。这就是裂隙性岩石有的易于爆破破碎，有的则易于产生大块的两重性。因此，必须了解和掌握岩体中裂隙的宽窄、长短、间距、疏密、方向、裂隙内的充填物、结构体尺寸和结构体含量比例，以及它们与炸药、爆破工艺参数的相互关系等等。例如，垂直层理、裂隙爆破时，比较容易破碎；而平行或顺着层理、裂隙的爆破则比较困难。此外，风化作用瓦解岩石各组分之间的联系，因此，风化严重的岩石，易于爆破破碎。

B　岩石容重、孔隙度和碎胀性对岩石爆破性的影响

岩石容重表示单位体积岩石的重量，其体积包括岩石内部的孔隙。岩石的孔隙度，等于孔隙的体积（包括气相或液相体积）与岩石总体积之比。可用单位体积岩石中孔隙所占的体积表示，也可用百分数表示。通常岩石的孔隙度为0.1%~50%（一般岩浆岩为0.5%~2%，沉积岩为2.5%~15%）。当岩石受压时，孔隙度减少，例如，黏土孔隙度50%，受压后为7%。随着孔隙度增大，冲击波

和应力波在其中的传播速度降低。容重大的岩石难以爆破，因为要耗费很大的炸药能量来克服重力，才能把岩石破裂、移动和抛掷。

岩石的碎胀性是岩体破碎后体积松散膨胀的性质。破碎后的岩石体积与破碎前的比值称为碎胀系数。碎胀性与岩体结构及被破碎的程度有关，根据它可以衡量岩石破碎程度，用其计算补偿空间的大小。

C 岩石弹性、塑性、脆性和岩石强度对岩石爆破性的影响

从力学观点看，根据外力作用和岩石变形特点的不同，岩石可能表现为塑性、弹性、黏弹性、弹脆性和脆性等特征。

塑性岩石和弹性岩石受外载作用超过其弹性极限后，产生塑性变形，能量消耗大，将难于爆破（如黏土性岩石）；而脆性岩石（几乎不产生残余变形）、弹脆性岩石均易于爆破（如脆性煤炭）。岩石的塑性和脆性不仅与岩石性质有关，而且与它的受力状态和加载速度有关。位于地下深处的岩石，相当于全面受压，常呈塑性，而在冲击载荷下又表现为脆性。当温度和湿度增加，也能使岩石塑性增大。通常，在爆破作用下，岩石的脆性破坏是主要的、大量的。相反，靠近药包的岩石，却易呈塑性破坏，虽然其破坏范围很小，但却消耗大部分能量于塑性变形上。

为了深入研究岩石爆破性与爆破载荷的关系，一般把岩石视作弹性体或黏弹性体，炸药在岩体内爆破时，以冲击波和弹性波的形式从药包中心向周围岩石传播，并以弹性变形能或强度作为分析和探讨岩石爆破性的依据。

岩石强度是指岩石抵抗因压应力、剪应力、拉应力而导致岩石破坏的能力。它本来是材料力学中用以表示材料抵抗上述三种简单应力的常量，往往是在单轴静载作用下的测定指标。爆破时，岩石受的是瞬时冲击载荷，所以应对岩石强度赋以新的内容，要强调在三轴作用下的动态强度指标。只有如此，才能真实地反映岩石的爆破性。

5.1.2.2 岩石分级及其可爆性

岩石分级不同于岩石分类，通常岩石分类是指按照岩石成因或成分的不同，对岩石加以质的划分，如地质学上按成因划分为岩浆岩、沉积岩和变质岩三类，而岩石分级应该以量的指标来划分各种岩石的等级，根据采矿工程的不同要求，有凿岩性分级、爆破性分级和稳定性分级等。

露天矿山最常用到的岩石分级为普氏分级，即以岩石试块的静载极限抗压强度为岩石分级的判据，即普氏岩石坚固性系数：

$$f=\frac{R_{\mathrm{a}}}{k}$$

式中 f——岩石坚固性系数；

R_a——岩石的单轴抗压强度，MPa；

k——有量值常数，10MPa。

岩石分级如表 5-1 所示。

表 5-1　普氏岩石分级表

等级	坚固性程度	典型的岩石	f
Ⅰ	最坚固	最坚固、细致和有韧性的石英岩、玄武岩及其他各种特别坚固岩石	20
Ⅱ	很坚固	很坚固花岗岩、石英斑岩、硅质片岩、较坚固的石英岩、最坚固的砂岩和石灰岩	15
Ⅲ	坚固	致密花岗岩、很坚固砂岩和石灰岩、石英质矿脉、坚固的砾岩及坚固的铁矿石	10
Ⅲ*	坚固	坚固的石灰岩、砂岩、大理岩、不坚固的花岗岩、黄铁矿	8
Ⅳ	较坚固	一般的砂岩、铁矿	6
Ⅳ*	较坚固	砂质页岩、页岩质砂岩	5
Ⅴ	中等	坚固的土质岩石、不坚固的砂岩和石灰岩	4
Ⅴ*	中等	各种不坚固的页岩、致密的泥灰岩	3
Ⅵ	较软弱	软弱的页岩、破碎页岩、白垩、岩盐、石膏、冻土、无烟煤、普通泥灰岩、破碎砂岩、胶结砾岩、石质土壤	2
Ⅵ*	较软弱	碎石质土壤、破碎页岩、凝结成块的砾石和碎石、坚固的煤、硬化黏土	1.5
Ⅶ	软弱	致密黏土、较弱的烟煤、坚固的冲积层、黏土质土壤	1
Ⅶ*	软弱	轻砂质黏土、黄土、砾石	0.8
Ⅷ	土质岩石	腐殖土、泥煤、轻砂质土壤、湿砂	0.6
Ⅸ	松散性岩石	砂、山麓堆积、细砾石、松土、采下的煤	0.5
Ⅹ	流沙性岩石	流沙、沼泽土壤、含水黄土及其他含水土壤	0.3

根据 $f=0.3\sim20$ 将岩石分为 10 级，f 值大，则难钻岩、难爆破、岩石稳定，反之，f 值小，则易钻岩、易爆破、岩石不稳定。普氏认为，岩石的坚固性在各方面的表现趋于一致。

实际上岩石的钻岩性、爆破性、稳定性并非完全一致，有的易钻难爆，有的难钻易爆，而且小块的岩石试样（如 7cm×7cm×7cm）的单轴静载抗压强度并不能表征整体岩石受炸药爆炸冲击作用的爆破性。再者，其测定值的离散性较大，一般为 15%~40%，个别达 80%，所以普氏分级方法以其简便的指标，虽曾在采矿工程中作为笼统的总的分级，得到普遍应用，但也正是由于上述缺点，它表征不了爆破工程实际所需的岩石爆破性分级。

5.2 台阶爆破设计

5.2.1 台阶爆破设计参数

台阶爆破设计的本质是设计出合理的、最优的、施工可行的施工工艺和设计参数，以达到施工方便、经济合理、爆破质量有保障的目的。

施工方便是指施工机械能满足设计要求，组织施工很方便，所需工程材料购买方便、容易存储，机械操作人员的操作水平能达到设计要求的作业精度；经济合理是指单位爆破介质的平均钻孔费用、炸药消耗费用、起爆器材消耗费用、二次破碎费用、爆破作业人工费用、挖掘机挖装费用、运输费用、穿爆挖运辅助机械及人员费用、对矿石还要算到初碎费用的总和最低，其总和越低工程效益越好，设计就越经济合理；爆破质量指的是爆破爆出的爆堆与工程要求的符合程度，包括块度、级配、大块率、粉矿率、贫化损失率及安全环保情况。

台阶爆破设计内容主要包括：炮孔孔网布置参数、装药结构、起爆方法及起爆顺序等。

5.2.1.1 炮孔孔网布置参数

露天深孔台阶爆破的钻孔形式一般分为垂直孔和倾斜孔两种，如图 5-2 所示。只在个别情况下采用水平钻孔。

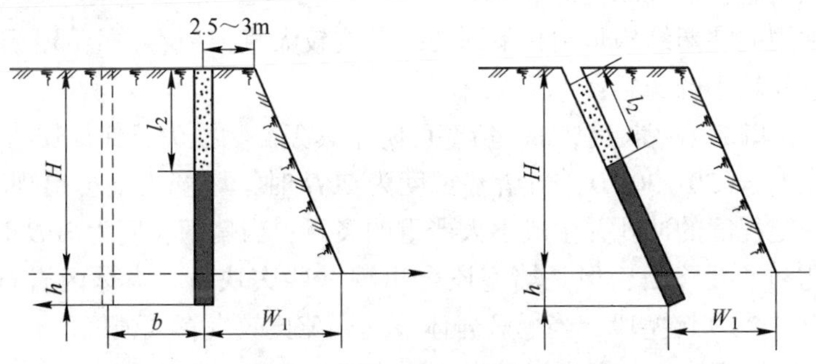

图 5-2 垂直孔和倾斜孔示意图

倾斜钻孔在爆破效果方面较垂直钻孔有较多的优点，但钻倾斜深孔操作复杂，钻孔长度大，装药时容易堵孔。权衡两种打孔方法的利弊，在实际爆破中，应用较少，因此本章节以垂直深孔台阶爆破设计为主。

垂直深孔台阶爆破的炮孔布置参数如图 5-3 所示。

以下对垂直深孔台阶爆破炮孔布置参数加以说明。

H——台阶高度，m；一般是 $H=10\sim20$m，台阶高度应当适应挖掘机的合理挖掘高度和钻机的钻孔作业精度，反铲作业时台阶高度可以稍大一些，台阶高一

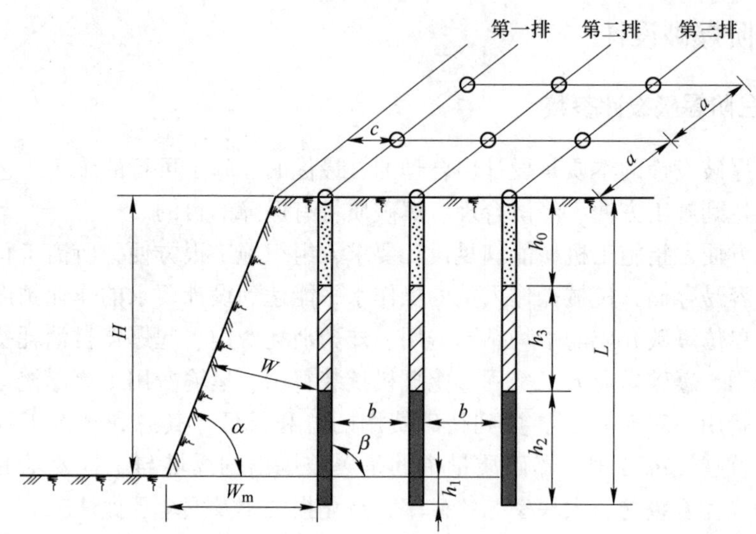

图 5-3　台阶爆破钻孔参数示意图

些经济效益也好一些；

L——钻孔孔深，m，由孔口至孔底的实际距离；

D——钻孔直径，mm，钻孔直径越大，单孔装药量越多，炸药在爆区的分布越不均匀，在单耗相同时平均块度越大，大块也越多；

d——装药直径，mm，混装车装药时 $d=D$，孔内装药卷时，d 代表药卷直径，现在常用的装药结构是钻孔下部装散药或较大直径药卷，上部采用不耦合装药，装填直径较小的药卷；

h_0——孔口部堵塞长度，m，堵塞可防止爆轰产物损失，保证炸药反应完全。一般控制在 $h_0=(20\sim30)D$，当堵塞长度为 $20D$ 时，堵塞段不会出现太多大块，但是会有一定程度的冲孔并生成不太严重的飞石；当堵塞长度为 $30D$ 时，一般不会出现冲孔和冲孔飞石，但是堵塞段会出现一些大块石。当爆区岩石坚硬完整时，可以设计 $20D$ 堵塞段，当爆区岩体节理裂隙比较发育或强度低时，可以设计 $30D$ 或更长的堵塞段，中等可爆矿岩一般堵塞长度取 $25D$；

h_1——超深，m，钻孔穿过台阶底部平台后钻进的长度。超深可克服底盘抵抗，防止产生“根底”。一般取 $h_1=(5\sim10)D$，岩石越硬，台阶越高，钻孔允许偏斜度越大，克服底盘抵抗线的难度越大，越需要孔底装更多的药，超深设计就要大一些。底部装高密度高能量炸药时，设计超深可以适当减小；

h_2——钻孔下部装药段，m，应该尽可能装高密度、高能量炸药并装满整个装药段，该装药段长度一般取 $h_2=1.3W_m$，W_m 为底盘抵抗线，该段装药为炮孔的主装药，其作用是把台阶下部岩体爆破并克服底板剪切阻力，把下部爆岩推出形成平整的爆区底板；

h_3——钻孔上部装药段，可采用不耦合装药；

W_m——底盘抵抗线，m，台阶底部平台上第一排钻孔与平台等高点的炮孔中心至坡底角的水平距离，对斜孔而言底盘抵抗线基本等于排距，对直孔底盘抵抗线大于排距（最小抵抗线），台阶越高、岩石越柔软二者差距越大；

W——最小抵抗线，m，对直孔而言前排炮孔的最小抵抗线是变数，设计取值为排距，第二排及以后各排最小抵抗线为排距；对斜孔来说，各排孔的最小抵抗线都是略小于布孔排距的常数，最小抵抗线是爆破设计的最基本参数。爆破设计的所有计算都依据最小抵抗线开展；

a——孔间距，m，同排相邻炮孔之间的距离，一般炮孔间距大于排距，设计经常选炮孔间距是排距的1.25倍（$a=1.25b$）；

b——排间距，m，相邻两排炮孔之间的距离，对斜孔而言，炮孔排间距小于相邻两排炮孔孔口连线之间的距离；

m——孔网密集系数，孔距与最小抵抗线之比，一般$m>1.0$，在宽孔距小抵抗线爆破中则$m=2\sim3$或更大。在露天深孔台阶爆破中第一排炮孔往往由于底盘抵抗线过大，应选用较小的密集系数，以克服底盘的阻力；

S——钻孔负担面积或延米爆破量，m^2，$S=ab$。爆破设计追求的目标是在保证爆破质量的前提下，S取值最大，S值越大每米钻孔平均爆破的岩石越多，也就是每爆破一方岩石所需的钻孔量越少，平均单耗也越少，成本越小；

V——单孔爆破量，m^3，平均单孔爆破量$V=abH$；

Q——单孔装药量，kg，对分段装药的钻孔单孔装药量为上下两段装药量之和；

q——平均单耗，爆破一方岩石消耗的装药量，m^3/kg，$q=Q/V$，一般而言难爆岩石平均单耗大，要求爆的碎时应加大平均单耗；

q_1——下段装药延米装药量，kg/m；

Q_1——下段装药的装药量，kg，$Q_1=q_1h_2$；

q_2——上段装药延米装药量，kg/m；

Q_2——上段装药的装药量，kg，$Q_2=q_2h_3$。

5.2.1.2 装药结构

A 在钻孔轴向长度上的装药结构

在钻孔轴向长度上，炸药装填方式有如下三种方式。

a 连续装药

连续装药为炸药沿着炮孔轴向方向连续装填，多为散装炸药，炸药与炮孔壁密接的耦合装药形式，如图5-4所示。

在连续装药结构中，通常采用导爆索、导爆管雷管或电雷管引爆炸药。采用

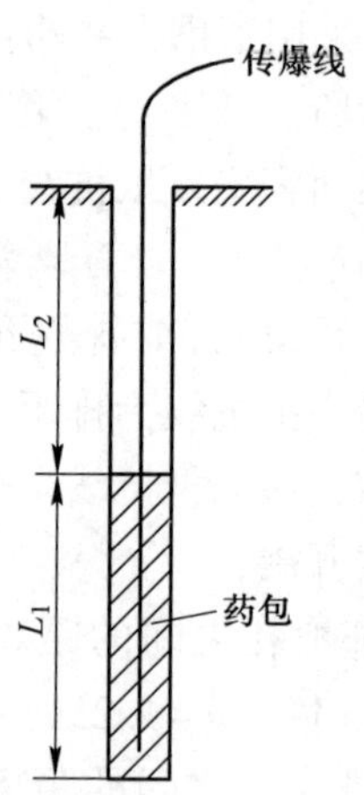

图 5-4　连续装药结构示意图

导爆索引爆炸药时需沿炮孔全长敷设导爆索；采用导爆管雷管或电雷管引爆炸药时，若孔深超过 8m，一般布置两个起爆药包（弹），一个置于距孔底 0.3~0.5m 处，另一个置于距药柱顶端 0.5m 处。连续装药的优点是操作简单；缺点是药柱位置偏低，在孔口处易产生大块。

连续装药适合台阶低、表面岩体比较破碎或风化程度高的深孔爆破。

b　分段装药

分段装药结构是利用空气、钻孔岩屑等将孔中的药柱人为隔开分为若干段的一种装药形式。这种装药结构优点是提高了装药高度，使炸药能量分布更为均匀，减少了孔口部位大块率的产生。缺点是施工工艺复杂。

空气分段装药（图 5-5）结构中，空气柱的作用是降低爆炸冲击波的峰值压力，减少炮孔周围岩石的过度粉碎。岩石受到爆炸冲击波的作用后，还受到爆炸气体所形成的压力波和来自炮孔孔底的反射波作用，当这种二次应力波的压力超过岩石的极限破裂强度（裂隙进一步扩展所需的压力）时，岩石的微裂隙将得到进一步扩展，延长应力的作用时间。若空气间隔置于药柱中间，炸药在空气间隔两端所产生的应力波峰值相互作用可产生一个加强的应力场。由于空气间隔的作用，使岩石破碎块度更加均匀。空气柱分段装药结构一般用于边坡预裂爆破中，其目的就是减弱爆炸冲击波对炮孔壁的峰值压力。

采用分段装药结构，如果炮孔内各炸药段属于同段起爆，一般采用全长敷设导爆索来实现；如果炮孔内各炸药段不是同段起爆，则在装药过程中一定要仔细施工，避免各段炸药起爆顺序混乱。

间隔装药结构适合于特殊地质条件下的深孔爆破，如所爆破的岩层中含有软弱夹层或溶洞时，通过堵塞物将炸药布置到坚硬岩层中，可以有效地降低大块率。

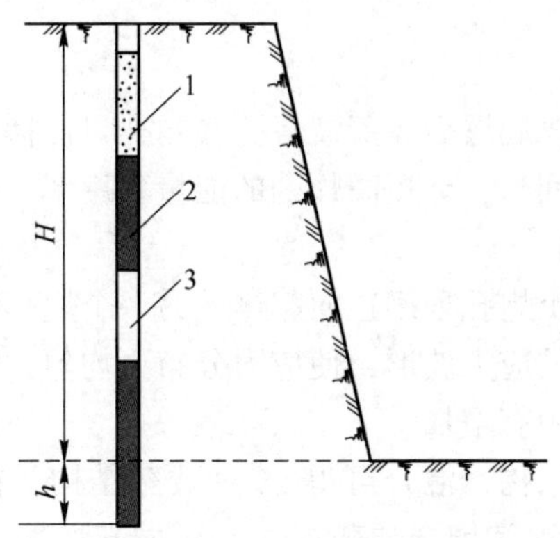

图 5-5　空气分段装药
1—填塞；2—炸药；3—空气

c　混合装药

所谓混合装药就是在一个炮孔内针对炮孔内岩石性质不同，在相应位置装有不同种类炸药的一种装药结构形式。采用混合装药的目的是充分发挥不同种类炸药的爆炸性能，解决深孔爆破中底部岩体阻力大、炸不开、易留“根底”的问题，同时又避免上部岩石过度破碎或产生飞石。混合装药结构可以是连续装药，也可以是间隔装药。

在采用分段装药和混合装药的应用中，必须合理地确定间隔长度、间隔位置和应用条件。

B　在钻孔径向的装药结构

在炸药径向上，炸药装填方式有如下两种方式。

a　耦合装药

装药直径与炮孔直径相同。炮孔耦合装药爆炸时，孔壁收到爆轰波直接作用，在岩体内一般要激起冲击波，造成压碎区，消耗了大量的能量。

b　不耦合装药

装药直径小于炮孔直径。不耦合装药，可以降低炸药对孔壁的冲击力，减少压碎区范围，激起应力波在岩体内的作用时间加长，加大了裂隙区的范围，炸药能量利用充分，在露天台阶光面爆破中，周边眼多采用不耦合装药。

C　不同起爆方向的装药结构

根据孔内起爆方向，有以下几种情况。

a　正向起爆装药

起爆雷管或起爆药柱位于炮孔孔口处，爆轰向孔底传播。其特点是：当药柱较长时，由于爆轰尚未传至孔底，而孔口由先爆炸产生的反射应力波作用而形成裂隙，使炮孔内的爆生气体过早泄出，使得破碎下部岩石困难，从而降低炮孔利用率（出岩少），岩石块度大。

b　反向起爆装药

起爆药包位于孔底，起爆后爆轰波自孔底向孔口传播。其特点是：孔底周围岩体经受爆轰压作用时间长，能提高炸药的能量利用率，改善爆破质量。

c　正反向起爆装药

两个相邻炮孔，一个炮孔采用正向起爆，另一个炮孔采用反向起爆。其特点是：可以改善柱状药包的应力波形，使应力分布更均匀，达到改善破碎质量的目的。但该方法施工难度稍有增加。

综合以上三种装药结构，混合可得 18 种装药结构，在露天矿山常用到的几种装药结构包括：（1）连续耦合装药正（反）向起爆法；（2）间断不耦合装药正（反）向起爆法等。

5.2.1.3　起爆方案及顺序

露天台阶爆破多采用多排孔爆破。根据各排孔间被引爆时间的差异，其起爆方式可归结为：多排孔齐发爆破和多排孔微差爆破。

为使炸药爆炸，需外界给予一定的激发能量，这种激发能量的供给者统称为起爆器材。根据起爆器材的不同，常用的起爆方法有：电雷管起爆法、导爆管雷管起爆法、数码电子雷管起爆法、导爆索起爆法，如图 5-6 所示。

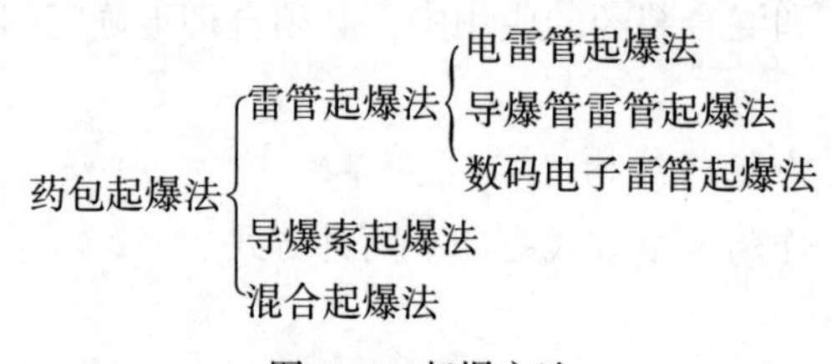

图 5-6　起爆方法

现阶段最常用到的起爆法为导爆管雷管起爆法，随着数字技术革新，延时更为精确的数码电子雷管逐步得到推广。

多排孔微差爆破指多排孔各排之间以毫秒级微差间隔时间起爆的一种爆破方法。微差爆破的爆破机理包括：（1）应力波作用，即不同炮孔应力波叠加作用，使岩石破碎效果更好。（2）参与应力作用，即应力波反射叠加作用，使岩石破碎。（3）岩石碰撞作用，即岩块之间相互碰撞。

与单排孔齐发爆破相比，多孔微差爆破的优点包括：

（1）提高爆破质量，改善爆破效果，如大块率低、爆堆集中、根底减少、后冲减少；

（2）可扩大孔网参数，降低炸药单耗，提高炮孔延米爆破量；

（3）一次爆破量大，故可减少爆破次数，提高装、运工作效率；

(4) 可降低地震效应，减少爆破对边坡和附近建筑物等的危害。

鉴于以上诸多优点，目前国内外露天矿山多采用多排孔微差爆破。

爆区多排孔布置时，孔间多呈三角形、正方形和矩形。布孔排列虽简单，但合理利用不同起爆顺序，可获得多种爆破方案：一声雷、排间、斜线、V 形、大 V 形、大斜线、波浪形、剪切爆破等。

露天矿山台阶爆破较常用的包括如下几种爆破方案。

A 排间顺序起爆

对平行于台阶坡面炮孔按排连线，逐排起爆。在台阶坡面较缓，底盘抵抗线较大，大区域微差爆破时采用。

其特点是工艺操作简单，爆破前推力大，能克服较大的底盘抵抗线，爆破崩落线明显（台阶边缘明显）。缺点包括后冲大（对台阶坡面破坏大），地震效应大，爆堆平坦。例如：图 5-7（b）的连线方案比图 5-7（a）的连线方式好。在端部位置，图 5-7（b）的端孔自由面大，爆破效果好，块度均匀。

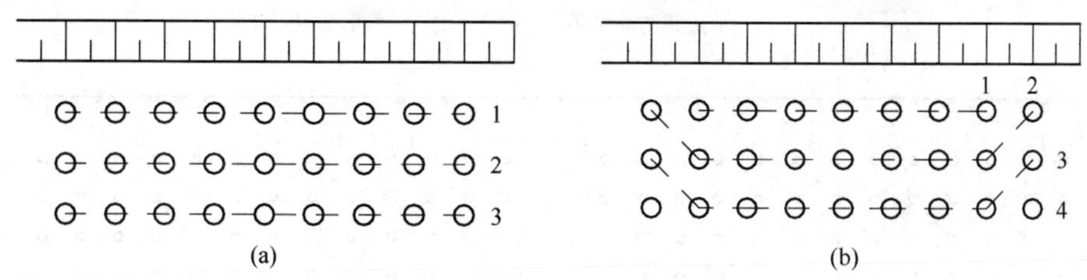

图 5-7 排间顺序起爆图

B V 形（斜线）起爆

炮孔连线呈 V 形（斜线，如图 5-8 所示），可以在不改变钻孔参数的条件下，增大炮孔的邻近系数，改变破碎后岩石的运动方向，增加岩石在破碎过程中的碰撞概率，增加爆破自由面，提高爆破质量。

其爆破通过创造自由面，并充分利用自由面反射冲击波及爆堆间的相互挤压作用。爆破块度均匀，爆堆形状规整。

C 波浪式起爆

波浪式起爆实质是逐排起爆与 V 字形起爆的结合，是在临空面有多个小 V 字形按照逐排起爆向后延伸，其爆破顺序犹如波浪。其中相邻两排孔对角相连，称之为小波浪式，见图 5-9（a）；多排孔对角相连，称之为大波浪式，见图 5-9（b）。

D 直线掏槽起爆

该连爆方案为：将爆破区域内的炮孔沿纵向分成若干段（减震）。首先在炮孔区域中间部位沿一条直线布置较密集炮孔，并首先起爆，以便为后续起爆的炮

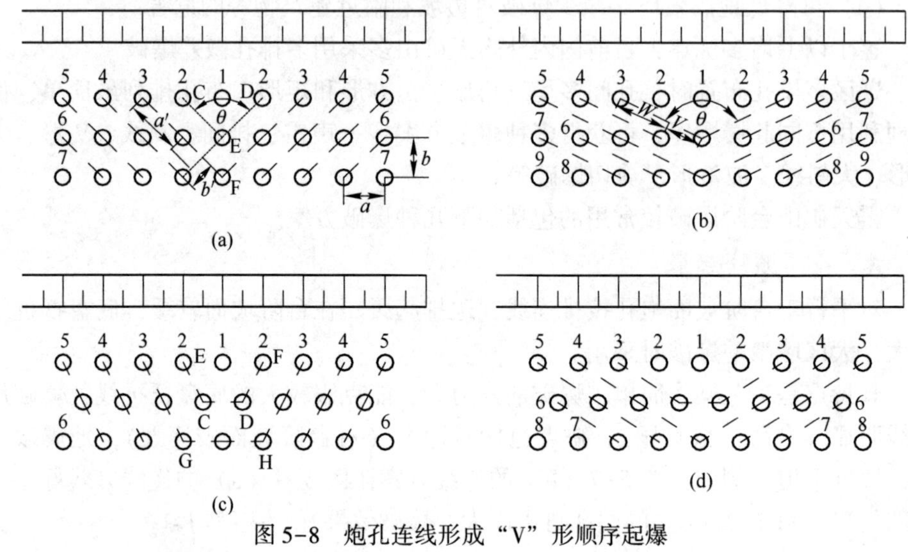

图 5-8　炮孔连线形成“V”形顺序起爆

（a），（b）正方形布孔；（c），（d）三角形布孔

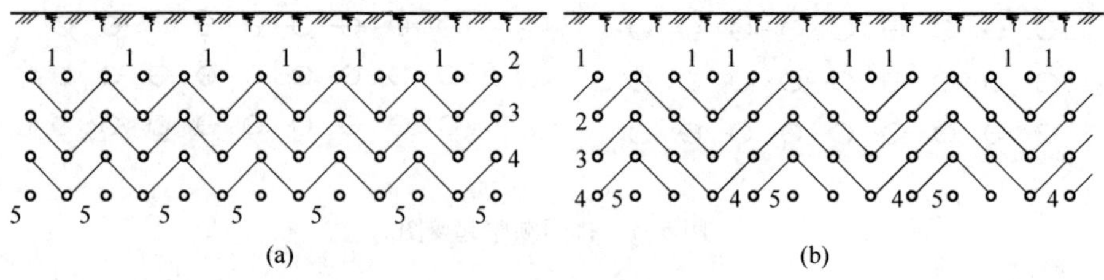

图 5-9　波浪式顺序起爆

孔创造自由面，两侧炮孔按时间差顺序起爆。爆破后块度均匀，爆堆沿纵向轴线集堆。该种方法常用于掘沟工程。

其显著缺点为：穿孔工作量大，延米出岩率低，炸药单耗高，对两侧沟边边坡冲击破坏大。若考虑沟边边坡永久保留，则宜考虑辅助预裂爆破。

E　剪切起爆法

剪切起爆法又称同排逐孔起爆法，对降低矿山爆破振动、提高爆破效果作用显著，近年应用日广。

5.2.2　台阶爆破经验设计法

在计算机模拟出现之前，爆破工程师根据自己对爆破矿岩的认识和对爆破效果的期望，利用自己的工程设计经验和经验公式，做出认为可以达到预期效果的爆破设计进行试爆，爆后观察爆堆的挖运情况及大块率、大块分布、底板平整度、眉线整齐度、台阶立面完整性以及爆堆级配情况，认定哪些方面达到了期望值，哪些还需改善，分析没有达到期望值的原因，在这些认识的基础上，结合爆破工程师个人经验，在下次设计中改变孔径、孔网布置参数、起爆顺序、炸药性能等影响因素，将新的爆破设计再拿到现场进行试验，试验后再重复观测、分析，再进行设计与试爆，如此反复若干次，最后才能得到满意的爆破效果。

5.2.2.1 台阶爆破设计参数

(1) 矿岩性质参数。包括力学参数（容重、强度、弹性参数、声速、不均匀性），构造参数（节理裂隙、夹层、断层、溶洞），这些参数有许多是不准的，但其变化范围需知晓。

(2) 炸药雷管参数（不可变参数）。包括制药密度、爆速、爆压、爆热、比容和雷管的段数、标称延迟时间和误差。

(3) 爆区几何参数。包括台阶高度、坡面角、坡面平整度、根脚整齐度、爆区地形图、装药形态（连续、间隔、分段、耦合、不耦合）。

(4) 钻孔参数。包括钻孔直径、钻机工作的水平误差、垂直误差（包括开口误差、偏斜度和钻孔深度误差）以及沿着钻孔深度岩石可钻性的变化情况。

(5) 反映爆破效果要求的参数。包括大块标准和大块率、爆堆级配曲线、后冲宽度、底板平整度（允许超挖欠挖量）等。

(6) 安全保证参数。包括飞石距离、爆破地震的控制和重点保护对象的安全保障。

5.2.2.2 台阶爆破设计程序

宏大爆破根据多年来台阶爆破工程经验，开发并完善了一种设计方法。

A 初选单耗 q

按岩石节理裂隙发育程度，参照 f 值、岩石密度 ρ 值将岩石分为易爆、中等可爆、难爆、很难爆、极难爆五个等级，如表 5-2 所示。

一般情况下，很难爆、极难爆两类岩石遇到的很少，可将表 5-2 简化为易爆、中等可爆、难爆三个等级。在使用该表时，应根据岩石实际情况作一些调整，例如遇到红砂岩，普氏系数只有 8~10，平均节理距 1.0m 以上，岩石密度 $\rho=2.6\text{g/cm}^3$，声阻抗率为 8~10MPa · s/m，各参数与表 5-2 比较，均在中等可爆与很难爆之间，初选时按难爆岩石选单位耗药量即可。

按表 5-2 初选的单位耗药量为 q'，设试验采用的初选单位炸药量为 q，则：

$$q=k_e k_d k_j k_c q'$$

式中 k_e——炸药修正系数，见表 5-3；

k_d——允许大块尺寸修正系数，见表 5-4；

k_j——夹制条件修正系数，对直孔 $k_j=1.0$，对于 70°倾斜孔 $k_j=0.95$；

k_c——钻孔误差修正系数，台阶高 10~12m 时，k_c=1.0；台阶高度 15m 以上时，k_c=1.1。

表 5-2　岩石可爆性分级表

级别		Ⅰ	Ⅱ	Ⅲ	Ⅳ	Ⅴ
名称		易爆	中等可爆	难爆	很难爆	极难爆
节理裂隙等级		特别破碎	强烈破碎	中等破碎	轻微破碎	完整岩体
平均裂隙距/m		不超过 0.1	0.1~0.5	0.5~1.0	1.0~1.5	大于 1.5
岩石中自然裂隙面积/$m^2 \cdot m^{-3}$		33 以上	33~9	9~6	6~2	2 以下
岩石普氏系数 f		小于 8	8~12	12~16	16~18	大于 18
岩石坚固等级		不坚固	中等坚固	坚固	很坚固	特别坚固
大于右列尺寸岩块在岩体中的含量/%	300mm	小于 10	10~70	70~90	100	100
	700mm	接近 0	小于 30	30~70	70~90	90~100
	1000mm	0	小于 5	5~40	40~70	70~100
岩石密度/$g \cdot cm^{-3}$		小于 2.5	2.5~2.6	2.6~2.7	2.7~3.0	大于 3.0
声阻抗率/$MPa \cdot s \cdot m^{-1}$		小于 5	5~8	8~12	12~15	大于 15
参考单位耗药量 q'/$kg \cdot m^3$		小于 0.35	0.35~0.45	0.45~0.65	0.65~0.9	大于 0.9

表 5-3　k_e 取值经验表

修正系数 / 炸药类别	k_e		
	Ⅰ类岩石	Ⅱ类岩石	Ⅲ类岩石
2 号岩石炸药	1	1	1
铵油炸药	1	1.0~1.05	1.05~1.1
大卷乳化炸药	1	1	1.0~1.05

表 5-4　k_d 取值经验表

允许大块尺寸/mm	250	500	750	1000	1500
k_d	1.3	1	0.9	0.8	0.7

B　按经验选定堵塞长度 h_0 和钻孔超深 h_1

h_0=（20~30）D，对于飞石要求严格的时，堵塞可超过 30D；

h_1=（5~10）D，对于难爆岩石、直孔取大值，易爆岩石、斜孔取小值；

其中，D 为钻孔直径。

C　计算连续耦合装药的单孔装药量 Q

$$Q=(L-h_0)q_i$$

式中　L——钻孔长度；

q_i——延米装药量。

D 计算钻孔间距排间距

一般选定炮孔间距是排间距的 1.25 倍（爆破效果较好），即

$$Q=qV=qabH=q1.25b^2H$$

式中 V——钻孔负担方量；$V=abH$；

H——台阶高度；

$b=\sqrt{\dfrac{(L-h_0)q_i}{1.25qH}}$；

$a=1.25b$。

若采用宽孔距窄排距等特殊布孔方法，应根据实际情况进行调整。

E 按经验选定起爆方式设计起爆网路

根据雷管的点燃方法不同，常用的起爆方法可分为：电力起爆法、非电起爆法及无线起爆法。其中非电起爆包括火雷管起爆法、导爆索起爆法及导爆管起爆法；无线起爆法包括电磁波起爆法和水下声波起爆法。现常用起爆方式为导爆管起爆。

如图 5-10 所示，起爆网络最常用的是：V 形起爆、双 V 形起爆、斜线起爆、排间起爆和孔间起爆。

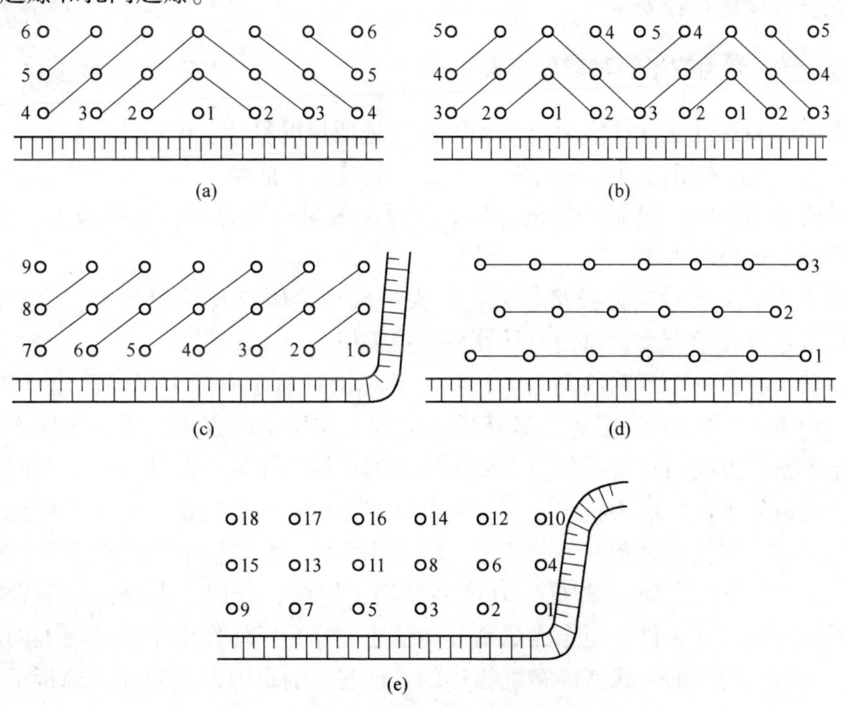

图 5-10 常用起爆网络布置图

（a）V 形起爆；（b）双 V 形起爆；（c）斜线起爆；（d）排间起爆；（e）孔间起爆

F 按经验对装药结构进行设计调整

对以往爆破经验总结，得知：在不影响爆破效果的情况下，可采用间隔装药和增加堵塞长度、不均匀装药等方法降低炸药使用量。

G 优化 a 与 b

先按设计参数进行试爆，依据试爆效果加大或者减小单位耗药量再以之为基础做出新的设计，再进行试爆，直至爆破效果认为满意为止。

5.2.2.3 爆破效果评价

爆破效果评价，主要从以下三个方面出发：

（1）爆破破碎的控制，爆破后的破碎情况，如块度的大小、级配率、形状等是否符合工程的要求；爆破破碎是否超出了设计范围，对于应保护的边坡是否造成损害，后冲、后裂现象是否严重；爆破根底现象是否严重等；

（2）爆破堆积范围的控制，如爆破后的堆积物是否集中便于装载，堆积范围内、形态和堆积位置是否符合工程目的；

（3）爆破安全的控制，爆破的有害效应如地震效应、爆破飞散物、爆破冲击波、噪声、有毒气体和粉尘等是否得到了有效的控制，有否伤害的人和物，周围建筑物和设施是否安全。

5.2.3 宏大常用的半经验数值模拟

爆破经验设计法往往需要反复若干次（地质情况复杂矿山可能需要几十次甚至更多），最后才能达到满意效果。这是一个漫长、枯燥、劳心劳力的过程。由于多种因素的影响，仅靠经验设计反而使爆破效果每况愈下，浪费精力、金钱，难以得到最优设计方案。

为了能减少试验精力经济投入，广大爆破理论研究者运用数学、力学的方法，谋求建立数学模型，以便于计算机数值模拟。

爆破岩石是一个复杂的动力学过程，其理论解析是由三个守恒定律（质量、能量、动量）、介质状态方程、破坏准则方程、初始条件方程、边界条件方程组成一个严密的方程组求解过程，需要很庞大的计算工作量，在计算机解析时还要加上一些边界条件。因为状态方程的复杂性和介质状态的变化（离爆源由近到远分别是流体、塑性体和弹性体状态），人们很难用一组方程精确地描述介质的应力应变关系。爆破介质（岩石）有许多节理、裂隙、弱面、夹层，这些岩体构造构成复杂的边界条件，至今无法精确地描述。炸药爆炸作用于接触面上的应力状态，也不是简单的公式就能精确描述的。这些不确定因素，使理论解析工作很难展开，计算结果也很难说到“精确”，甚至与实际相差甚远，正因如此促使人们不断探索。

数值模拟包括下列步骤：

(1) 定义问题。要用模拟工程爆破，首先要做的工作是在诸多影响因素中选择并认定几个参数作为决策性变量，对这些变量进行优化运算以达到系统最优。衡量系统最优的指标可以是一个，也可以是多个，例如挖掘机效率、平均块度、大块率、爆破成本、爆堆形态、爆破振动控制等。言而总之，就是明确要达到的目标和影响达到目标的因素。

(2) 建立模型。建立力学模型就是把最优指标和影响因素之间的关系用力学定律、经验方程等方式构成一个数学方程组。建立力学模型，也可以针对爆破过程中某些环节进行探索、研究，探讨各影响因素的作用和影响程度。

(3) 计算机迭代求解，不断优化。基于计算机强大的运算能力和已经建立的模型，得出初始解，在工业试验中进行检验，收集爆破后各项指标数据，进行反算，明确理想与实际偏差，不断迭代，引入偏差变量，完善模型，实现爆破参数优化。

鉴于研究目的、方法等有所不同，爆破破碎科研模型也有多种多样。宏大爆破结合自身需要及实践探索，结合 KUZ-RAM 模型形成了自身特有的爆破优化方法。

5.2.3.1 KUZ-RAM 数学模型

KUZ-RAM 模型是应用最广泛的爆破效果（爆堆级配）预报模型，将 Kuznestov 方程和 Rosin-Rammler 曲线相融合，成为预报爆堆级配的数学模型。

A Rosin-Rammler 曲线

Rosin-Rammler 曲线可给出被爆岩石的破碎情况。曲线表示式为：

$$R=e^{-(\frac{x}{x_e})^n}$$

式中 R——筛上物料比率，即粒径大于 x 的物料所占比率；

x——筛孔尺寸，表示筛下最大粒径或筛上最小粒径；

x_e——特性尺寸，该数由 Kuznestov 方程计算出；

n——均匀度指标，这是一个经验系数，n 决定曲线的形状，它通常由 0.8 到 2.2。高值表示块度均匀，低值归因于粉矿和大块占较大比率。

n 是爆破参数的函数，根据人们对爆破参数与爆破效果关系的理解，归纳出对 n 值影响较大的参数包括：

(1) 凿岩精度；

(2) 最小抵抗线与炮孔直径的比率；

(3) 炮孔是整齐排列还是错开排列；

(4) 炮孔距离与最小抵抗线的比率。

此外，药包长度对台阶高度的比率对 n 有显著影响。

通常都希望有均匀的破碎，既要避免粉碎，又要避免大块，故爆破设计的结果尽可能对 n 取高值。实践证明爆破参数对 n 值的影响为：

（1）最小抵抗线/炮孔直径（W/d）越大，n 越小；

（2）凿岩精度越高，n 越大；

（3）药包长度/台阶高度越大，n 越大；

（4）孔距/最小抵抗线越大，n 越大。

此外，错孔开排列比整齐排列的 n 值大些（即梅花形布孔比方形布孔爆堆均匀），目前使用的算法为：

$$n=\left(2.2-14\frac{W}{d}\right)\left(1-\frac{\Delta W}{W}\right)\left(1+\frac{A-1}{2}\right)\frac{L}{H}$$

式中 W——最小抵抗线，m；

d——炮孔直径，mm；

ΔW——凿岩精度的标准误差，即孔底偏离设计位置的平均距离，m；

A——孔距/最小抵抗线；

L——底板标高以上药包长度，m；

H——台阶高度，m。

如使用三角形炮孔布置，则上面各参数计算所得 n 应增大 10%。

B　Kuznestov 方程

Kuznestov 方程是给出平均粒径大小的经验方程，认为平均粒径的大小只取决于平均炸药单耗、炸药威力及单孔装药药量（孔径），其他参数不影响平均粒径，只影响各种粒径的级配。

Kuznestov 方程的表达式为：

$$\bar{x}=K\left(\frac{V_0}{Q}\right)^{0.8}Q^{\frac{1}{6}}$$

式中 $\bar{x}$——平均破碎块度，有 50%通过筛子，50%留在筛子上对应的筛孔尺寸，可以表示为 x_{50} 或 $x_{50}=\bar{x}$；

K——岩石系数，由现场实验得到，一般取法是：中等岩石为 7，裂隙发育硬岩为 10，裂隙不明显硬岩为 13，到目前为止，研究发现，有些岩石很软，但其下限为 8，还有些岩石很硬，需要一个大于 13 的系数；

V_0——每孔破碎岩石体积，$V_0=abH$；

Q——相当于每孔中药包能量的 TNT 的质量，kg。

通常将超深部分的炸药排除在外，因为它在纵断面中对破碎提供不了明显的贡献。TNT 当量计算方法是：如 Q_e 为每孔中实际炸药量，而 E 为该炸药的相对重量威力（铵油炸药时为 100），TNT 的相对重量威力为 115，即：

$$Q_e \times E = Q \times 115$$

可将 Kuznestov 方程转化为：

$$\bar{x} = K\left(\frac{V_0}{Q_e}\right)^{0.8} Q_e^{\frac{1}{6}}\left(\frac{E}{115}\right)^{-\frac{19}{30}}$$

式中，V_0/Q_e 项为平均单位耗药量 q 的倒数。

因此，可将其简化为：

$$\bar{x} = Kq^{-0.8} Q_e^{\frac{1}{6}}\left(\frac{115}{E}\right)^{\frac{19}{30}}$$

如需得到需要某种平均破碎程度时，易加以变换获得需用的装药量。

C　特征尺寸 x_e 的计算

$\bar{x}$（或称 x_{50}）是 Rosin-Rammler 曲线上的一个点，即 x_{50} 点，或称为当 $R=0.5$ 时，对应的 x 的粒径，有了这个点，就可以很容易地由 Rosin-Rammler 方程解出 x_e 值，即：

当 $x=x_{50}=\bar{x}$ 时，$R=0.5$，代入 Rosin-Rammler 方程，得：

$$0.5 = e^{-\left(\frac{x_{50}}{x_e}\right)^n} = e^{-\left(\frac{\bar{x}}{x_e}\right)^n}$$

故

$$x_e = \frac{\bar{x}}{(0.693)^{\frac{1}{n}}}$$

将 Rosin-Rammler 曲线和 Kuznestov 方程相结合，形成了 KUZ-RAM 数学模型，其使用方法为：

（1）用 Kuznestov 方程求出 $\bar{x}=x_{50}$；

（2）求出 n 值；

（3）将 x_{50}值和 n 值代入 Rosin-Rammler 方程解出 x_e；

（4）有了 x_e 就可以使用 Rosin-Rammler 方程计算各种粒径岩块在爆堆中所占比率。

此过程可进行逆推，由需求推算平均炸药单位耗药量。

5.2.3.2 计算机模拟及现场爆破试验

计算机模拟就是用计算机选优代替反复的现场试验，把计算机选出的最优方案拿到现场进行试验。试验可能达不到预期效果，但基本在可接受范围内。同时，收集评估试验爆破效果，调整在计算机设计中容许改进和优化的参数，根据调整后的参数进行设计方案优化，优选出最佳方案再付诸现场试验。根据第二次试验结果，结合第一次试验结果，进一步调整可能有问题的参数，使这些参数第二次更接近于最优爆破参数，检验这些参数的方法是将其输入第一次设计和第二次设计方案后，均可以计算出与实验效果接近的结果，下一个周期是利用第二次修正值进行设计方案优选，做出第三个试验方案。如此反复，只需几个周期就可以做出能达到预期的优秀设计。

现场爆破试验指每一次计算模拟后制定的爆破设计是否满足本矿山实际情况，通过爆破试验进行验证，并收集爆破实际效果，进行爆破参数改进、优化，如图 5-11 所示。

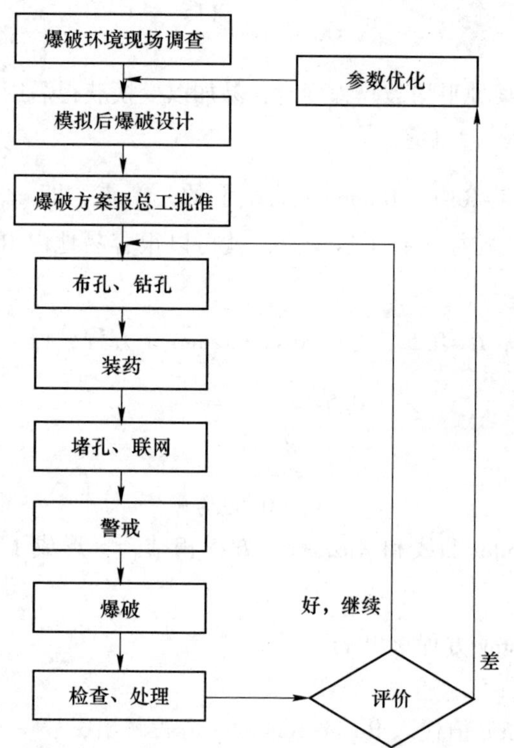

图 5-11　爆破试验参数优化施工程序图

宏大爆破常用数值模拟的步骤：

(1) 按经验法做出爆破设计；

(2) 按爆破设计计算爆堆级配曲线；

(3) 若爆堆级配曲线不能达到预期，则调整优化爆破设计，包括：改变孔径和台阶高度，改变孔网参数，改变装药参数，改变炸药密度、性能等。每次改变一次，计算一次级配曲线就要核算一次爆破成本。在很少的时间内就可通过已编制好的计算机程序做出几十个方案，画出几十条级配曲线，从技术的可行性及经济合理性两个方面进行比选，选择最优者，付诸第一次试验。

(4) 试验后实测级配曲线或选择曲线上的几个点代表试验曲线，调整可能有问题的、仅凭主观经验选的一些经验参数，将调整后的参数输入设计方案中，反复调整，直至算出与实际一致的结果，认为经验参数已接近真值，再使用这些接近真值的参数输入设计程序，优选出满意的方案，再进行第二次试验。

(5) 反复计算、试验，直至找到最优方案。

其他的设计优化方法类同，差异在于力学模型，该方法程序简单，方便使用，能有效指导现场作业。

5.2.3.3 现场调整设计

所得到的最优爆破设计还不能完全适用所有爆破场景，有些微小局部发生变化时，还需要进行细部调整。一般在钻孔完成后或者装药开始前进行以下几个方面的调整：

(1) 对前排炮孔的最小抵抗线进行观测，按上装药面最小抵抗线和坡面洼陷处最小抵抗线不小于 0.8 倍排距来调整堵塞长度和增加间隔堵塞；

(2) 对与前排钻孔连通的裂隙进行孔内间隔堵塞；

(3) 对钻在节理裂隙发育区的钻孔应适当加大堵塞长度，减小设计超深。

调整的目的在于防止飞石危害和降低爆破成本，有一些工地对 16.5m 深的钻孔堵塞长度由设计的 3.5m 增加到 9.0m（多堵塞长度为 5.5m，单孔减少装药量为 82.5kg），爆破时钻孔下部爆开后堵塞段的破碎岩石受震塌下，取得了很好的爆破效果，单孔就节省炸药费 700~800 元。

依据爆破评价效果来反推试验中爆破参数可优化空间，进一步调整，循环往复，直至制定出几套符合矿山实情的爆破参数设计方案。地质情况较为简单的矿山一般半个月内即可完成爆破参数优化，地质复杂矿山则需要在生产过程中不断总结经验，不断优化参数。

5.3 孔网参数最大化技术

台阶爆破的核心思想在于：在保证安全的前提下，充分利用自由面，优化爆破参数，实现孔网参数最大化、单耗最小化。宏大爆破矿山工程遍及全国，服务过的矿山包括铁矿、石材矿、有色矿、煤矿、化工矿等各类矿山，积累了大量的矿山爆破经验。

为降低爆破成本，顺利完成爆破任务，必须做到以下几点：(1) 明确作业对象；(2) 爆破设计源头控制，优化参数，核算爆破成本；(3) 反复求证，精益求精。

5.3.1　现场岩石及矿石分类

按岩石节理裂隙发育程度，参照 f 值、岩石密度 ρ 值将岩石分为易爆、中等可爆、难爆、很难爆、极难爆五个等级，如见表 5-2 所示。

一般情况下，很难爆、极难爆两类岩石遇到的很少，可将表 5-2 简化为易爆、中等可爆、难爆三个等级。在使用该表时，应根据岩石实际情况作一些调整。

5.3.2　单耗最小化的现场试验探索

5.3.2.1　孔网参数优化

如果钻孔间排距优化以后能够扩大百分之十，爆破效果还能够接受，则优化结果将带来巨大的经济效益：间排距增大百分之十意味着钻孔延米爆破量增加百分之二十一，单耗降低百分之二十一，如果年爆破总量是 1000 万立方米，孔网优化后有 210 万立方米是不用钻孔、不用炸药仅仅靠孔网优化带来的利益；穿爆费用按每立方米 7.00 元计，优化成果带来的纯利润达 1500 万元。

5.3.2.2　分段装药和间隔装药技术的应用

分段装药结构是利用空气、钻孔岩屑等将孔中的药柱人为隔开分为若干段的一种装药形式。这种装药结构优点是提高了装药高度，使炸药能量分布更为均匀，减少了孔口部位大块率的产生；缺点是施工工艺复杂。采用分段装药，可以合理分布炸药能量，避免过爆现象，提高矿石块度均一性，降低单位炸药消耗量。

间隔装药结构适合于特殊地质条件下的深孔爆破，如所爆破的岩层中含有软弱夹层或溶洞时，通过堵塞物将炸药布置到坚硬岩层中，可以有效地降低大块率。

下半部分装药需要克服底盘的剪切强度，形成平整的底板，所以必须要按完整条形药包装药。上部药包仅需爆破能量破坏上部岩石的完整性，在爆后爆岩相互碰撞破碎、落地撞击破碎均有一定破岩作用，所以上部可以少装药。同时上部药包对下部药包起一个堵塞作用，增加下部药包的爆生气体的作用时间，充分利用爆破能量。

如果上部装药长度达到 6m，相当于省下了 45kg 炸药，也不用多加起爆器，既经济，工艺又简单，一个孔可省炸药费用 300 元以上，每立方米岩体爆破成本便可下降 1 元，效益可观。间隔堵塞、上下分段装药技术，均能够立竿见影减少单孔装药量，取得很好的经济效益。

5.3.2.3 最小（不留根底）超深

我们设计的钻孔超深比国外同类台阶爆破的钻孔超深要大一倍左右（我们选用 10 倍钻孔直径，他们选用 5 倍钻孔直径），如果我们经过优化后能够把直径 250mm 钻孔超深由 2.5m 减少到 1.5m 仍然能够爆破出可以接受的底板，则每一个钻孔可以节省 1.0m 钻孔费和 50kg 炸药费，按现今市价节省 500 元以上。一次爆破 60 个钻孔可以节省 3.0 万元，如果平均每天一次爆破作业，每年可以优化出千万元的纯利润。

5.3.2.4 最大堵塞长度的探索试验及装药前对堵塞长度的调整

堵塞长度能不能加大主要看爆堆上层大块多不多，如果爆堆上层大块很少，则可以适当增加堵塞段的长度。对直径 250mm 钻孔如果堵塞段增加 0.5m，则每个钻孔可以少装 25kg 炸药，节省 200 元左右，一年算下来也可节省一笔不小的费用。

5.3.2.5 不同孔径对单耗的影响及对穿爆成本的影响

根据我单位对不同孔径钻机穿爆效果的分析，可得表 5-5 供参考。

表 5-5 不同孔径钻孔延米爆破量参考表

钻孔直径 d/mm	38	50	76	100	140	150
延米爆破量 Q/m^3	1.0	2.2	6	11	23	27

若装药长度相同，在耦合装药情况下，不同孔径（≤150mm）的爆破单耗趋势，如图 5-12 所示。

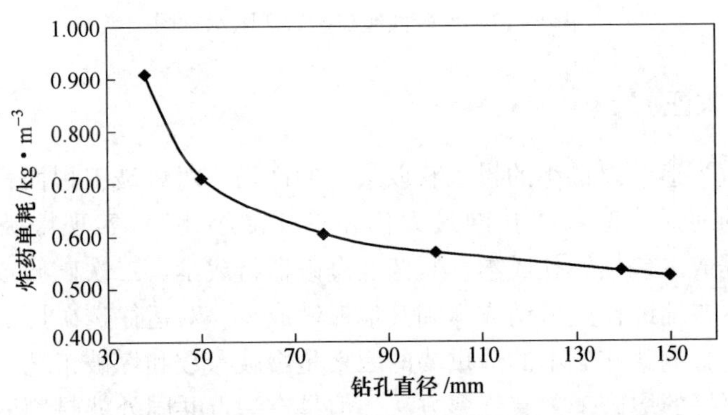

图 5-12 不同孔径爆破单耗趋势图

5.3.2.6 直孔斜孔对单耗的影响

国外台阶爆破多采用 70 度斜孔，相同条件下爆破出同样的效果，采用斜孔的延米爆破量与垂直孔比较可以加大 5%～10%，对一个年爆破量 4000 万立方米的矿山而言，用斜孔爆破代替垂直孔爆破后每年有 200 万～400 万立方米不用钻孔不用炸药，可以节省 1000 万～2000 万元的钻孔爆破费用。

5.3.2.7 不同起爆方式对单耗的影响

近年来随着微差雷管延时精度的提高和高精度数码雷管的大规模应用，大斜线、大 V 形、剪切爆破等起爆方式得到广泛推广。不少企业进行试点研究开发表明，优化起爆方式后带来的经济利益相当明显，也可以增大钻孔延米爆破量5%～10%。

5.3.2.8 炸药性能与矿岩的匹配及其对单耗的影响

爆破过程中，若根据底层结构有针对性对炸药能量进行合理分配，则可提高矿岩平均块度集中度，又能减少不必要的炸药消耗，降低单位耗药量，如图5-13所示。

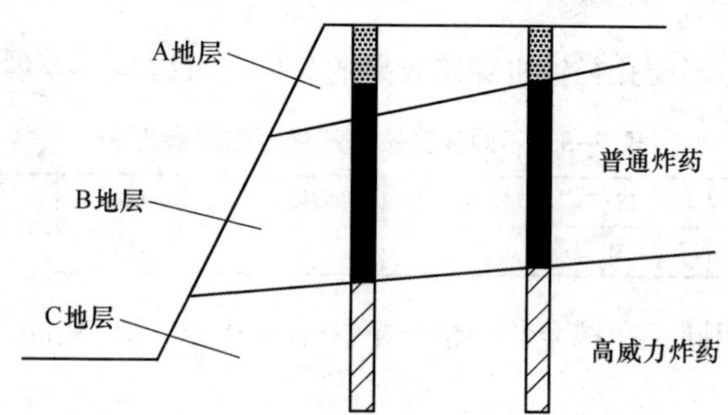

图 5-13 炸药性能与矿岩匹配示意图

5.3.3 反复求证

做工程应当追求以最小的投入获取最大的产出，对爆破工程而言就是在保障安全和质量的前提下追求“孔网最大化和单耗最小化”，实现爆破工程成本最低。爆破工程成本包括钻孔成本、装药及爆破器材成本、二次破碎成本、装车成本、运输成本、辅助作业摊销成本和其他摊销成本，对运往选矿厂的矿石还要计入初碎成本，影响这些成本的最重要的因素是爆破参数和爆破工艺。选择更优的爆破参数和更好的爆破工艺有许多方法，但是有一点共同处就是判断是不是更优是不是更好都要经过现场实践来检验，并且要经过系列试验、多次试验才能选出一个好的参数或工艺。我们最常用的、最直观的、最简单的也是最有效的现场试验方法是：在正常爆区的一端选择一小块端头爆区的几个孔作为试验孔，试验孔采用新的爆破参数或者新的爆破工艺，为了不影响正常生产，开始试验时只选几个试验孔，与大爆区一起引爆，爆破之后应当在现场对试验区和正常爆区进行比较和观测，即爆堆高度哪个高哪个低、爆堆延伸哪个长哪个短、侧面带炮多少和块度的比较、表面级配和大块分布、后冲大块（表层最后侧）的数量和块度、爆堆最前方大块和爆堆最下层的大块、在挖运过程中统计大块率和大块集中出现的位置、底板平整度和出现根底的部位、挖掘机工作效率（装一车平均时间）、后冲最大距离和所对应后侧台阶表面的完好状态。

通过这些项目的比较分析，如果两个区域没有明显区别或者觉得试验区爆破效果更好一些，则说明新的工艺或新的参数是可行的，如果新工艺和新参数可以降低成本，则表明试验探索的方向是正确的，应当扩大比较试验的规模进行验证，直至全面推广；或者沿着正确的方向做进一步的探索，得到理想的试验效果后再推广。如果试验区的爆破效果比相邻区域差，则应当依据上述观测结果分析变差的原因，依据新的认识调整试验方案，直至获得理想效果或最终否定探索方向。

例如：探索孔网可否扩大，可以首先用设计软件做出优化方案，选择小试验区按优化参数布孔，按上述方法反复论证，在不影响正常生产的情况下，能较快获得理想的结果。通过改变起爆方式，把直孔变成斜孔等方法扩大孔网时，可以依据自己的现场经验加大孔网进行试验爆破，选出最优的孔网参数，然后在工程中推广。

同样，减少钻孔超深、间隔装药、变化堵塞长度、改变装药结构等降低平均单耗的试验研究都可以按上述方法实施，经反复求证，得出最适用的参数和工艺。

5.4 大块分析及控制

露天深孔台阶爆破普遍存在着大块（不合规格大块）产出率和根底率偏高的问题，不仅影响铲装效率，加速设备的磨损，而且增加了二次爆破的工作量，提高了爆破成本。

大块的标准主要取决于铲装设备和初始破碎设备的型号和尺寸，因此，其标准的制定是因地、因时而异的。通常，爆破后的合格块度，既要小于挖掘机铲斗允许的块度，又要小于粗碎机入口的允许块度。

按挖掘机要求：

$$a \leqslant 0.8\sqrt[3]{V}$$

按粗碎机要求：

$$a \leqslant 0.8A$$

式中 a——允许的矿岩最大块度，m；

V——挖掘机斗容，m^3；

A——粗碎机入口最小尺寸，m。

超过此块度要求的矿岩即为大块。

5.4.1 平均块度的控制

平均块度定义是指单向长度为 x_{50} 的石块，x_{50} 是指有 50%的岩块单向长度小于 x_{50}。如果要求合格块度单项尺寸为 x_{90}，即要求有 90%的岩块单向长度小于 x_{90}，大于 x_{90} 的石块仅占 10%，大块率即为 10%。

依据 Kuznestov 经验公式：

$$x_{50}=\bar{x}=Kq^{-0.8}Q_e^{\frac{1}{6}}\left(\frac{115}{E}\right)^{\frac{19}{30}}$$

式中 $\bar{x}$——平均破碎块度，有 50%通过筛子，50%留在筛子上对应的筛孔尺寸，可以表示为 x_{50} 或 $x_{50}=\bar{x}$；

K——岩石系数，由现场试验得到，中等岩石为 7，裂隙发育硬岩为 10，裂隙不明显硬岩为 13；

q——平均单耗，kg/m^3；

Q_e——每孔中实际炸药量，kg；

E——炸药的相对重量威力，铵油炸药为 100，TNT 为 115。

从式中可以看出，降低平均块度的方法包括：

（1）增加平均单耗 q，q 越大，$q^{-0.8}$ 则越小，x_{50} 也越小。

（2）减小单孔装药量 Q_e，在台阶高度已定，超钻和堵塞不变的条件下，减少 Q_e 表示缩小钻孔直径。

（3）加大 E，E 是炸药相对重量威力，使用高威力炸药。

5.4.2 大块所在位置及原因

5.4.2.1 爆堆表层大块

表层大块来源于堵塞段和后冲，后冲大块位于爆堆后部的表层，堵塞段的大块则分布于整个表面。

减少堵塞段长度可以减少表面大块，但应慎重考虑减少堵塞段长度带来的冲孔和飞石造成的后果，堵塞长度不应小于 20 倍孔径。

另外还可以采用间隔堵塞和分段装药的方法。

间隔堵塞即将连续装药的 1.0m 左右药段装到间隔堵塞上部，再进行封孔堵塞。上部药包药量 $Q=W^3$，W 为上部装药中心至地表的距离。

分段装药一般其上段装药线密度是下部装药密度的 1/2，如果堵塞段产生较多大块，可以考虑将上段装药的上部靠堵塞的 1.0m 左右进行全耦合装药。

减少后冲大块的措施包括：分段装药、上段延米装药量是下段延米装药量的 1/2，变化堵塞长度，采用 V 形或大斜线起爆方式或单孔剪切起爆方式，使最后一排炮孔一个个地响，是减少后冲的有力措施。

5.4.2.2 爆堆底层和前沿大块

爆堆底层和前沿的大块多来自第一排炮孔前的岩体，该部分岩体受前次爆破影响而遭到破坏，形成裂隙，甚至张开裂隙将岩体分割成大块状，这些块状结构的岩体不会像前排炮孔一样得到充分破碎，形成大块被压在爆堆之下或抛至前沿。

5.4.2.3 爆堆两侧大块

爆堆两侧大块一般称为“两撇胡”，是前排两侧炮孔带炮造成的大块。如果台阶面平整，两侧带炮会减少。增加一次爆破工程量，两侧带炮所产大块占整个炮区的比例也会随炮区增大而降低，这也是大炮区微差爆破大块率降低的原因之一。

5.4.2.4 根底

根底需要二次爆破处理，所以一般也将根底归入大块。减少根底的办法有：

（1）适当加大超钻或底部装威力较大的炸药；

（2）爆破前先将台阶面之前的根底处理干净或打抬炮，并安排抬炮在第一响起爆；

（3）如果是岩体节理走向影响而产生根底，可改变台阶面方向或起爆顺序来克服节理走向产生的大块，如图 5-14 所示。

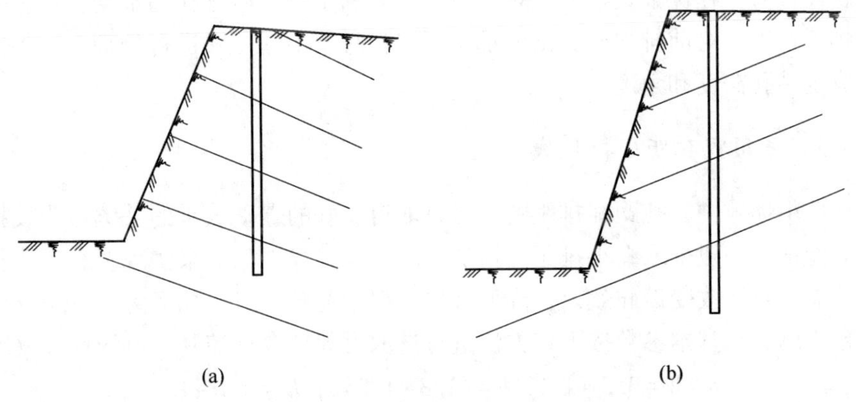

图 5-14 节理走向与产生根底示意图

（a）易产生根底；（b）不易产生根底；

5.4.2.5 爆堆内的大块

常见的爆堆内出现失控大块的原因包括：

（1）设计参数不合理，主要是单位耗药量偏低、间排距关系不合理及起爆顺序不合理，修正设计方案后会得到一定改善。

（2）岩石构造造成大块，可通过改变实际抵抗线 W 的方向，即爆破矿岩实际运动方向，或改变平均单耗进行控制。

（3）炸药威力不够或不完全爆轰。炸药威力未得到充分发挥，部分能量在爆轰中未释放出来，最后转化为燃烧热能，出现此种情况一般属于炸药问题，解决方法是换炸药或换现场混装车炸药配方。

（4）钻孔精度失控。钻孔过程中均有一定的钻孔偏斜率，如果钻孔过程中未加强管控或未及时调整，则将造成钻孔精度失控，底板孔间距和孔排距与设计值相差过多，必然会造成大块多。

（5）施工错误，例如出现个别炮孔拒爆，个别孔装药时卡孔又未采取有效处理措施等，均会造成较大范围大块。

爆后大块是影响陡帮强化开采效率的重要因素，如果爆渣中有很多大块，挖机的挖装效率就会受到很大的影响。大块石的质量控制与爆破技术有很大的影响，应从爆破方面着手来控制爆破大块。

5.4.3 从爆破设计和技术方面来控制大块石

5.4.3.1 选择合理的前排抵抗线

在设计时，在保证钻机安全条件下，为有利于爆区后排孔的推动，应相对缩小前排抵抗线。对前排根底突出的部位要选择打抬炮的方式进行处理，由根底的宽度决定钻孔深度和角度。

5.4.3.2 采用宽孔距小抵抗线

在矿山爆破中，孔距和排距的选择是取得良好的爆破效果的关键。为发挥炸药相对能量，一般采取缩小排距、增加孔距，调整爆破系数来实现宽孔距小排距爆破，能有效地改变爆破效果，降低大块。根据经验，对于孔径为 ϕ140mm 的中深孔台阶爆破，基本参数按下列方法进行选取可起到合理控制大块的良好效果。

$$b = W = 3.5 \sim 4.1;\ a = (1.3 \sim 1.8)b;\ h_0 = 1.0 \sim 1.5$$

式中，a 为孔距；b 为排距；W 为抵抗线；h_0 为超深。

5.4.3.3 增大底部装药密度、改变装药方式

采取分段装药或不耦合装药来改变装药结构，有利于克服中部和堵塞段的大块。例如：采取 ϕ140mm 的炮孔，在其下部装填长度 1.4W、ϕ110mm 的药卷，上部装填 ϕ90~110mm 的药卷。

5.4.3.4 选择合适炸药

研究表明，当炸药的密度与爆速乘积和被爆岩体的波阻抗相近时，爆炸能量可以有效传递到岩体中，有利于岩石的破坏，依此可根据岩石的性质来选择炸药。可通过现场混装车产炸药的密度调整得以实现。

5.4.3.5 选择合理起爆时间和顺序

破碎程度要求高的爆区，使前排炮孔爆后为后排炮孔形成的自由面最大，是确定起爆时间的关键。另外最优排间延迟时间的范围是使被爆岩石很好地移动和破碎而不出现爆破网路切断，一般按每米抵抗线 5~10ms 来选取，软岩取大值，硬岩取小值。

5.4.3.6 增设爆破辅助孔

在保证爆破安全条件下，减小深孔堵塞长度后为了进一步降低孔口部分大块率，在爆区钻孔之间增布 ϕ90mm 或 ϕ76mm 钻孔，增布钻孔深 4~5m，与深孔同时起爆，以充分破碎深孔孔口部分岩石，浅孔堵塞长度为 2m。深孔及增补孔立面结构如图 5-15 所示。

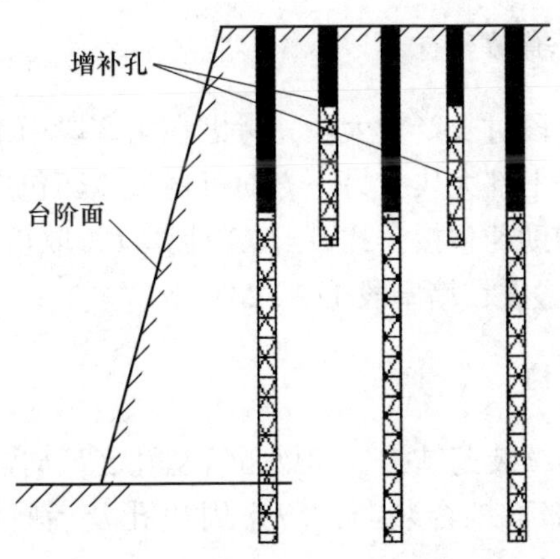

图 5-15 深孔及增补孔立面结构示意图

5.4.4 从现场技术管理方面来控制大块石

技术是基础，管理是关键，对爆破工程来说要想取得良好的经济效益必须严抓管理。在现场施工中，应有专职技术人员负责整个工作并做好监督，发现问题及时采取技术对策进行解决和处理。

5.4.4.1　布孔

由爆破工程师负责现场布孔工作，做到孔位合理、准确，孔深采用 GPS 计算测量，深度都标记到每个孔上，若发现爆破地质多变，应及时调整孔网参数。

5.4.4.2　钻孔

严格按照设计钻孔，做到定位准、角度准、深度准。在钻孔过程中发现不良地质要做好记录，及时报告给技术人员。

5.4.4.3　爆破施工

爆破施工前，安排专业验孔人员，根据验孔单检验钻孔质量，发现不良炮孔及时报告，通知钻孔人员处理。装药过程中爆破员要认真施工，发现堵孔或卡孔时应及时处理，保证装药质量和堵塞质量。

5.4.5　运用混装车来控制大块石

针对不同位置产生的大块，结合混装乳化炸药应用的实践经验，可采取如下技术措施。

5.4.5.1　堵塞段设置辅助药包

为避免因炮孔堵塞段过长产生大块，考虑在堵塞段中部设置常规袋装炸药辅助药包，一方面可破碎上部大块，另一方面可通过该药包爆破后形成的压实作用减少炸药能量损失。辅助药包按公式 $Q=KL^3$ 计算（K 取 0.08～0.1kg/m^3，L 为堵塞长度），辅助药包位置放在堵塞段 1/2～2/3 处。

5.4.5.2　调整装药结构

主炮孔选择耦合连续装药结构，起爆雷管从孔底反向起爆，周边孔及后排孔采用底部耦合装药上部不耦合装药，防止周边孔及后排孔拉裂或后冲产生大块石。

5.4.5.3　密度调节

炸药密度对炸药威力有一定影响，对猛度的影响更显著，炸药密度与体积威力成正比例关系。混装乳化炸药的密度在现场可以调节，范围为 1.05～1.25g/cm^3。一般在选择密度时，硬岩选择高密度，强风化岩选择低密度，周边孔、后排孔选择低密度，同一炮孔底部装高密度、上部装低密度。

5.4.5.4 布孔形式与起爆网路

一般采用梅花形布孔排间起爆或矩形布孔 V 形起爆，达到宽孔距小排距布置原理，使岩石充分受到挤压而破碎。炮孔密集系数在 $m=2\sim3$ 之间取值。

5.5 粉矿分析及控制

平均块度较小爆堆有利于采装作业效率的提升，但某些矿山工程中，要求矿石粒径不能小于一定大小。另外，过粉矿不仅浪费穿爆费用，也会增加金属矿的损失率。

宏大爆破承接的某构筑海堤工程中，10kg 以下的碎石（粉矿）单向长度小于 20cm 的岩块全是废料。业主按照上船合格规格石计量，粉矿不但不赚钱，还需自费排弃至排土场，因此如何控制粉矿率成了控制本工程成本的重要问题。

5.5.1 粉矿在爆堆中的分布规律

爆破作用会在钻孔附近由内向外依次形成：压碎区、裂隙区和震动区。粉矿主要来自爆堆中心，与全耦合装药的部位相对应。其次就是软弱夹层和破碎带。堵塞段对应部位粉矿较少，上部不耦合装药段粉矿率较下部耦合装药少得多。

5.5.2 影响粉矿率的因素分析

粉矿多是因为爆破作用影响而形成的，因此探寻影响粉矿率的因素应从爆破环境、爆破参数等方面进行针对性分析。

5.5.2.1 岩石性质对粉矿率的影响

施工现场，将爆破物料根据岩石可爆性简单分为三种：较难爆岩（Ⅰ类岩石）、中等难爆岩（Ⅱ类岩石）、易爆岩（Ⅲ类岩石）。未针对粉矿进行爆破参数优化之前，Ⅰ类岩石粉矿率最低，为 14.22%；Ⅱ类岩石粉矿率稍高，为 25.22%；Ⅲ类岩石粉矿率最高，为 54.17%。岩石性质对粉矿率影响较大，有时Ⅲ类岩石过于松碎，有时根本难以控制过粉矿。对于Ⅰ类岩石和Ⅱ类岩石，需制定特殊的爆破参数优化方案。

5.5.2.2 炸药单耗对粉矿率的影响

通过我单位现场分析，发现粉矿率与炸药单耗符合该经验公式：

$$\eta=k_1q^{k_2}$$

式中 η——粉矿率，%；

k_1——与岩石性质有关的系数，Ⅰ类岩石取 96.602，Ⅱ类岩石取 1002.9；

k_2——与炸药性质有关的系数，Ⅰ类岩石取 2.0272，Ⅱ类岩石取 3.356。

上式表明，随炸药单耗的增加粉矿率也会相应增加。

5.5.2.3 底盘抵抗线对粉矿率的影响

在炸药单耗大体相同的情况下，实验证明粉矿率随着抵抗线的增加而减小。底盘抵抗线有 4.2m 减少到 3.0m，Ⅱ类岩石的粉矿率增加了 1.63 倍，而Ⅰ类岩石只增加了 0.79 倍。Ⅱ类岩石较Ⅰ类岩石的粉矿率受底盘抵抗线影响较大。

5.5.2.4 孔间距对粉矿率的影响

总结现场试验，得出以下规律：

（1）在炸药单耗大体相同时，粉矿率随孔距的增加而减小；

（2）Ⅱ类岩石较Ⅰ类岩石的粉矿率受孔间距影响较大，孔距从 6.8m 减少到 5.0m 时，Ⅱ类岩石的粉矿率增加了 1.81 倍，而Ⅰ类岩石的粉矿率只增加了 0.86 倍。

（3）底盘抵抗线较孔间距对粉矿率的影响更大。

5.5.2.5 装药线密度对粉矿率的影响

为达到设计要求的矿石块度，可采取底部不耦合系数小、上部不耦合系数大的装药结构。

（1）在孔网参数大体相同的情况下，粉矿率随上部装药线密度增加而急剧增加；

（2）上部装药量只要能将下部岩石炸开后的上部岩石崩塌即可，不应将其过度粉碎。

（3）在孔网参数大体相同的情况下，粉矿率随下部装药线密度的减小而减小。

（4）下部装药线密度对粉矿率的影响较底盘抵抗线、岩石性质、孔间距等因素都要大得多，所以装药量应综合考虑，既能克服底部的夹制作用，又要降低粉矿率。

（5）装药线密度越小，不耦合系数越大，炮孔内壁最大应力减小，压碎圈随之缩小，过粉矿也随之降低。

5.5.2.6 炸药性能对粉矿率的影响

炸药与岩石“匹配”问题是爆破理论和技术发展的一个重要方面。炸药爆速越大，孔壁入射压力越大，炮孔压碎区范围越大，粉矿率越高。

要减少粉矿率，应适当采用爆速低的炸药。尤其是越好爆的岩石，越要选择爆速较低的炸药。

5.5.2.7 控制粉矿率建议

控制粉矿率的有效方法包括：

（1）要降低过粉矿，当平均单耗不变时，炮孔密集系数（a/W）应在 1.0~1.5 之间。

（2）装药结构与过粉矿密切相关，下部炸药要推开夹制作用较大的底部岩石，上部装药一定要控制，宗旨是能将下部已经炸开的上部岩石崩塌下来即可，上部是控制过粉矿的重点。

5.6 台阶爆破特殊爆破技术

工程特殊爆破技术主要有以下几种：（1）微差爆破技术；（2）挤压爆破技术；（3）光面爆破技术；（4）预裂爆破技术；（5）缓冲爆破技术；（6）抛掷爆破技术；（7）定向爆破技术；（8）其他特殊条件下的爆破技术。

本节重点介绍预裂爆破技术、缓冲爆破技术和抛掷爆破技术。

5.6.1 预裂爆破

为了保护边坡、坝基或堤岸，在边界线上钻一排较密的炮孔，先于主炮孔起爆，爆破后形成贯穿裂隙，故叫预裂爆破。

5.6.1.1 预裂爆破的作用与目的

预裂爆破的作用：爆破形成的裂隙带能反射或吸收随后起爆的主炮孔的应力波，起到屏蔽作用，从而能最大限度地减少对岩壁的破坏。

预裂爆破的目的：维护围岩稳定，不是对岩体的破碎；是对岩体的分割，使目标体与母体分离。装药常采用低密度专用炸药或不耦合装药，使作用在孔壁上的峰值压应力小于岩体的动载抗压强度，消除粉碎区的产生，同时减少炮孔周围的辐射裂隙。

5.6.1.2 预裂爆破的机理

当相邻炮孔同时起爆时，应力波在炮孔间叠加，由径向压应力引起切向拉应力，使炮孔间的岩石在拉应力作用下产生初始裂隙。同时，由于爆生气体的作用，加速了由孔壁向中间裂隙的延伸发展，并与原裂缝贯通和拓宽。预裂爆破的炮孔应力求同时起爆，起爆时间的同时性越好，预裂爆破效果越好（主要取决于雷管的精度）。但在实际爆破中，不同炮孔的起爆时间会有一定误差，若误差不超过一定限度，先发药包的爆生气体和后发药包的应力波相互作用，此时的炮孔连线仍然是裂隙的优先发展方向。

5.6.1.3　预裂爆破的基本参数

预裂爆破参数包括孔径、孔距、线装药密度和不耦合系数等。影响预裂爆破参数的因素包括：岩石的强度和可爆性、地质构造、炸药性能、施工条件和操作工艺等。这些因素之间的关系极为复杂，要完全从理论上建立之间的关系是非常困难的。目前主要是采用经验公式。

（1）孔径。孔径大小取决于岩石普氏系数以及对预裂爆破的质量要求。一般来说，孔径小些，预裂效果会好些。故精度要求较高的多采用 40~75mm 的孔径。矿山预裂爆破常用孔径为 45~90mm。有的矿山为利用现有设备而采用大孔径，如眼前山铁矿采用 250mm 的预裂孔，在某些条件下也取得了良好的爆破效果。

（2）孔距。孔距与孔径的比值称为间距系数。它和岩性、孔径有关，随岩石的抗压强度和孔径的增大而减小。当孔径 40~100mm 时，间距系数变化 6~12 之间。孔径大于 100mm 时，间距系数变化 5~10 之间。软岩取上限，硬岩取下限。合理的间距系数应在保证预裂爆破效果的前提下尽量取大值。

（3）线装药密度。装药量一般以线装药密度来表示，即为每米长度的药量（kg/m 或 g/m），不包括堵塞长度。通常在预裂孔底部由于夹制性较大，都要增加药量。当孔深大于 10m 时，孔底装药密度一般为线装药密度的三倍左右。岩石的可爆性差、孔径大，线装药密度就要大些。

（4）不耦合系数。不耦合系数即孔径与药包直径之比，一般为 1~5。其作用在于控制孔壁上的动压强，使孔壁不致压坏并延长孔内爆生气体的作用时间。由于岩石的抗拉强度远小于岩石的抗压强度，爆破后在张应力作用下，两孔间仍然会形成预裂裂隙。

不耦合系数为综合参数，和线装药密度、孔径和孔距等相关。当不耦合系数由小到大，合理孔距则由大到小。为了降低成本，选用较小的不耦合系数就能保证较大的孔距。但不耦合系数如选得过小，将达不到顶裂的效果。坚硬岩石预裂比较容易成功，而在软岩中则较难，应慎重选择。

5.6.1.4　预裂爆破效果评价

不同施工对象，对预裂爆破质量的要求也不同。一般以预裂缝的宽窄、不平整度的大小、残留孔痕的百分比和减震效果来评定。

A　裂缝宽度

裂缝宽度对控制破坏范围和减震效果有直接影响。裂缝太窄，主爆孔爆破后被压实，起不到应有的屏蔽作用。但裂缝过宽，不仅徒增药量而减震效果也不显著。对硬岩来说，裂隙顶部岩石不应受到破坏，对软岩不应严重破坏，更不能出现漏斗。实践证明：裂缝宽度约为 1cm 能获得较好的预裂效果。

B 不平整度

不平整度是相邻预裂孔轴线平面的差值。它直接反映开挖轮廓线和设计轮廓线的差值，是验收工程质量的重要标准。对于露天开挖工程，当不平整度大于 30~50cm 时，表明预裂面已遭到严重破坏。如使用的预裂孔径较大，岩石节理裂隙发育，且急倾斜节理裂隙较多时，即使不能完全形成光面，只要壁面基本平整，也算满足预裂爆破的一般要求，故不平整度应小于 30cm。

C 残留孔痕

残留孔痕以保留孔痕的百分数来表示，它直接反映预裂孔周围的破坏程度，用半孔率评价爆破质量如表 5-6 所示。

表 5-6 按半孔率评价爆破质量的标准

岩 性	等 级			
	优	良	中	差
	半孔率/%			
坚硬岩	>85	70~85	50~70	<50
中硬岩	>70	50~70	30~50	<30
软岩	>50	30~50	20~30	<20

在坚硬岩石中要保留 80%的半壁孔，在软岩中要保留 50%的半壁孔，如表 5-6所示。

D 减震效果

预裂爆破的降震效果已获得公认，减震效果均大于 40%以上。

5.6.1.5 预裂爆破设计

预裂爆破设计如图 5-16 所示，其联网如图 5-17 所示。

5.6.1.6 预裂爆破成本

假定钻孔费用 40 元/米，炸药费用 6 元/千克，以孔径 140mm、孔间距$a_{预}$= 1.4m 的钻孔为基本参数，计算形成每平方米边坡的钻、爆费用：

（1）每米钻孔平均可爆出 1.3m^2 预裂面（考虑超钻），每平方米钻孔费用 30.77 元。

（2）炸药雷管消耗平均每米装药量 2kg、12 元，爆出 1.4m^2 预裂面，每平方米费用 8.57 元。

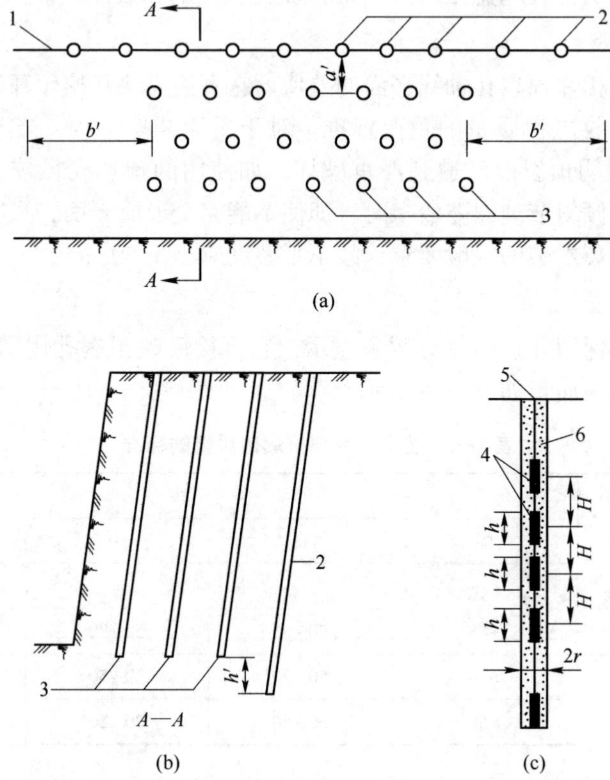

图 5-16　预裂爆破布孔和装药情况

（a）布孔平面图；（b）布孔剖面图；（c）装药结构图

1—预裂线；2—预裂孔；3—开挖区炮孔；4—药包；5—传爆线；6—堵塞段

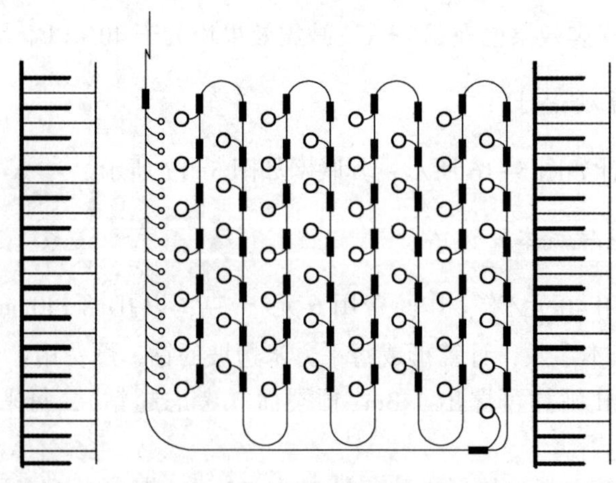

图 5-17　预裂爆破联网图

(3) 钻爆费用合计：39.34 元/m^2，每平方米边坡预裂爆破费用较高。

为了增强预裂效果，需在预裂孔前增加缓冲孔时，预裂爆破费用更高。

5.6.2 缓冲爆破

另外一种在边坡线附近进行“减弱性”爆破，以减少对边坡岩体的冲击和破坏的爆破方法为缓冲爆破。缓冲爆破一般是采用加密孔网，不耦合装药的方法实现“减震”效果。

缓冲爆破与预裂爆破相似，但其起爆方式是编入主炮孔的起爆形态中顺序起爆的，后于主炮区起爆（图 5-18），而预裂爆破是在主炮区之前起爆。

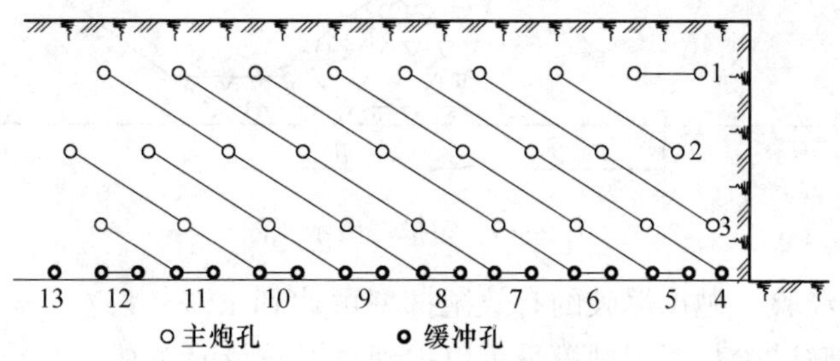

图 5-18 边坡缓冲爆破示意图

5.6.2.1 缓冲爆破参数

在开挖线布缓冲孔时，(1) 孔间距和主爆孔排距（缓冲孔与其前排主炮孔之间的距离）均应减少到主炮孔间排距的 0.7~0.8 倍；(2) 可采用与主炮区一样孔径的钻机；(3) 单孔装药量减少到主炮孔的 1/2，装小直径药卷，其底部装药长度和上部装药长度与主炮孔一致，只是延米药量减半；(4) 采用大斜线起爆网络。

爆后一般均可获得满意的效果，后冲少，眉线整齐，边坡面比较平整。

5.6.2.2 缓冲爆破分析

如上节所言布置缓冲孔，缓冲爆区每立方米平均钻孔数量增加了一倍。其他费用不变，平均每平方米边坡仅增加 2~2.5 元成本。

相较预裂爆破，缓冲爆破成本低廉，效果尚可，应用广泛。在边坡服务年限稍低时，可用缓冲爆破代替预裂爆破。

在河南舞钢项目施工时，采用陡帮高强度开采技术，降低了永久边坡暴露时间，分期扩采期间，边坡均为临时边坡，服务年限较短，均是以缓冲爆破代替预裂爆破，大大降低了工程前期爆破投入成本。经山寺矿区基本到界时，扁担山矿区要启动，因此两矿交界区域边坡服务年限短，因此也可采用缓冲爆破代替预裂爆破。仅此便可为矿区节省 800 余万元支出。

5.6.3 台阶抛掷爆破

抛掷爆破指在露天采矿中利用炸药的能量，将岩石或土层抛向采空区，以减少机械式装岩工作量的爆破方法（图 5-19）。

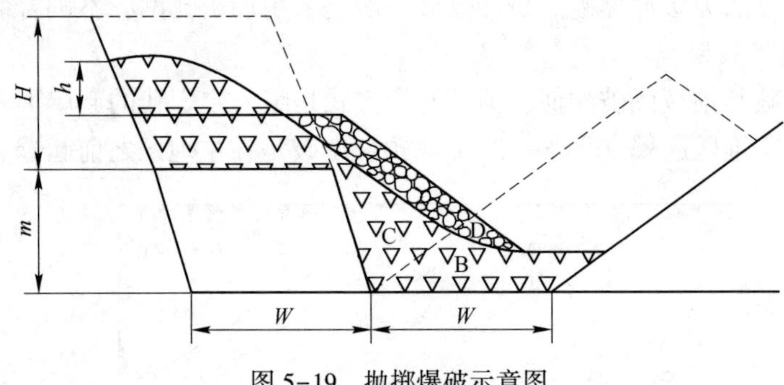

图 5-19 抛掷爆破示意图

根据国外经验，抛掷爆破的有效抛掷率可达到 12%~42%。根据黑岱沟露天煤矿的抛掷爆破试验数据，抛掷量可以占到总爆破量的 30%左右，可以省去剥离物的搬运工作，同时由于岩石块度较小，更有利于设备装运，提高设备效率，降低采装费用，经济效益更为显著。在可以以抛代运的条件下，应选择抛掷爆破；岩体需要加强抛掷或摊开的地方，也可选择抛掷爆破。

5.6.3.1 台阶抛掷爆破影响因素

通过高速摄影机可以记录抛掷过程：起爆后，鼓包由炮孔上部先鼓起再向下方发展形成连续鼓包，整体运动趋势是向斜上方运动，然后鼓包的斜上方最先破裂、漏气，形成气石混合流向外呈抛掷运动。

该抛掷过程，影响因素主要有以下几点：

（1）平均单耗。众多抛掷试验显示抛掷距离与单耗呈正相关。

（2）堵塞长度影响。冲泡会减少重心抛掷距离，比正常堵塞多一点会使重心抛掷距离略有增加，可使爆生气体充分发挥作用。

（3）底盘抵抗线。当底盘抵抗线大于 50 倍孔径时，台阶底部难以推出，整个爆堆抛不出去，抛掷失败。

（4）直孔与斜孔。比较 45°、75°和直孔的抛掷距离，未发现 45°倾斜孔抛得更远。

（5）钻孔精度的影响。钻孔精度对抛掷影响很大，尤其是 15m 深的孔，钻孔精度控制不好，曾使抛掷失败。

（6）孔间距和孔排距的比例对抛掷作用的影响。实验证明，孔间距是 1~1.2

倍排间距时，抛掷效果比1.25~1.5倍时效果好。

(7) 起爆顺序与时差。孔间延迟抛掷最差，V形起爆次之，排间起爆抛掷最好，对排间间隔为25ms、50ms、100ms、150ms进行比较，排间100ms、150ms延迟时抛掷效果好。

(8) 排间药量分配。第1、2、3排平均单耗递增10%效果不理想，第1排孔平均单耗最大，往后递减10%，抛掷效果明显变好。第一排孔的抛掷效果十分重要，它直接影响后排的抛掷情况。为了取得良好的抛掷效果，应适当加大第一排炮孔的装药量。

(9) 炸药性质的影响。对较破碎松软岩石，建议多用铵油炸药。

(10) 对孔抛掷。为克服底盘抵抗线过大，采用间距1.0m的对孔，其中一个孔只在底部装药，对抛掷效果有很大改善。

5.6.3.2 陡帮强化开采过程中抛掷爆破应用

抛掷爆破常用在抛掷剥离物到采空区。其可减少物料倒运费用，但为实现抛掷爆破需增加穿孔费用和炸药消耗，一增一减，就需视情况进行综合分析了。

铁炉港项目采用陡帮强化开采过程中，由于上一台阶工作平盘宽度较窄等限制，常会将上方台阶进行抛掷爆破。

采用140mm孔径钻机，底盘抵抗线5m，第1排单耗最大，第2、3排依次递减10%，全耦合装药，抛掷效果良好，可减少一个台阶高度的运输距离（约200m）；另外石块在重力作用下，相互撞击破碎，降低大块率。

抛掷爆破技术是陡帮强化开采过程中一行之有效的短期爆破手段。

5.7 混装车及混装地面站

混装车及混装地面站的应用减轻了爆破员装填炸药的劳动强度，提高了装药效率，确保了炸药使用安全，是陡帮强化开采技术必备利器。

5.7.1 混装车

20世纪50年代，随着铵油炸药在露天爆破作业得以应用，在美国、加拿大开始使用铵油炸药装药车。至1970年前后，粉状铵油炸药装药车被多孔粒状铵油炸药装药车代替，随着浆状炸药、水胶炸药、乳化炸药、重铵油炸药的出现，这些炸药的混装车也陆续出现。我国于20世纪60年代中期开始研制混装车，并逐步得到推广。

5.7.1.1 混装车社会效益

A 运输及装药作业安全

混装车料仓内盛装炸药原料，不运输成品炸药，装入孔内3~10min才变成炸药，所以其运输及装药作业都是针对原料进行的。乳化炸药的乳胶基质是一种比硝酸铵原料还安全的半成品，因其含水量达 13%～17%，在制配、运输过程中非常安全，国外有些硝酸铵生产厂也生产乳胶基质，出售乳胶基质（含 80%左右硝酸铵）运送到混装车作业处，有些矿山、工地取消了炸药库、原料库，不存在炸药流失等安全隐患、不储存炸药等爆破器材，混装车的应用提升了作业环境安全。

B　减少了环境污染

混装车的所有炸药配方中均不含 TNT，从而减少了 TNT 对环境的污染，保证了职工及周围群众不吸入、不饮用含 TNT 的空气和水。

现场混装乳化炸药技术使用乳胶基质为油包水（W/O）结构，防止硝酸盐溶于水，从而消除民用炸药对周边水源的直接污染。此外，现场混装乳化炸药爆炸气体中 CO 和 NO_x 含量大幅度减少，NO_x 生成量仅为粉状硝铵类炸药的 1/2，地下开采用混装车采用的乳化炸药新配方（乳化 100），其 NO_x 生成量仅为粉状硝铵类炸药的 1/4。

C　占地面积小，建筑物简单

根据《民用爆炸器材工厂设计安全规范》规定，与混装车配套使用的地面站的安全等级为防火级，因安全级别低，减小了安全距离，也减少了占地面积，移动式地面站占地面积更少而且仅为临时占地，乳胶基质长途配运，更可取消地面站。

5.7.1.2　混装车经济效益

A　作业效率高，减少作业人员

年产万吨的普通炸药厂需数百人，若采用混装车和配套地面站只需几十个人；混装车装药效率是人工装药的数十倍，露天混装车最高每分钟可装填 500kg 混装炸药。

B　炸药价格低

混装炸药其原料来源广泛，价格低廉；建站投资小，炸药成本价格约为 3000～4000 元/吨。

C　增大孔网参数，改善爆破效果

使用混装车可以做到全耦合装药，延米炮孔装药量增大，可以扩大孔网参数，克服根底，减少大块。

5.7.1.3　混装车技术优势

A　自动化程度高

由计算机控制，装药计量误差小于 2%。

B 适用性强

多功能现场混装车水孔、干孔都适用，可满足不同条件的爆破工程。

C 灵活高效

多功能现场混装车可以依据岩石硬度调配不同的炸药，沿炮孔轴向形成的不同密度的装药条件，改善装药结构，提升装药高度，达到岩石与炸药的良好匹配，改善了爆破效果。

5.7.2 混装地面站

5.7.2.1 固定式地面站

固定式地面站的主要设备有硝酸铵溶化罐、硝酸铵库房、上料塔、螺旋上料机、柴油罐、油相罐、乳化装置（图 5-20），其效果图如图 5-21 所示。混装车所需的各种原料在地面站存贮或制成半成品，按需要泵送到混装车的各个料箱内运往爆破现场。

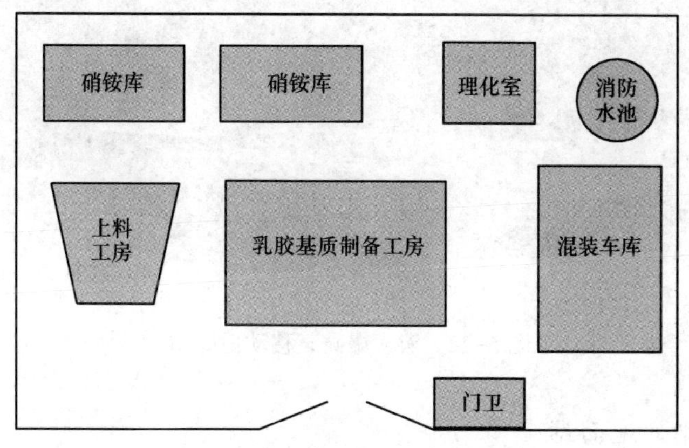

图 5-20 固定式地面站设计平面图

5.7.2.2 移动式地面站

移动式地面站是将固定式地面站的设备安装在几辆半挂车上，没有地面固定建筑，一次投资多次使用，如图 5-22 所示。移动地面站主要包含：动力车、制备车、牵引车以及生活车、检修车、油罐车、运输车等，可根据用户需要进行匹配优化设计。

5.7.3 宏大爆破混装业务

宏大爆破现场混装业务总产能 12.9 万吨，混装炸药生产服务涉及广东、河南、新疆、宁夏、西藏、黑龙江等省份。

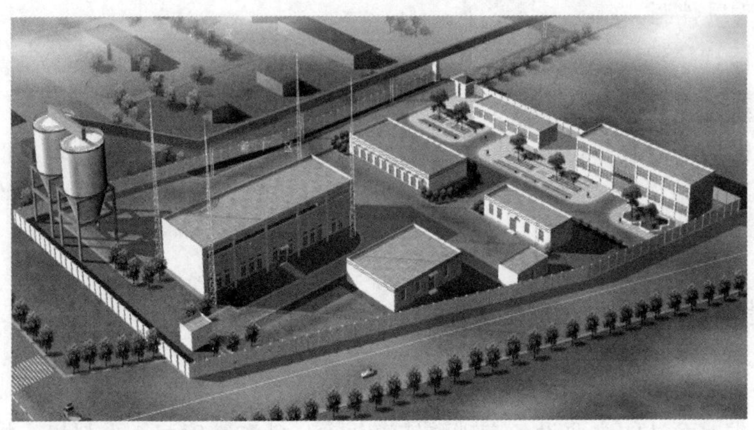
图 5-21　固定式地面站设计效果图

图 5-22　宏大爆破某移动地面站

5.7.3.1　典型的地面站

A　云浮地面站

云浮地面站位于广东省云浮市，为 2006 年通过改造原云硫铁矿炸药厂而成的，地面站内有 400t 的硝酸铵库房，具备年产 7000t 现场混装乳化炸药能力，配置了 9 台现场混装乳化炸药车。

云浮地面站是目前国内为数不多的一个一站多点、远程配送地面站，分别为云硫铁矿、广州珠水越堡、清远谷城、清新海螺、罗定华润、罗定海螺、韶关大宝山提供混装炸药服务和基质配送。

B　大宝山地面站

大宝山地面站位于广东省韶关市曲江区，为我公司承接的大宝山矿采剥业务提供混装炸药服务，具备年产 1000t 现场混装乳化炸药、1000t 现场混装多孔粒状铵油炸药能力，配置了 1 台现场混装乳化炸药车和 1 台现场混装多孔粒状铵油炸药车。地面站内设置 80t 硝酸铵库房一座。随着大宝山项目采剥能力的加强，大宝山地面站混装药用量逐年上升，2019 年用量约为 1500~2000t。

C 河南舞钢地面站

舞钢地面站位于河南省漯河市，于 2009 年建设完成并投入使用，为我公司承接的河南中加铁矿采剥业务提供混装炸药服务，具有年产 3000t 现场混装乳化炸药能力，地面站内设置了一座 200t 硝酸铵库房。地面站于 2017 年进行技术升级改造，并顺利通过河南省国防科学技术工业局验收。

D 黑龙江多宝山地面站

多宝山地面站位于黑龙江省黑河市嫩江县黑宝山煤矿矿区内。为我公司与黑龙江华安民爆器材有限责任公司共同合作建设地面站，具有年产 30000t（宏大爆破产能 18000t、华安民爆产能 12000t）乳化胶状炸药生产许可，主要为多宝山铜矿提供现场混装炸药爆破一体化服务。

E 西藏昌都玉龙地面站

西藏昌都玉龙地面站位于西藏自治区昌都市江达县玉龙铜矿矿区内，地面站海拔高度 4373m，为目前世界海拔最高地面站，2018 年 10 月开工建设，2019 年 7 月通过正式验收，主要为西藏玉龙铜矿提供混装爆破一体化服务。具备年产 2000t 现场混装乳化炸药和 6000t 现场混装乳化粒状铵油炸药生产许可能力，生产许可 4 台混装车，现根据生产需要已配置了 3 台现场混装炸药车。

5.7.3.2 现场混装技术在陡帮强化开采过程中的应用

与人工装药比较，混装车装药能够在安全方面、经济方面都有明显的优势：减少炸药在社会的流通，炸药价格下降，延米钻孔实际装药量加大带来爆破工程总钻孔量减少，可以更好实现炸药和岩性匹配进而改善爆破质量。现场混装技术凭借其安全高效的优点伴随宏大承接的工程迅速逐步推广。

采用“现场混装技术”实施炸药现场混制、自动装填、爆破作业于一体，较传统成品炸药从根本上保证炸药运输、生产、使用安全；原爆破员搬运炸药安全风险大，劳动强度高，生产节奏慢，而使用混装炸药车可实现自动装填，完美解决了以上问题；装填混装炸药计量可控制在 2%误差范围内，保证了爆破效果。综上可知，“现场混装技术”为快节奏窄空间的条件下实现陡帮强化开采提供了可能。

在河南舞钢我单位使用“现场混装技术”配合陡帮高强度开采，取得了月采矿石 110.17 万吨的不俗战果。

5.8 台阶爆破精细化管理

采矿工程、爆破工程被许多人称为是粗活，因而在工程管理上存在许多恶习，粗犷管理形成习惯，其后果是事故不断、工程成本居高不下，人力、物力浪费，设备能力得不到充分发挥。近年来工程竞标愈演愈烈，中标价格被压得很低，这就迫使施工单位在技术上精益求精，在管理上进行精细管理。

5.8.1 钻孔管理

钻孔达到设计要求是保证爆破质量的首要条件，钻孔效果不好或失控，不但达不到爆破效果而且会出现安全事故。要保证钻孔质量，就要抓好布孔、开钻、吹渣、验收四个环节。

5.8.1.1 布孔

自动化钻机可以按设计坐标自动找准孔位，但是我国广泛使用的钻机做不到这一点，当前许多现场把钻孔设计交给钻孔工人，由他们目测定出孔位，在不少工地实际孔位与设计坐标相差 20~30cm 是司空见惯的事，甚至相差 50cm 以上也不足为奇。这种粗犷布孔方式带来的结果是使设计炮孔间距排距改变，间距排距大了必然会产生大块和根底，间距排距小了会出现过粉碎和飞石严重影响爆破质量和安全。精细布孔由技术人员或爆破班长实施，基本要求是：后排孔必须排列整齐，以爆出整齐的眉线和台阶面，为后续爆破作业提供好的作业面；布孔误差要求是与设计坐标相差不超过一倍孔径。

5.8.1.2 钻孔偏斜度的控制

随着钻孔设备的进步和工人素质的提高，国家规程对钻孔偏斜度误差的要求由百分之三提高到百分之一，这个要求一般现场都能做到，钻孔斜度粉碎偏差的原因一是稳钻时钻杆角度没有调整好，二是开钻时机械跳动引起钻杆角度偏移。所以只要稳钻时调整好钻进角度，钻进 1m 后再复核一下，绝大多数钻机钻孔偏斜度可以控制在百分之一以内。控制百分之一和控制百分之三对工程成本有很大的影响，对于 15m 高的台阶，钻孔深度 16m 时，偏斜度百分之一孔底偏斜 16cm，偏斜度百分之三孔底偏斜 48cm，对布孔间距排距有很大的影响。

5.8.1.3 超深控制

不少项目部钻工不注意控制超深，往往钻到设计孔底高程后还要再钻进半米到一米，理由是避免吹孔，减少根底。但是多钻 1m 孔的花费是几十元到一百几十元，多装 1m 药的装药量是 15kg（孔径 140mm）到 50kg（孔径 250mm），这些装在设计孔底以下的装药量无有效作用，炸药的市价是 7.0~20 元/千克，一个孔就要浪费 100~1000 元。

要控制超深就是要严格按照设计孔深钻孔，钻孔完成后吹渣清孔，如果钻深了则用钻渣回填到设计高程。控制超深避免了浪费，可节省炸药，减轻污染，降低成本，应当引起高度重视。

5.8.1.4 钻孔验收

在装药前应验收钻孔，验收工作由炮工班长或技术人员承担，验收内容包括钻孔位置、钻孔深度、钻孔斜度、钻孔内积水、落渣，对前排问题孔还要复核最小抵抗线。根据验孔结果决定要不要加孔、要不要调整装药量和装药结构，要不要吹水、吹渣或回填。

5.8.1.5 钻孔管理精细化的经济效益和安全效益

（1）钻孔管理精细化可以减小布孔误差，避免因钻孔偏斜度失控带来的孔底间距排距过大。减小误差带来的好处是可适当加大布孔的间距和排距。尽管加大了孔网，但是孔底的间距和排距依然控制在合理间距排距之内，爆破效果不会变差。爆破工艺的最高追求之一就是孔网最大化，精细化钻孔是实现孔网最大化的最有效的措施，现举例说明：钻孔直径 140mm 的钻孔，设计优化计算中，硬岩对应最优间距为 4.3m，排距为 5.3m，如果布孔误差为 30cm，直孔的钻孔偏斜度为百分之三（台阶为 15m 时孔底偏斜 45cm），为了使孔底的间距控制在 4.3m 之内，布孔排距应当为：$b=4.3-0.3-0.45=3.55$m。布孔间距应当为：$a=5.3-0.3-0.45=4.55$m，按上述计算布孔时的孔网应当是：$4.55\times3.55=16.2$。如果布孔误差为 15cm，钻孔的钻孔偏差为百分之一（台阶为 15m 时孔底偏差为 15cm），这时，满足孔底间距为 4.3m，排距为 5.3m 的布孔排距可以扩大到 $b=4.3-0.15-0.15=4.0$m，钻孔间距扩大为 $a=5.3-0.15-0.15=5.0$m，此时孔网扩大为 $4\times5=20$。只此两项，孔网扩大了 3.8m^2，是 16.2m^2 的百分之二十三，这意味着，若总工程量 1000 万立方米，只是在布孔、钻孔两个环节上进行精细管理就会有 230 万立方米是不用钻孔、不用炸药而爆破出来的，节约成本千万元以上。

（2）通过验孔可以发现问题，结合实地条件处理问题解决问题，不但可以保证取得良好的爆破效果、节约成本，而且可以减少事故、避免恶性事故，例如：对可能因为碎屑回落使孔底标高抬高者，吹出回落碎屑，保证了钻孔超深和底部装药量，可以避免底坎、局部欠挖；对过超深的钻孔作局部回填，等于用岩渣替代不释放正能量的炸药，简单地处理一下碎屑和超深，都会产生不小的经济效益。

5.8.2　大块率管理

优化爆破参数是台阶爆破工程自始至终的追求，工程伊始优化爆破参数的工作往往围绕着爆破大块问题展开。如果爆破效果超级好，一个大块也没有，这不是我们追求的目标，这提示我们爆破设计的孔网太密了，平均单耗太大了。如果大块率超过百分之五，会影响挖运作业的效率，增加二次破碎的投入，这就要求我们对大块进行分析，把大块率降到百分之三至百分之五（不影响挖运效率的合理大块率范围）。

要减少大块、降低大块率，首先应当认识大块怎样形成的，是什么部位爆破产生出来的，才能找出办法去减少大块。依据多年现场经验，探寻出了大块产生的一些规律。

（1）第一排钻孔大块。分布于爆堆前沿和爆区外爆堆的最下层，产生原因是第一排钻孔前方的岩体被震裂，形成许多张开的裂隙，把这部分岩体切割成块体，当第一排钻孔爆破时，块体沿着裂隙突出得不到充分破坏。治理方法是：合理安排爆破网络，使最后一排钻孔一个一个的顺序起爆，减弱后冲，保证其后方爆区不出现大的张开裂隙。具体做法是采用斜线起爆、V 形、大 V 形起爆、剪切起爆，不采用排间起爆，更不要采用“一声雷”起爆。

（2）堵塞段大块。分布于爆堆上层，产生的原因是孔口堵塞段过长，堵塞段范围内的岩体没有得到充分的破碎。治理方法是：1）在保证不发生飞石事故的前提下，减少堵塞段的长度；2）钻孔上部采用间隔装药，将连续装药中上部 1m 左右的药量上移 1m 至堵塞段，上部形成一个集中药包，同时起爆会改善爆区上层的爆破质量。

（3）后冲大块。分布于爆堆上层后侧，是最后一排钻孔爆破时发生严重后冲造成的。治理方法是：1）参照前述的方式实现后排钻孔一个一个的顺序起爆；2）分段装药，减小上段装药的延米装药量；3）适当调整后排钻孔的堵塞长度。

（4）侧向大块。边孔带炮是产生爆堆两侧大块的原因，很难彻底消除。一个爆区只有两个边孔能产生侧向带炮，所以加大爆区范围、增加一次爆破量，可以大大减少侧向大块所占的比例。

（5）布孔误差大块。个别炮孔间距或排距布置过大的地方，会产生大量的大块。我们发现过有的工地布孔失控，孔位全由钻孔机手来定，现场实测间距排距误差达到 1.0m 以上（钻孔 ϕ140mm，设计孔网 4m×5m），爆破质量严重失控。这本是不应当发生的，稍微有一点责任心就能管好。

（6）钻孔偏斜大块。分布于爆区内爆堆的下层，其下方往往会有根底。2013 年三亚铁炉港工地有一个爆区爆破后大块特别多，爆堆下部大块成堆，并且夹杂着一些过碎的碎渣。经查是由于钻机滑架有较大的偏斜所致，1m 偏斜了 8cm

(设计是垂直孔)，台阶高 15m，设计钻孔深度为 16.5m，钻孔底部偏移距离达到 1.3m 以上。之后要求钻机手一定做到按布孔位置钻孔，钻进 1.0m 后停机调直一次滑架，保证偏斜度不超过百分之一（1.0m 偏斜不超过 1.0cm)，钻孔偏斜大块得到彻底的改善。

（7）地质构造大块。分布于地质构造影响区域，对接近地表、被节理裂隙切割成大块的爆区，很难得到好的爆破效果，需要结合现场具体情况研究制定爆破方案。

（8）设计不合理大块。爆堆各个领域都有不少不合格大块，要考虑孔径、炸药、间排距、台阶高度、平均单耗、超深、堵塞各个方面的问题。如果认定是设计不合理造成大块率高，则应当通过现场试验对设计进行优化。

5.8.3 底板管理

因为底板管理不善导致重大经济损失的工程屡见不鲜，例如：某平整场地工程因为没有特别关注场地的平整度要求，业主验收时确定有 20 万平方米高出合同规定的底板标高 20cm，要求处理到达标，因为大部分不达标的地段超高均在 20~50cm 之间，又都是中硬以上的岩石，只能使用手风钻钻孔爆破处理，每平方米处理费用平均达到 22 元，处理总费用达到 400 万元以上。

某大型煤矿剥离工程因为底板管理不善，底板标高缓爬坡升高了 3.0m 而技术人员和管理人员却浑然不知，依然按照标准设计钻孔爆破，致使实际钻孔超深达到 4.5m，比正常超深多出了 3m，而这 3m 根本爆破不出岩石，却花费了百元以上钻孔费用，200 元以上装药费用，每个钻孔浪费 300 元以上，每次爆破 200 个炮孔，浪费 6 万元以上。

由以上的案例可以看到，底板管理非常重要。精心管理底板其实也很简单，只需要每次爆破清完爆破岩渣后对底板标高进行测量验收，对超标部位结合下次爆破一起进行处理，特别要注意紧靠内侧的局部超高必须处理彻底，以避免下次爆破造成大面积底板超高。

5.8.4 矿岩分采分爆

在矿岩赋存地质条件复杂，相互交错情况下，若采用粗放式的爆破方法，则易造成矿岩混杂，矿石损失率和贫化率居高不下，给业主带来巨大的经济损失。对于这种情况需对矿岩进行分采分爆管理，实现精细化爆破，降低矿石损失率和贫化率。

A 台阶分区爆破

当矿、岩分界面缓倾斜时，以分界面为穿孔爆破的爆区分水岭，把一个工作台阶分成上下两个爆区，先爆破上部分区，将分界面上部的爆渣清运干净后再开始下部爆区的穿孔爆破工作，可以避免岩石和矿石互混。

B 矿石、岩石各自单独爆破

当矿、岩分界面急倾斜时，安排爆区时以分界面为爆区的边界，尽量减少矿石、岩石互混。

C 原地松动爆破

当矿体内夹有岩脉或岩体中夹有矿脉时为了剔除岩脉和采出矿脉的矿石，在岩脉或矿脉区域采用原地松动爆破技术，具体做法是减少脉区钻孔装药量或加大该区炮孔间距，对分布岩脉的矿石爆区和分布矿脉的岩石爆区实施弱松动爆破，爆破之后爆堆不被大幅度推开，不在空中开花散混，而只是松动一下，向前推移一下，好似在原地膨胀松开，爆后矿脉仍然是矿脉状态岩脉仍然是岩脉状态分布在爆堆中，这样就可以将矿脉和岩脉单独挖出，使尽可能少的矿石混入岩石，减少损失，使尽可能少的岩脉中的岩石混入矿石，减少矿石贫化。这种做法减少了单耗，减少了钻孔量，穿爆成本降低了，但是挖掘运输会降低效率，二次破碎量会有较大增加。在采用原地松动爆破工艺之前应当全面权衡，算清经济账再作出选择。

D 矿脉岩脉的大块爆破技术

矿脉或岩脉部位不钻孔，脉外爆区按常规钻孔、装药、起爆。爆破效果是脉外为正常爆堆，矿脉或岩脉被震开裂呈大块体堆在原地。这样就很容易将大块挑出经二次破碎归入矿石或者岩石，使贫化与损失减到很少。

E 手风钻剔除爆破技术

露天剥离作业常会遇到一些很小但是品位很高的小矿脉，弃之可惜，这时往往使用手风钻剔除爆破工艺将小矿脉采出，具体作业方法是在安排爆区时将小矿脉与岩体的分界面暴露出来，再用浅孔爆破法对小脉进行钻爆，采出宝贵的高品位矿石。在采矿爆破中有时也用类似的工艺剔除矿体中的岩脉。

5.9 小结

本章从岩石的可爆性出发，将宏大爆破台阶爆破设计相关的技术进行了总结，详细阐述了宏大爆破技术人员在“孔网参数最大化、炸药单耗最小化”方面的大胆尝试，取得了不小收获。

炸药混装车及混装地面站业务是宏大一大优势，混装车的运用及岩性与炸药匹配研究，极大缩短了爆破装药时间，提高了爆破效率，是实现陡帮强化开采技术的重要保障。

6 开拓运输系统

露天矿在开采过程中，采剥工作是在多个台阶上进行的，随着采剥工作的开展，必须不断的向下延伸开辟新的工作水平，露天矿开拓就是指按一定的方式和程序建立地表与露天采场内各工作水平，以及各工作水平之间的矿岩运输通路以保证露天矿正常生产的运输联系，并及时准备新水平。开拓系统是露天矿从采场内运送矿石和岩石的干线沟道系统的总称。开拓系统与运输相关，也将开拓系统叫作开拓运输系统。

运输环节在矿山企业中占有重要地位。运输使矿山企业内部各个生产环节之间、企业内外部之间连成有机整体，保证矿山企业正常生产。

露天开采的矿山，矿岩运输环节尤其重要，直接影响矿山建设的速度和生产的完成，并涉及基建投资、生产成本、企业能耗等主要经济指标。运输投资占矿山总投资40%~60%，占矿石开采成本25%~40%，占全矿总能耗40%~60%，因此矿岩运输成为矿山企业管理工作关注的焦点。

露天矿运输特点包括：

(1) 露天矿基本物料运量大部分集中于单一方向；

(2) 在运输设备数量不多时，运输量指标较高，线路或道路运输强度大，线路车辆周转快；

(3) 矿岩具有较大的密度，较高的强度和磨蚀性，块度不一，装卸时有冲击作用；

(4) 露天矿的其他工艺过程与运输的可靠性紧密相关；

(5) 车辆运输周期中的技术停歇时间占很大比重；

(6) 矿岩装载点及剥离物卸载点不固定，采场与废石场台阶上的运输网路要经常移动；

(7) 从露天采场提升矿岩的坡度陡；

(8) 矿石需分采和配矿时，运输组织十分复杂；

(9) 露天矿运输网路的位置与矿体构造因素有关，线路场地狭窄。

从国内外发展趋势来看，露天矿的运输方式，主要有汽车运输、带式输送机运输、铁路运输及汽车-铁路、汽车（铁路）-带式输送机联合运输。国内常用的运输方式及使用矿山如表6-1所示。

表 6-1　开拓运输系统分类及应用

运输方式	使用矿山企业名称
汽车运输	白银露天矿、云浮硫铁矿、姑山铁矿
准轨铁路运输	歪头山铁矿、海南铁矿
窄轨铁路运输	甘井子石灰石矿、应城石膏矿、玉泉岭铁矿
汽车-带式输送机联合运输	昆阳磷矿、某水泥石灰石矿
汽车-溜井平硐-带式输送机联合运输	永登水泥厂
汽车-溜井平硐-准轨铁路联合运输	南芬铁矿
汽车-溜井平硐-窄轨铁路联合运输	德兴铜矿
汽车-斜坡箕斗联合运输	新康石棉矿、峨口铁矿
汽车-架空索道-溜井平硐联合运输	把关河石灰石矿
汽车准轨铁路-联合运输	高村铁矿、大冶铁矿、和尚桥铁矿
窄轨铁路-斜坡串车提升汽车联合运输	蒙阴金刚石矿
架空索道运输	红透山铜矿、凡口铅锌矿
管道运输	东山硅砂矿、北海硅砂矿

选择开拓运输方式时一般应遵循下列原则：

（1）满足矿山企业生产规模对运输能力的要求，并应考虑对近期建设与远景规划之间的衔接；

（2）满足生产工艺及矿石产品的物料特性（如块度、黏滞性等）对运输设施的要求；

（3）基建投资与运营费用两者权衡，以达到投资少，基建期短，成本低，耗能小，维修简单，管理方便的最佳技术经济效益；

（4）系统简单可靠，减少物料的装、卸、储、运和转载设施，联系方便，并使各作业环节合理衔接；

（5）改扩建企业应合理利用与改造已有设施，以适应生产发展，提高综合经济效益；

（6）矿岩运输线路及设施一般应布置在采矿爆破危险区和崩落区范围之外；

（7）生产经营费用低，运输距离短，开拓沟道工程量少，生产剥采比变化小；

（8）不占良田，少占耕地。

汽车运输的主要特点是具有较高的机动性、灵活性，爬坡能力大，转弯半径小，与铁路运输相比其基建时间短，基建投资少，掘沟速度快，可缩短新水平的准备时间，提高装载设备生产能力，适应实施陡帮开采，横向开采，分期开采及分采、分装、分运作业，废石排弃工艺简单，生产效率高，堆置成本低等优点。

其缺点是燃料和轮胎消耗大，运营费高，经济合理运距较短，在多雨季节土质工作面运输可靠性差。

汽车运输适用于地形或矿体产状较为复杂、矿点分散或考虑分期开采、生产年限不长、运输距离小于经济运距的露天矿。

采用陡帮强化开采技术，设备需要经常跨平台移设，而且窄采掘带推进速度快，因此灵活高效的汽车运输成为必备之选，与之对应的露天矿开拓运输系统为公路开拓运输系统。

6.1　公路开拓运输系统布置

公路开拓运输是目前运用最广泛的露天矿运输方式。它可以形成露天矿的单一运输系统，也可以与铁路、带式输送机、溜井等构成露天矿的联合运输系统。

矿用公路修筑速度快，矿用自卸车爬坡能力大，转弯半径小，机动性强，对装载地点经常变动的露天开采作业有极强的适应性。有利于采用移动坑线开拓，分期或分区开采、陡帮作业，有利于分采、分装、分运，有利于采用高台阶和近距离排岩。尤其对分散、小规模、开采期短的矿床，采用公路开拓运输系统具有较高的经济合理性。

6.1.1　公路开拓运输系统分类

6.1.1.1　根据与开采境界的相对位置分类

根据与开采境界的相对位置可以分为外部坑线和内部坑线，如图 6-1 所示。

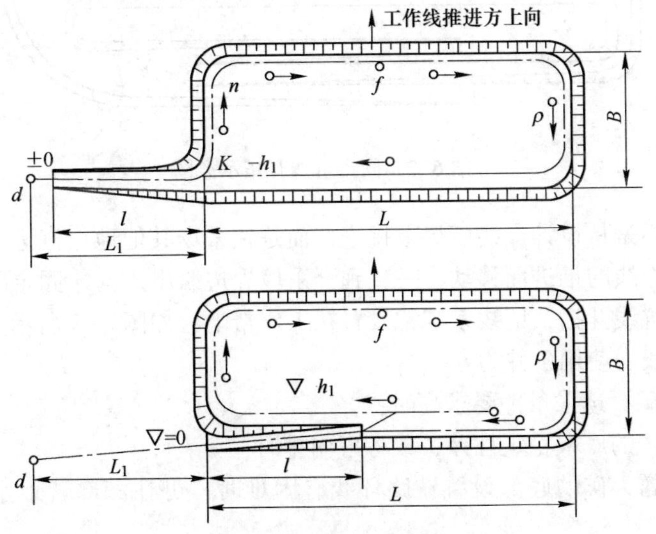

图 6-1　外部坑线与内部坑线示意图

外部坑线与内部坑线优缺点如表 6-2 所示。在有条件的情况下，尽量布置外部沟，深度一般控制在 2~3 个台阶。

表 6-2　外部坑线与内部坑线的优缺点比较

对比项	外部坑线	内部坑线
运行条件	平直、折返数少	
运输距离	短	
补充扩帮量		增加
沟道量	增加	

6.1.1.2　根据道路的固定性分类

根据道路的固定性可分为：固定坑线和移动坑线。

当坑线沿露天矿最终边帮设置时，运输干线除随采矿工作的展开而延伸或缩短外，不做任何移动，称为固定坑线开拓，常布设在露天矿山非工作帮，如图 6-2所示。

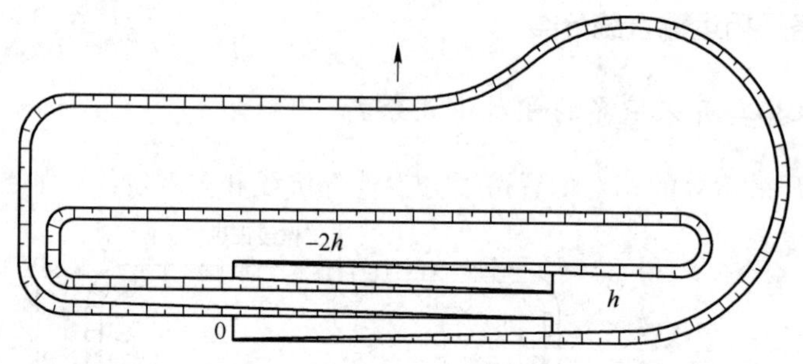

图 6-2　固定坑线开拓示意图

出入沟不是从设计最终境界上掘进，而是在采场其他地点掘进，开采过程中出入沟随工作线的推进而移动。一直到开采境界边缘出入沟才固定下来，这种方式称为移动坑线开拓，坑线系统常设置在工作帮上，如图 6-3 所示。

移动坑线的使用条件为：

（1）对矿石选采条件要求高时；

（2）矿体的底板稳定性差，或考虑内排时；

（3）深露天矿的底部设置铁路环线有困难时，可在深部若干水平设置移动坑线。

建议露天生产过程中，参照表 6-3，尽量固定坑线与移动坑线相结合，充分

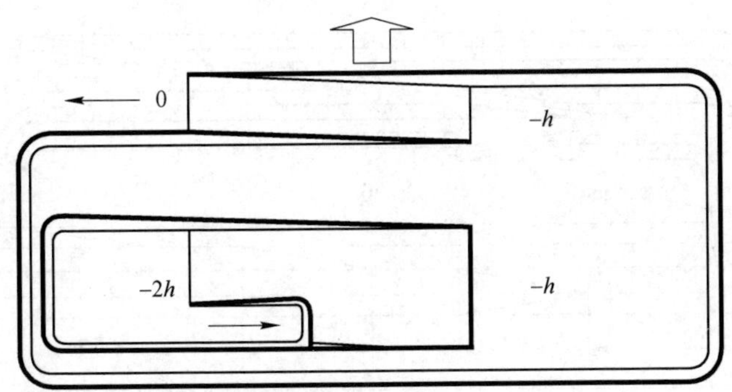

图 6-3 移动坑线开拓示意图

利用两者优点，减少车辆矿内运距，提高车辆运输能力。

表 6-3 固定坑线与移动坑线方案对比

对比项	固定坑线	移动坑线
矿建工程量	大	小（可以位于矿体附近掘沟）
初期生产剥采比	小	大（由于工作帮坡角缓）
内排适应性	不	可（非工作帮没有干线，可以内排）
适应境界变化	差	好（客观上干线就是动的）
延深速度	慢（有端帮环线影响）	快
线路质量	好	差（因经常移设造成）
设备效率	高	低（三角掌子造成）
选采条件（矿石质量）	差	好（可以顶板露矿）

6.1.1.3 根据平面形状分类

根据道路的平面形状分为直进式、折返式、回返式和螺旋式。

直进式公路开拓的特点是布线简单、沟道展线最短，汽车运行不需回弯、行车方便、运行速度及效率高，因此在条件允许的情况下，应优先考虑使用。

回返式坑线开拓的优点是容易布线，适用范围广，矿山工程发展简便，同时工作台阶数目较多。但缺点是：汽车经过曲率半径很小的回返平台时，须减速运行，降低了运输效率。

螺旋坑线开拓在大型露天矿很少采用，只用当地形复杂、矿床赋存形式不规则或采场平面形状尺寸较小而开采深度又大的露天矿，应用此种方法较为适宜。直进和折返沟道如图 6-4 所示。

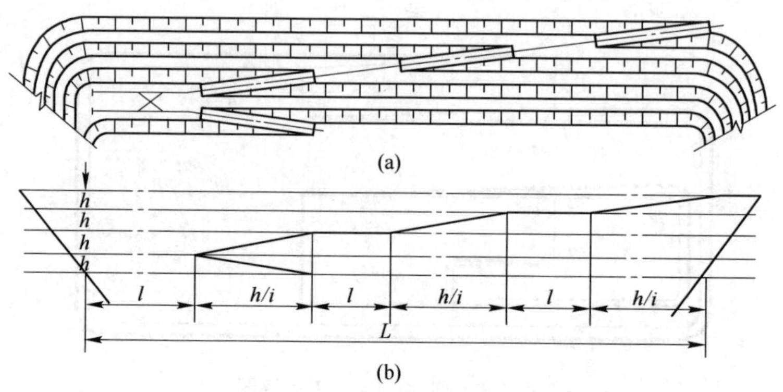

图 6-4　直进和折返沟道

6.1.2　凹陷露天的公路开拓系统的特点

凹陷露天的公路开拓系统的特点：

（1）坑线位置灵活。根据运距短，联系方便的原则，坑线可灵活设置。

（2）坑线数目较多。由于道路建设容易，坑线之间的相互干扰小，所以同水平坑线数目多，以便就近运输，如图 6-5 所示。

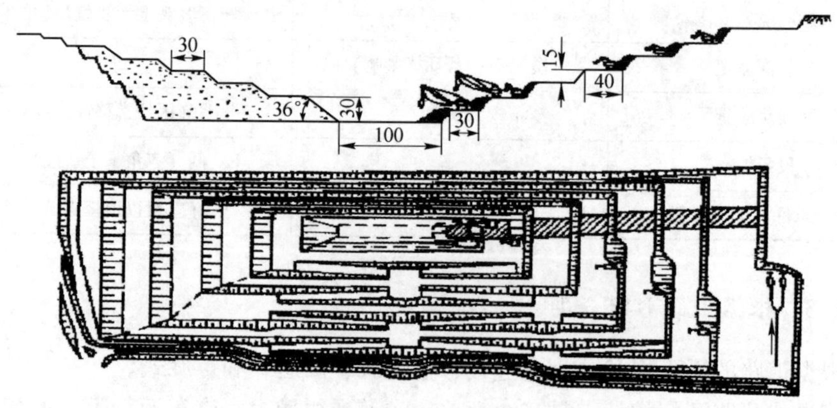

图 6-5　某露天矿半固定坑线开拓运输系统

（3）坑线系统的连接方式灵活：直进-回返-螺旋坑线等可灵活运用，如图 6-6所示。

（4）移动坑线的优越性更为明显，只要可以缩短运距，随时随处都可修建运输沟道，但必须要与整个开拓系统相适应。

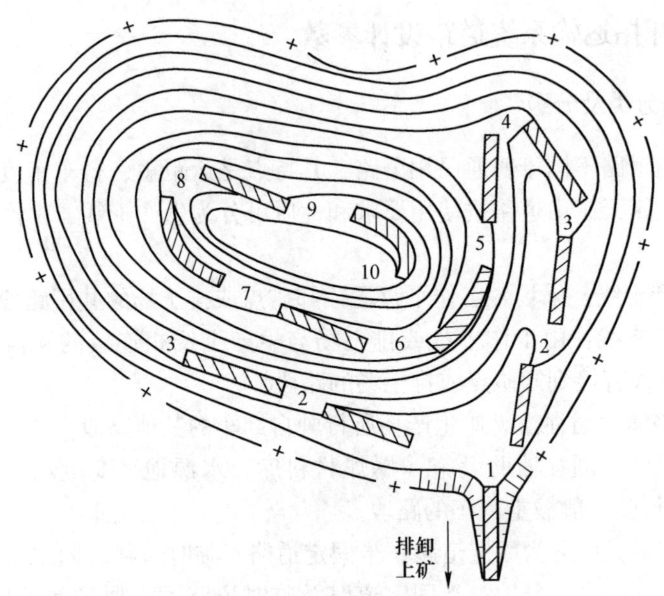

图 6-6 直进-回返-螺旋坑线图

6.1.3 山坡露天的公路开拓系统的特点

山坡露天的公路开拓系统的特点如下（汽车回返坑线如图 6-7 所示）。

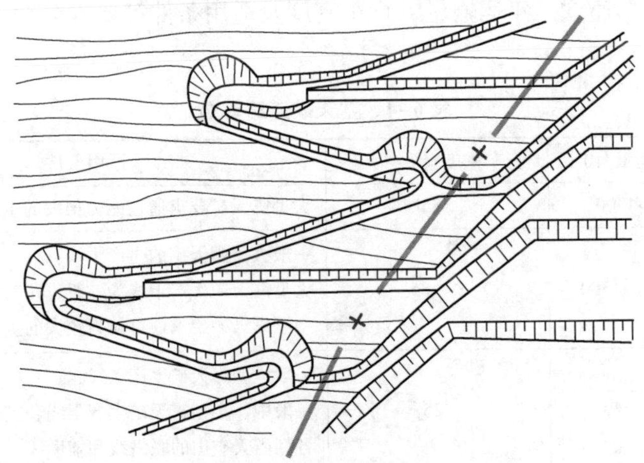

图 6-7 汽车回返坑线（山坡地形）

（1）坑线常用回返式，设于开采境界之外。

（2）多采用固定坑线，道路维修工程量小。

（3）依靠山势，易做到每个台阶均与干线相连，运输方便。

6.2　公路开拓运输系统道路设计参数

6.2.1　道路分类及分级

露天矿山道路不同于普通民用公路，其特点是运距短、行车密度大、路面承受载荷较大。露天矿山道路按使用要求和性质可分为生产干线、生产支线、联络线和辅助线。

（1）生产干线：采场各工作平盘通往卸矿点或排土场的共用路段。

（2）生产支线：由工作平盘或排土场与生产干线相连接的路段，以及由工作平盘不经干线直接到卸矿点或排土场的路段。

（3）联络线：通往露天矿生产场所行驶自卸车的其他路段。

（4）辅助线：通往辅助设施（爆炸材料库、水源地、变电站、机修厂、尾矿库等），且行驶一般载重汽车的路段。

按服务年限又可分为固定道路、半固定道路、临时道路。固定道路多为主干线，需要维修、洒水、养护；半固定道路及临时道路不需要经常维护，仅整平、压实便能满足运输任务。

道路最重要的任务是承载运输，最重要的技术指标是设计行车速度。设计行车速度是指正常操作水平的司机在天气良好、路面干燥、交通量小的情况下，在受限制的路段上所能保持行驶的最大安全行车速度。

按道路行车速度、年运输量、行车密度及适用条件等要素分为三个等级，如表6-4所示。

表 6-4　露天矿道路等级

道路等级	年运量/10^4t	行车密度/辆 · 时$^{-1}$	适用条件
一级道路	>1300	>85	大型露天矿要求通过能力很大的生产干线
二级道路	240~1300	25~85	一般大型露天矿的生产干线； 大型露天矿生产干线为一级道路时的生产支线； 中型露天矿要求通过能力较大的生产干线
三级道路	<240	<25	一般大型露天矿生产支线； 一般中、小型露天矿生产干线和支线； 各型露天矿山的联络线和辅助线

注：1. 露天矿各级道路适应的年运量系指该路段通过的矿岩总运量。

2. 单向行车密度是指单向行驶的总车辆数，不同车型不必换算。

3. 设计的年运量和行车密度，只要符合其中一项，即可采用与其相应的等级。

4. 对限期使用的生产干线和生产支线，可按三级道路考虑。

5. 当露天矿道路同时具有厂外道路性质时，应同时符合厂外道路相当等级的要求。

行车密度计算公式：

$$N=\frac{Q}{24HGk_1k_2}k$$

式中　N——行车密度，辆/时；

Q——道路的年运量，t；

k——产量波动系数，$k=1.15\sim1.2$；

H——年工作日数，d；

G——汽车平均载重量，t；

k_1——时间利用系数，%；

k_2——汽车载重利用系数，%。

6.2.2　道路设计内容

进行道路设计时需充分了解现场实际情况：道路用途、道路使用年限、道路运输能力、道路各区段平面要素和纵断面要素等。综合分析后针对道路选线、道路构成、道路路面宽度、道路横坡、道路纵坡、行车视距、转弯半径等进行设计。

6.2.2.1　道路选线

道路选线原则包括：

（1）开拓运输系统方案要与开采工艺、开采程序及总平面布置适应；

（2）道路技术参数要符合规定要求，包括限坡、路宽等；

（3）运距短，避免反向运输；

（4）道路之间联系方便；

（5）填挖方工程量少，线路总长度短；

（6）综合经济效益好，包括基建期可行性及生产期经济合理性。

针对开拓系统方案逐一进行技术经济对比，综合比选，确定最优开拓系统方案。

6.2.2.2　道路构成

道路由路基和路面两部分构成。

A　路基

路基是按一定的高度、宽度、强度，在自然地面或露天矿场内填高或挖平为车辆行驶而铺平道路的结构物。路基位于路面之下，即为路面的基础。

路基工程包括：路基本体、路基防护和加固建筑物、地面与地下排水设施。

路基作为道路的基础，应满足：（1）具有足够的强度；（2）具有抵抗自然破坏力的稳定性（包括风、雨、冰冻、冲刷、温度变化等）；（3）具有足够的整体稳定性，不发生沉陷。

路基断面主要参数包括：路基宽度、横坡、边坡，如图 6-8 所示。

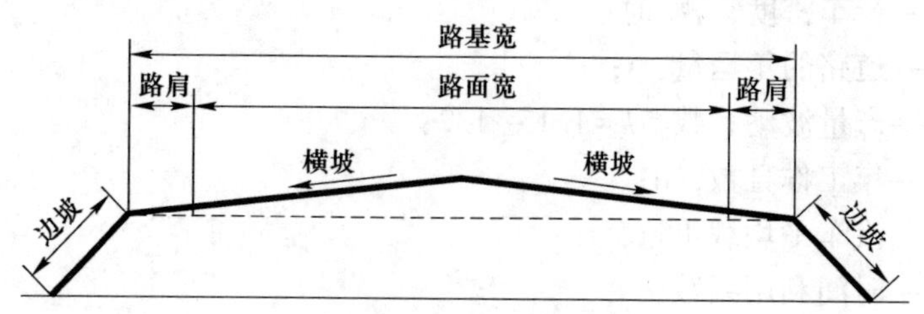

图 6-8　路基断面的主要参数图

行车部分表面形状通常修筑成路拱，以利于排水。路拱表面为抛物线形，或为两个在中间相交的斜面，中间部分以一段圆弧曲线相连接。露天矿道路的路拱一般采用后者。横坡值视路面种类不同而异。

路肩横向坡度一般比路面横坡大 1%~2%。在少雨地区可减至 0.5%，或与路面横坡相同。

边坡坡度应根据当地地质、水文条件，筑路材料和施工方法等参照邻近已有道路的经验确定。具体数值可参见有关规范规定。

为防止路基浸水，需设置路基排水设施、一般采用路边沟、截排水沟、排水盲沟、预埋涵管等。

B　路面

路面是用各种材料铺于路基顶面行车部分的层状结构物。其作用是承受车辆荷重和车轮转动的磨耗。为确保汽车行驶安全、迅速、平稳，要求路面保持一定的坚实度、平整度和粗糙度。

路面分为三部分：面层、基层、垫层。（1）面层又叫铺砌层，包括磨耗层和保护层，一般厚度为 1~3cm，需经常维修、定期恢复；（2）基层又叫承重层，一般采用碎石料或拌和料，如石灰石等；（3）垫层又叫辅助基层，一般采用块石。

简单低级路面只有面层；中级路面有面层和基层；高级路面有面层、基层和垫层。

按荷载作用，露天矿路面分为两大类：柔性路面和刚性路面。

柔性路面不能抵抗很大的挠曲，其强度在很大程度上取决于土壤基础的强度。路面相邻各层与土壤基础在刚性上相差较小。这类路面包括沥青碎石路面，碎石、土和其他结合料混合的粒料路面，块料铺砌路面及各种加固土路面。

刚性路面是铺筑在弹性土壤基础上的板体路面，而板体与土壤基础在刚性上相差很大，因此须具有抗弯强度。这类路面包括：混凝土路面和钢筋混凝土路面。

露天矿道路采用的路面类型及其分级如表 6-5 和表 6-6 所示。

表 6-5 露天矿道路路面分级及类型

路面等级	路面类型
高级路面	水泥混凝土路面、沥青混凝土路面、热拌沥青碎石混合路面、整齐石块路面
次高级路面	沥青灌入式路面、冷拌沥青碎（砾）石路面、沥青碎（砾）石表面处理路面、半整齐石块路面
中级路面	沥青灰土表面处理路面、泥结、水结、干结及配碎（砾）石路面、碎砖、砂石路面、不整齐石块路面
低级路面	粒料改善土路面、当地材料改善土路面

表 6-6 道路条件及路面分级

道路条件			路面等级	
使用时间/年	类别	等级	载重量≤35t	载重量>35t
>10	生产干线	Ⅰ、Ⅱ	高级、次高级	高级
5~10	生产干线或支线	Ⅰ、Ⅱ、Ⅲ	次高级、中级	高级、次高级
3~5	生产支线或联络线	Ⅱ、Ⅲ	中级	次高级
<3	生产支线或临时线	Ⅲ	中级	中级

影响路面选择的考虑因素包括：

(1) 根据运量、使用年限及车型等选择路面类型；

(2) 根据生产特点、气候条件等选择路面类型：1) 防尘要求较高的生产区，宜选用沥青路面，如办公楼区域等；2) 通行履带车的道路，宜选用碎石路面；3) 气候炎热地区不宜选用沥青路面。

6.2.2.3 道路路面宽度

路面宽度即露天矿道路有效路面宽度如图 6-9 所示。

$$B_0 = nA + (n-1)X + 2Y$$

式中 B_0——路面宽度，m；

n——行车线数；

A——汽车后轮外缘宽度，m；

X——两汽车车厢所需净距，0.7~1.7m；

Y——安全距离，0.4~1.0m。

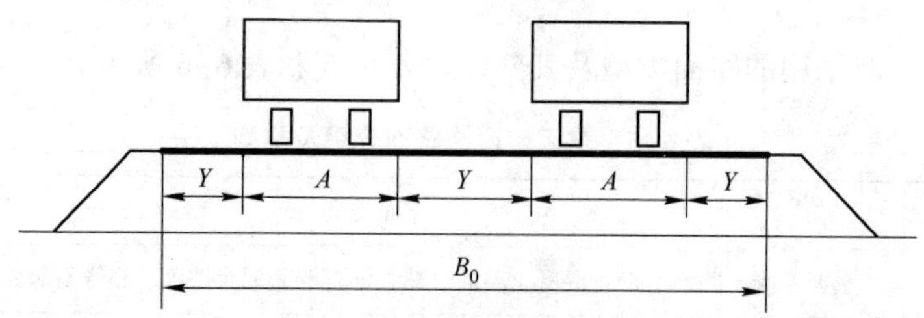

图 6-9　道路路面宽度示意图

行车线数可理解为行车道数目。除环形运输外，矿山道路一般按双车道设计。在行车密度小、工程量较大、施工较困难条件下，生产辅助道路与联络道路可按单车道设计。当双车道的通过能力不足时，应从技术、经济比较多车道和改变车型维持双车道优劣，择优确定。

6.2.2.4　道路纵坡

道路纵断面是通过线路中线的竖向剖面。每一条线路经过的地段都有高低起伏，所以纵断面是由上坡段、下坡段和平道所组成。上下坡段的连接，一般用圆弧曲线，即竖曲线。竖曲线又可分为凸形竖曲线和凹形竖曲线。

纵断面设计需要确定的参数有：最大允许纵坡、纵坡折减、坡段长及竖曲线。

纵坡是矿山道路技术指标的主要参数。实践证明，它对工程投资、建设速度、运营效果以及其他技术条件影响显著。矿山车辆实际行驶速度主要取决于纵坡。而且视距、平曲线半径、车型、车流密度、路基路面宽度等，都与纵坡有一定关系。正确选定纵坡非常重要，参见表 6-7。

表 6-7　露天矿各级道路的最大允许纵坡

道路等级	Ⅰ	Ⅱ	Ⅲ
最大纵坡	7	8	9

注：1. 在工程特殊困难地段，各级道路的最大纵坡可增加 1%，Ⅲ级道路在山坡露天矿的山头或凹陷露天矿的底部可以适当增加 2%；

2. 当线路位于背阳面，冬季冰雪、积雪严重时，各级道路的最大纵坡不宜增加。

Ⅰ级道路最大纵坡应满足各型重载汽车上坡时使用三挡行驶要求。故不应大于 7%；

Ⅱ级道路最大纵坡应满足各型重载汽车上坡时，使用二挡或二、三挡交替使用行驶要求。纵坡大于 8%时，上坡时使用低速挡过久，水箱容易“开锅”。油管“气阻”不能顺利来油，发生熄火、车头跳动等现象。另外驾驶室闷热，使驾驶员容易感到头晕与疲倦，夏天更甚。下坡时，重载汽车制动比较困难，且刹车次数剧增，容易使制动鼓温度急剧上升，甚至导致刹车片发热、失效而造成事故。故应不大于 8%；

Ⅲ级道路主要用于中小型露天矿的干线，以及联络线和辅助线。一般运距短、行车密度小；也可能地形较复杂，线路工程量较大；或行驶辅助车辆。故Ⅲ级道路较Ⅱ级增加 1%。

道路的等级越高，坡度越小。露天矿干线一般≤8%，移动线≤12%。

高原地区海拔高，空气稀薄，汽车发动机功率降低，影响汽车的爬坡能力。除此之外，在高原地区行车，汽车水箱容易沸腾，冷却效果下降。汽车在海拔 3000m 以上高原行驶时，道路坡度应折减 1%~3%。

当平曲线半径≤50m 时，该平曲线上的纵坡应减少。曲线折减后的最小坡度≥4%。

下坡过长，危险性增大，需要在适当距离设置缓坡，使上下坡均可缓和。有缓坡段时，上坡可以不必长时间用低速挡行车，对机器、驾驶均有好处，尤其在发生临时故障时，可在该地段检查修理，发动起步也容易。《露天煤矿设计规范》规定：当纵坡大于 5%时，应在规定的限制坡长处设置≤3%的缓和坡段。缓和坡段长度视车型大小一般≥50~80m。当条件受限时，Ⅲ级道路的缓和坡段长度可减至 40m。

当两相邻纵坡的代数差大于 2%时，为使车辆顺畅通过纵坡差别较大道路，在凸形和凹形纵坡变更点，应设置圆形竖曲线，如图 6-10 及表 6-8 所示。

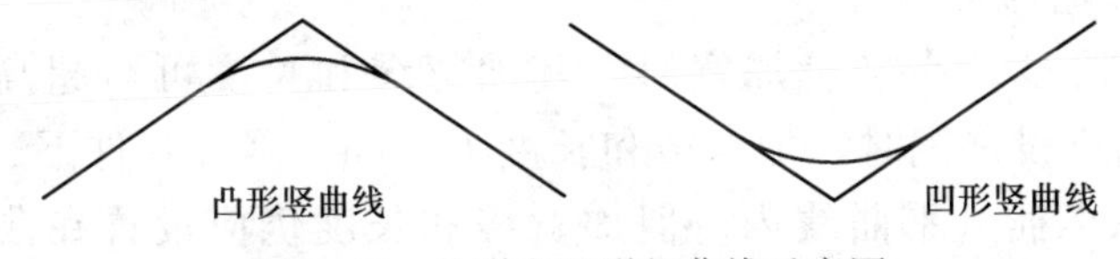

图 6-10 凸形和凹形竖曲线示意图

表 6-8 凸/凹形竖曲线最小半径

设计行车速度/km · h^{-1}		40	30	20
竖曲线最小半径/m	凸 形	1000	500	300
	凹 形	500	400	300

6.2.2.5 道路超高超宽设计

在车辆快速通过弯道时，必须于曲线部分设置道路超高，用以克服离心力，保证汽车在弯道行驶不滑出。

平曲线在设置超高和加宽的情况下，从双坡路面过渡到单坡超高坡面以及曲线的加宽，均是逐渐实现的。

超高设置（参见图 6-11）：

1）当超高横坡不大于路拱坡度时，将路面横坡绕道路中心轴旋转而成；

2）当超高横坡超过路拱坡度时，则先将路拱变成顺坡，然后沿内侧边缘旋转，使单向横坡达到超高横坡（见图 6-11）。

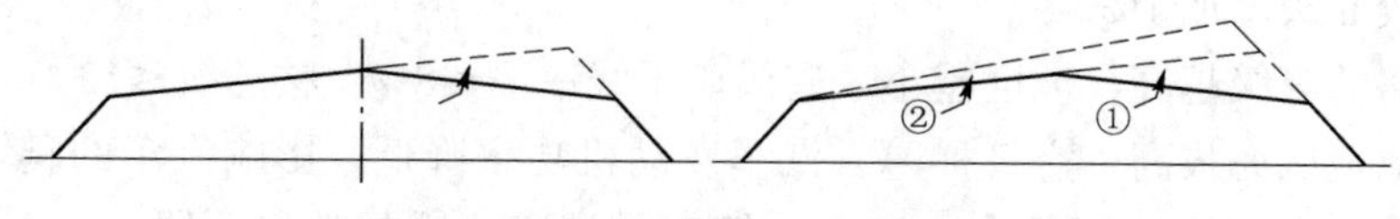

图 6-11　道路超高设计逐步转变示意图

超高缓和段的长度计算方法：

$$L_{缓}=\frac{B_0 i_B}{\Delta i}$$

式中 $L_{缓}$——超高缓和段，应为 5m 的倍数，$L_{缓}\geqslant 10$m；

B_0——加宽前的路面宽度，m；

i_B——超高横坡，%；

Δi——路面外缘超高缓和曲线长度段的纵坡与线路纵坡之差，一般为1%~2%。

加宽设置：

曲线加宽在内侧实现。当路面在曲线内侧加宽有困难时，方可在曲线外侧加宽，且应是逐渐加宽。

当平曲线既设超高又设加宽时，其加宽缓和长度可与超高缓和长度相等。不设超高仅设加宽时，加宽缓和长度为 10m。困难条件下，允许将超高缓和长度的一半插入平曲线内。但加宽缓和长度仍应设置在曲线起点（终点）之外。

曲线加宽时，若加宽值小于 1m，而路肩宽达 2m 时，可不加宽路基；如车道加宽大于 1m，则路基加宽应按内侧路肩宽度不小于 1m 计算。

6.2.2.6　行车视距

为了行车安全，汽车驾驶人员应能看到车前方相当距离内的道路上行驶的车辆、行人及其他障碍物，以便刹车减速以至停车，避免车祸。保证驾驶员从发现情况到刹住车辆的最短视距之上，加一段必要的安全距离即为行车视距。公路平面设计时应满足规定的行车视距要求。

视距障碍包括：（1）平面弯道视距障碍，即树木、建筑物及路堑边坡等；（2）纵断面上视距障碍，即上坡变坡点的转折处。

行车视距包括：停车视距和会车视距两种，根据设计规范可知（参见表 6-9）。

表 6-9 不同等级的道路最小行车视距

道路等级	停车视距 S_0/m	会车视距 S_H/m
Ⅰ	50	100
Ⅱ	30	60
Ⅲ	20	40

6.2.3 道路通过能力计算

露天矿的运输能力计算主要包括道路通过能力、自卸汽车的运输能力和汽车需要量的确定。自卸车运输能力及需求量已在运输设备章节进行了阐述，本节主要介绍道路通过能力的计算。

道路的通过能力是指在单位时间内通过某一区段的车辆数，其值大小主要取决于行车道的数目、路面状态、平均行车速度和安全行车间距（由行车视距决定）。一般应选择车流量集中的区段进行计算，如总出入沟、车流量密度大的道路交叉点等。

$$N_r = \frac{1000}{S} vnk$$

式中 N_r——道路通过能力，辆/时；

v——自卸汽车在计算区段的平均行车速度，km/h；

n——线路数目系数，单车道时 $n=0.5$，双车道时 $n=1$；

k——道路行车不均衡系数，一般 $k=0.5\sim0.7$；

S——同方向行驶汽车不追尾的最小安全距离，即停车视距，m。

自卸汽车的平均行车速度与道路纵坡、路面质量、装载程度和气象条件等有关。一般情况下，上坡运行时，行车速度受汽车动力特性的限制；下坡运行时，受安全运行条件的限制；临时道路上运行时，受道路技术条件和路面质量的限制。

6.3 道路施工

设备、人员、材料进场后，需严格按照道路设计参数施工，施工技术应该保证曲线段外侧超高，内侧加宽，合理确定线路连接与视距等关键部位达到行车标准。

道路施工主要涉及路基挖填、路面铺设、排水管涵施工、道路改造、道路养护等方面。道路施工工艺流程如图 6-12 所示。

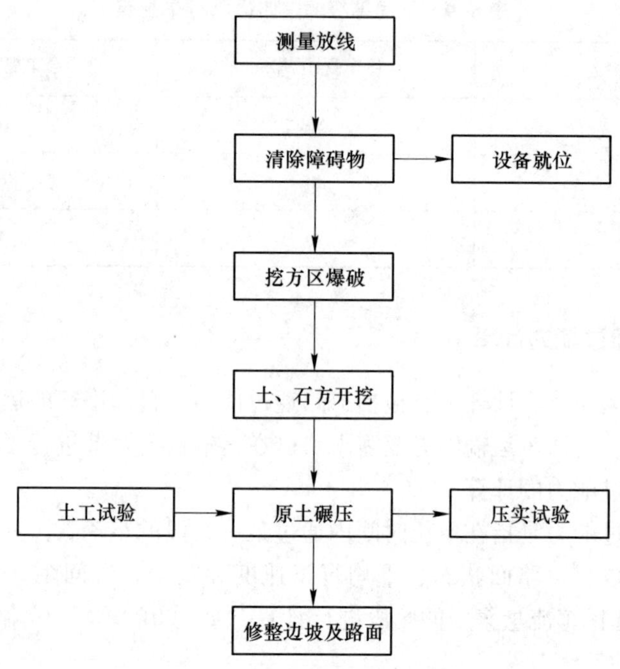

图 6-12　道路施工工艺流程

6.3.1　路基施工

6.3.1.1　原地基处理要求

路基范围内的原地基应在路基施工前按下述要求进行处理。

（1）在稳定的斜坡上，地面横坡缓于 1∶5 时，清除地表草皮、腐殖土后，可直接填筑路堤；地面横坡为 1∶5～1∶2.5 时，原地面应挖台阶，台阶宽度不应小于 2m。当基岩面上的覆盖层较薄时，宜先清除覆盖层再挖台阶；当覆盖层较厚且稳定时，可予保留。

（2）陡坡地段、土石混合地基、填挖界面、高填方地基等都应按设计要求进行处理。

（3）地基表层应碾压密实。一般土质地段，一级道路和二级道路路堤基底的压实度（重型）不应小于 90%；三级道路和四级道路不应小于 85%。低路堤应对地基表层土进行超挖、分层回填压实，其处理深度不应小于路床深度。

（4）原地面坑、洞、穴等，应在清除沉积物后，用合格填料分层回填分层压实，压实度应符合规定。

（5）泉眼或露头地下水，应按设计要求，采取有效导排措施后方可填筑路堤。

(6) 地基为耕地或土质松散、水稻田、湖塘、软土、高液限土等时，应按设计要求进行处理，局部软弹的部分也应采取有效的处理措施。

(7) 地下水位较高时，应按设计要求进行处理。

(8) 填石路堤的基底承载力应满足设计要求。在非岩石地基上，填筑填石路堤前，应按设计要求设过渡层。

(9) 土石路堤在陡、斜坡地段，土石路堤靠山一侧应按设计要求，做好排水和防渗处理。

6.3.1.2　挖方路基施工

A　土质路堑施工技术

a　土质路堑施工工艺流程

土质路堑施工工艺流程如图 6-13 所示。

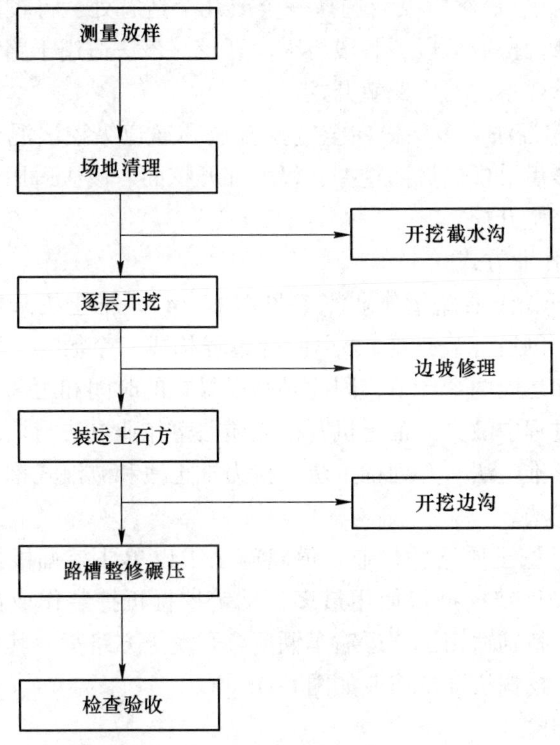

图 6-13　土质路堑施工工艺流程图

b　作业方法

(1) 横向挖掘法。土质路堑横向挖掘可采用人工作业，也可机械作业，具体方法有：

1）单层横向全宽挖掘法：从开挖路堑的一端或两端按断面全宽一次性挖到设计标高，逐渐向纵深挖掘，挖出的土方一般都是向两侧运送。该方法适用于挖掘浅且短的路堑。

2）多层横向全宽挖掘法：从开挖路堑的一端或两端按断面分层挖到设计标高，适用于挖掘深且短的路堑。

（2）纵向挖掘法。土质路堑纵向挖掘多采用机械作业，具体方法有：

1）分层纵挖法：沿路堑全宽，以深度不大的纵向分层进行挖掘，适用于较长的路堑开挖。

2）通道纵挖法：先沿路堑纵向挖掘一通道，然后将通道向两侧拓宽以扩大工作面，并利用该通道作为运土路线及场内排水的出路。该层通道拓宽至路堑边坡后，再挖下层通道，如此向纵深开挖至路基标高，该法适用于较长、较深、两端地面纵坡较小的路堑开挖。

3）分段纵挖法：沿路堑纵向选择一个或几个适宜处，将较薄一侧堑壁横向挖穿，使路堑分成两段或数段，各段再纵向开挖。该法适用于路堑过长、弃土运距过远，一侧堑壁较薄的傍山路堑开挖。

（3）混合式挖掘法。多层横向全宽挖掘法和通道纵挖法混合使用。先沿路线纵向挖通道，然后沿横向坡面挖掘，以增加开挖面。该法适用于路线纵向长度和挖深都很大的路堑开挖。

c　机械开挖作业方式

（1）推土机开挖土质路堑作业（参见图 6-14）。推土机开挖土方作业由切土、运土、卸土、倒退（或折返）、空回等过程构成一个循环。影响作业效率的主要因素是切土和运土两个环节，因此必须以最短的时间和距离切满土，并尽可能减少土在推运过程中散失。推土机开挖土质路堑作业方法与填筑路基相同的有下坡推土法、槽形推土法、并列推土法、接力推土法和波浪式推土法。另有斜铲推土法和侧铲推土法。

（2）挖掘机开挖土质路堑作业。道路施工中以单斗挖掘机最为常见，而路堑土方开挖中又以反铲挖掘机使用最多。反铲挖掘机挖装作业灵活，回转速度快，工作效率高，特别适用于与运输车辆配合开挖土方路堑。其作业方法有侧向开挖和正向开挖。挖掘机开挖作业如图 6-15 所示。

d　路基土方开挖

（1）恢复定线，依据开挖深度、地面横坡度、开挖边坡率，计算出上坡顶、下坡脚到中心位置的距离，然后放出上坡顶、下坡脚的边线桩，用木桩明显标出。

（2）清除表层树木、树根、杂草及腐殖土，将其运到指定弃土场。

（3）土方开挖可用推土机纵向运送或用挖掘机、装载机配合自卸汽车运土。

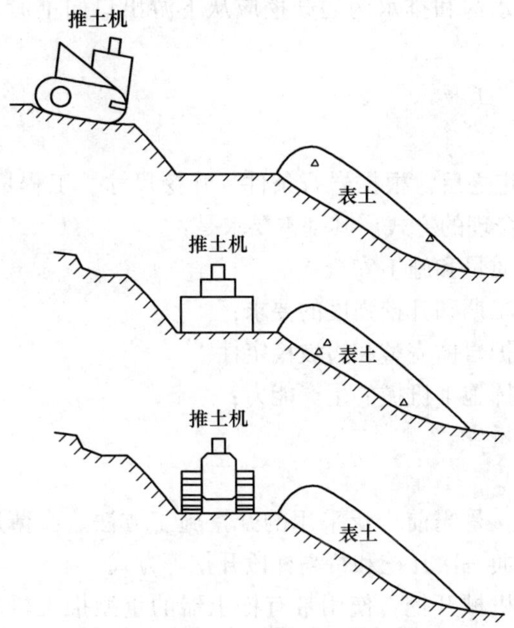

图 6-14 推土机开拓工作平台示意图

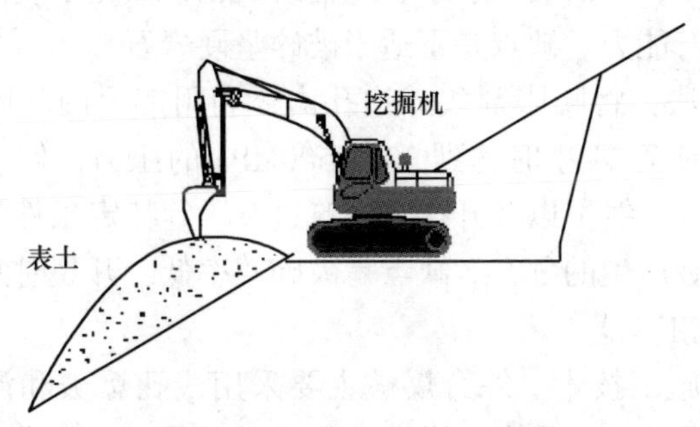

图 6-15 挖掘机开挖作业示意图

作业中要保持边坡稳定，挖方边坡小于 15m 时，边坡坡度采用 1 ∶ 0.3，不得对临近的各种结构物及设施产生损坏或干扰。

（4）开挖中考虑路基排水，修筑适宜的排水设施，防止施工中路线外水流入，保证施工顺利进行。

（5）路槽挖至设计标高后，用平地机刮出路拱，并预留出压实量，用重型压路机压实，并注意路槽排水畅通。在路槽整形压实后，及时进行填筑压实，保证路槽及时封顶，免受雨水侵蚀。路槽底面以下 30cm 的压实度，要达到 93%，并作相应的路基土工试验。

（6）石方开挖，需进行爆破时，按照石质路堑施工技术进行开挖。

(7) 边沟、截水沟和排水沟的开挖应从下游出口向上游开挖，其断面及坡度应符合设计要求。

B　石质路堑施工技术

a　基本要求

在开挖程序确定之后，根据岩石条件、开挖尺寸、工程量和施工技术要求，通过方案比较拟定合理的方式。其基本要求是：

(1) 保证开挖质量和施工安全；

(2) 符合施工工期和开挖强度的要求；

(3) 有利于维护岩体完整和边坡稳定性；

(4) 以充分发挥施工机械的生产能力；

(5) 辅助工程量少。

b　开挖方式

(1) 钻爆开挖：是当前广泛采用的开挖施工方法。有薄层开挖、分层开挖(梯段开挖)、全断面一次开挖和特高梯段开挖等方式。

(2) 直接应用机械开挖：使用带有松土器的重型推土机破碎岩石，一次破碎深度约 0.6~1.0m。该法适用于施工场地开阔、大方量的软岩石方工程。优点是没有钻爆工序作业，不需要风、水、电辅助设施，简化了场地布置，加快了施工进度，提高了生产能力。缺点是不适于破碎坚硬岩石。

(3) 静态破碎法：将膨胀剂放入炮孔内，利用产生的膨胀力，缓慢地作用于孔壁，经过数小时至 24 小时达到 300~500MPa 的压力，使介质裂开。该法适用于在设备附近、高压线下以及开挖与浇筑过渡段等特定条件下的开挖。优点是安全可靠，没有爆破产生的危害。缺点是破碎效率低，开裂时间长。

c　路基爆破施工工艺

(1) 综合爆破施工技术。综合爆破主要采用浅孔爆破和深孔爆破。浅孔爆破主要使用气腿式凿岩机或小孔径潜孔钻机等钻孔爆破。用药量 1t 以上为大炮，1t 以下为中小炮。

1) 浅孔爆破通常指炮眼直径和深度分别小于 70mm 和 5m 的爆破方法。

浅孔爆破比较灵活，适用于地形艰险及爆破量较小地段（如打水沟、开挖便道、基坑等)，在综合爆破中是一种改造地形，为其他炮型服务的不可缺少的辅助炮型。由于气腿式凿岩机炮眼浅，用药少，每次爆破的方数不多，不利于爆破能量的利用且工效较低。

2) 深孔爆破是孔径大于 75mm、深度在 5m 以上、采用延长药包的一种爆破方法。

深孔爆破炮孔需用大型的潜孔凿岩机或穿孔机钻孔，如用挖运机械清方可以实现石方施工全面机械化，劳动生产率高，一次爆落的方量多，施工进度快，爆破时比较安全，是大量石方（万立方米以上）快速施工的发展方向之一。

（2）路基爆破施工技术。

常用爆破方法包括如下5种类型。

1）光面爆破：在开挖限界的周边，适当排列一定间隔的炮孔，在有侧向临空面的情况下，用控制抵抗线和药量的方法进行爆破，使之形成一个光滑平整的边坡。

2）预裂爆破：在开挖限界处按适当间隔排列炮孔，在没有侧向临空面和最小抵抗线的情况下，用控制药量的方法，预先炸出一条裂缝，使拟爆体与山体分开，作为隔震减震带，起保护开挖限界以外山体或建筑物和减弱地震对其破坏的作用。

3）微差爆破：两相邻药包或前后排药包以若干毫秒的时间间隔（一般为15~75ms）依次起爆，称为微差爆破，亦称毫秒爆破。

4）定向爆破：利用爆能将大量土石方按照指定的方向，搬移到一定的位置并堆积成路堤的一种爆破施工方法，称为定向爆破。

5）硐室爆破：为使爆破设计断面内的岩体大量抛掷（抛坍）出路基，减少爆破后的清方工作量，保证路基的稳定性，可根据地形和路基断面形式，采用抛掷爆破、定向爆破、松动爆破方法。其中抛掷爆破有三种形式：

①平坦地形的抛掷爆破（亦称扬弃爆破）。自然地面坡角 $\alpha<15°$，路基设计断面为拉沟路堑，石质大多是软石时，为使石方大量扬弃到路基两侧，通常采用稳定的加强抛掷爆破。

②斜坡地形路堑的抛掷爆破。自然地面坡角 α 在15°~50°之间，岩石也较松软时，可采用抛掷爆破。

③斜坡地形半路堑的抛坍爆破。自然地面坡角 $\alpha>30°$，地形地质条件均较复杂，临空面大时，宜采用这种爆破方法。在陡坡地段，岩石只要充分破碎，就可以利用岩石本身的自重坍滑出路基，提高爆破效果。

（3）石质路堑爆破施工技术包括如下要点。

1）确定路基中线，放出边线，钉牢边桩。

2）根据地形，地质及挖深选择适宜的开挖爆破方法，制订爆破方案，做出爆破施工组织设计，报有关部门审批。

3）用推土机整修施工便道，清理表层覆盖土及危石。

4）在地面上准确放出炮眼（井）位置，竖立标牌，标明孔（井）号，深度，装药量。

5）用推土机配合爆破，创造临空面，使最小抵抗线方向面向回填方向。

6）炮眼按其不同深度，采用手风钻或潜孔钻钻孔，炮眼布置在整体爆破时采用“梅花型”或“方格型”，预裂爆破时采用“一字型”，洞室爆破根据设计确定药包的位置和药量。

7）在居民区及地质不良可能引起坍塌后遗症的路段，原则上不采用大中型爆破。

8）爆破施工要严格控制飞石距离，采取切实可行的措施，确保人员和建筑物的安全，如采用毫秒微差爆破技术，将单响最大药量控制为最深单孔药量，当最深梯段为 H_T 时，单孔装药量 Q 按下式计算：

$$Q=eqH_TW_d$$

式中 e——炸药换算系数；

q——梯段爆破单位装药量；

W_d——最小抵抗线。

9）控制爆破也可以采用分段毫秒爆破方法，其最大用药量 Q 按下式计算：

$$Q=\frac{R}{(K/v)^{1/2}M}$$

式中 R——建筑物距爆破中心距离；

K——与地质条件有关的系数；

M——药量指数；

v——爆破安全振动速度。

10）确保边坡爆破质量，采用预裂爆破技术，光面爆破技术和微差爆破技术，同时配合选择合理的爆破参数，减少冲击波影响，降低石料大块率，以减少二次破碎，利于装运和填方。

11）装药前要布好警戒，选择好通行道路，认真检查炮孔、洞室，吹净残渣，排除积水，做好爆破器材的防水保护工作，雨期或有地下水时，可考虑采用乳化防水炸药。

12）装药分单层、分层装药及预裂装药。炮眼装药后用木杆捣实，填塞黏土，填塞时要注意保护起爆线路。

13）认真设计，严密布设起爆网络，防止发生短路及二响重叠现象。

14）顺利起爆，并清除边坡危石后，用推土机清出道路，用推土机、铲运机纵向出土填方，运距较远时，用挖掘机械装土，自卸汽车运输。

15）随时注意控制开挖断面，切勿超爆，适时清理整修边坡和暴露的孤石。

16）路基开挖至设计标高，经复测检查断面尺寸合格后，及时开挖边沟和排水沟、截水沟，经监理工程师验收合格后，按设计对边沟、边坡进行防护，边沟施工要做到尺寸准确，线型直顺，曲线圆滑，沟底平顶，排水畅通，浆砌护坡要做到平整坚实，灰浆饱满。路槽，不要留孤石和超爆，做到一次标准成型验收合格。

路基石方爆破施工流程如图 6-16 所示。

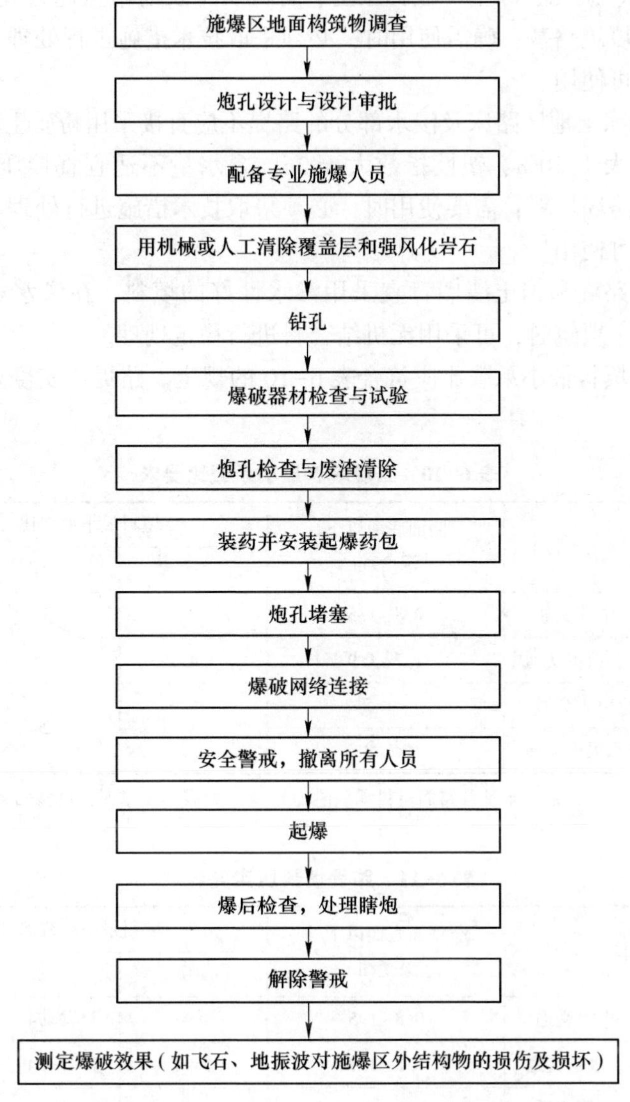

图 6-16 路基石方爆破施工流程图

6.3.1.3 填方路基施工

A 路基填料的选择

a 路堤填料的一般要求

(1) 路堤宜选用级配较好的砾类土、砂类土等粗粒土作为填料，填料最大粒径应小于 150mm。

(2) 含草皮、生活垃圾、树根、腐殖质的土严禁作为填料。

(3) 泥炭、淤泥、冻土、强膨胀土、有机质土及易溶盐超过允许含量的土，不得直接用于填筑路基；确需使用时，必须采取技术措施进行处理，经检验满足设计要求后方可使用。

(4) 季节冻土地区路床及浸水部分的路堤不应直接采用粉质土填筑。

(5) 液限大于 50%、塑性指数大于 26、含水量不适宜直接压实的细粒土，不得直接作为路堤填料；需要使用时，必须采取技术措施进行处理，经检验满足设计要求后方可使用。

(6) 浸水路堤和挡土墙墙背宜采用渗水性好的填料。在渗水材料缺乏的地区，采用细粒土填筑时，可采用无机结合料进行稳定处理。

(7) 路堤填料最小承载比应符合表 6-10 的规定。路堤压实度要求应符合表 6-11 的规定。

表 6-10　路堤填料最小承载比要求

路基部位		路面底面以下深度/m	填料最小承载比 CBR/%		
			一级	二级	三级、四级
上路堤	轻、中等交通	0.8~1.5	4	3	3
	特重、极重交通	1.2~1.9	4	3	
下路堤	轻、中等交通	<1.5	3	2	2
	特重、极重交通	<1.9			

注：当路基填料 CBR 值（土基及路面材料承载能力）达不到表列要求时，可掺石灰或其他稳定材料处理。

表 6-11　路堤填料压实度要求

路基部位		路面底面以下深度/m	填料最小承载比 CBR/%		
			一级	二级	三级、四级
上路堤	轻、中等交通	0.8~1.5	≥94	≥94	≥93
	特重、极重交通	1.2~1.9	≥94	≥94	
下路堤	轻、中等交通	<1.5	≥93	≥92	≥90
	特重、极重交通	<1.9			

b　填石路堤填料要求

山区填石路堤最为常见，石料来源主要是路堑和隧道爆破后的石料。硬质岩石、中硬岩石可用作路床、路堤填料；软质岩石可用作路堤填料，不得用于路床填料；膨胀性岩石、易溶性岩石和盐化岩石等不得用于路堤填筑。填石路堤填料的粒径应不大于 500mm，并不宜超过层厚的 2/3，不均匀系数宜为 15~20。填石路堤顶部最后一层填石料的铺筑层厚不得大于 0.4m，填料粒径不得大于 150mm，其中小于 5mm 的细料含量不应小于 30%，且铺筑层表面应无明显孔隙、空洞。填石路堤上部采用其他材料填筑时，可视需要设置土工布作为隔离层。路床填料粒径应小于 100mm。

c　土石路堤填料要求

膨胀岩石、易溶性岩石等不宜直接用于路堤填筑，崩解性岩石和盐化岩石等不得直接用于路堤填筑。天然土石混合填料中，中硬、硬质石料的最大粒径不得大于压实层厚的 2/3；石料为强风化石料或软质石料时，其 CBR 值应符合规范的规定，石料最大粒径不得大于压实层厚。

B　路堤施工技术

a　土质路堤施工技术

(1) 土质路堤施工工艺流程如图 6-17 所示。

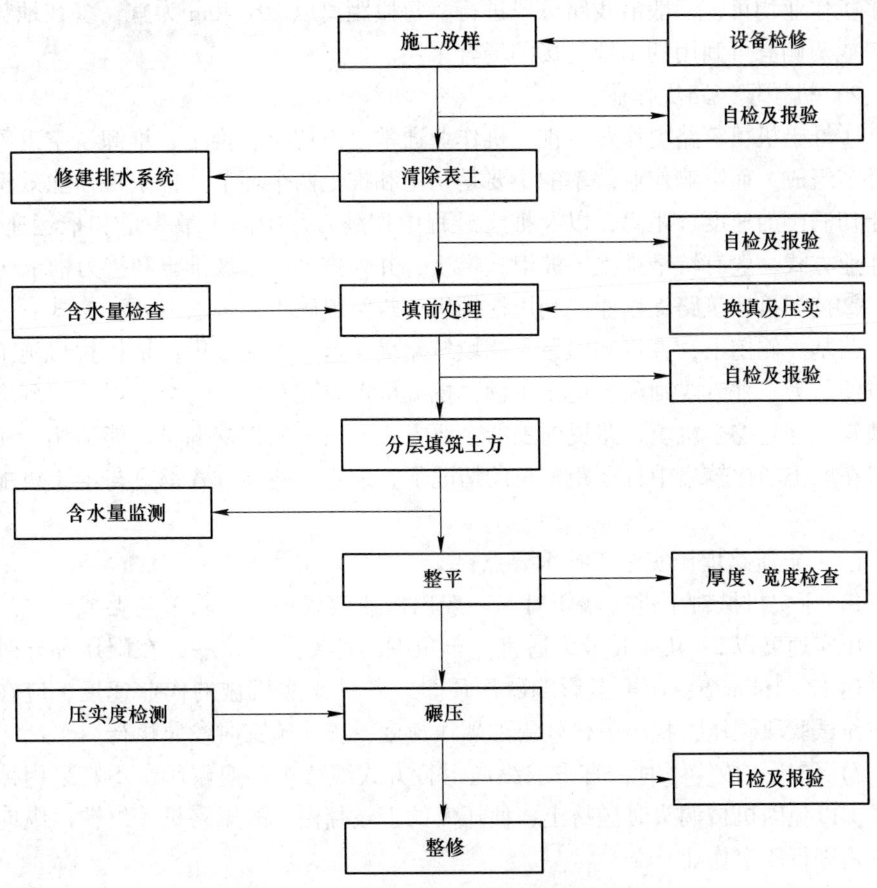

图 6-17　土质路堤施工工艺流程图

（2）土质路堤的填筑技术

1）填筑方式。土质路堤填筑常用推土机、铲运机、平地机、压路机、挖掘机、装载机等机械按以下几种方式作业：

①水平分层填筑：填筑时按照横断面全宽分成水平层次，逐层向上填筑，是路基填筑的常用方式。

②纵向分层填筑：依路线纵坡方向分层，逐层向上填筑。常用于地面纵坡大于12%、用推土机从路堑取料、填筑距离较短的路堤。缺点是不易碾压密实。

③横向填筑：从路基一端或两端按横断面全高逐步推进填筑。由于填土过厚，不易压实，仅用于无法自下而上填筑的深谷、陡坡、断岩、泥沼等机械无法进场的路堤。

④联合填筑：路堤下层用横向填筑而上层用水平分层填筑。适用于因地形限制或填筑堤身较高，不宜采用水平分层填筑或横向填筑法进行填筑的情况。单机或多机作业均可，一般沿线路分段进行，每段距离以20~40m为宜，多在地势平坦，或两侧有可利用的山地土场的场合采用。

2）机械填筑路堤作业：

①推土机填筑路堤作业。推土机作业通常是由切土、推土、堆卸、空返等四个环节组成。而影响作业效率的主要是切土和推土两个环节。推土机作业效率取决于切满土的速度、距离，以及推土过程中切满刀片中的土散失量和推运速度。其作业方式一般有坑槽推土、波浪式推土、并列推土、下坡推土和接力推土。

②挖掘机填筑路堤作业。利用挖掘机填筑路堤施工，一般有两种方式：一种为从路基一侧挖土，直接卸向另一侧填筑路堤。这种方式，用反铲挖掘机施工比较方便。另一种方式则配合运土车辆，挖掘机挖土装车后，运至路堤施工现场卸土填筑，这是挖土机填筑路堤施工的主要方式，正、反铲挖掘机都能适用，而且一般在取土场比较集中且运距较长的情况下宜采用。两种方式都宜与推土机配合施工。

（3）土质路堤压实施工技术要点：

1）压实机械对土进行碾压时，一般以慢速效果最好，除羊角碾或凸块式碾外，压实速度以2~4km/h最为适宜。羊角碾的速度可以快些，在碾压黏土时最高可达12~16km/h，还不至影响碾压质量。各种压实机械的作业速度，应在填方前作试验段碾压，找出最佳效果的碾压速度，正式施工时参照执行。

2）碾压一段终了时，宜采取纵向退行方式继续第二遍碾压，不宜采用掉头方式，以免因机械调头时搓挤土，使压实的土被翻松。故压路机始终要以纵向进退方式进行压实作业。

3）在整个全宽的填土上压实，宜纵向分行进行，直线段由两边向中间，曲线段宜由曲线的内侧向外侧（当曲线半径超过200m时，可以按直线段方式进行)。两行之间的接头一般应重叠1/4~1/3轮迹；对于三轮压路机则应重叠后轮的1/2。

4）纵向分段压好以后，进行第二段压实时，其在纵向接头处的碾压范围，宜重叠1~2m，以确保接头处平顺过渡。

（4）土质路堤施工规定。

1）性质不同的填料，应水平分层、分段填筑、分层压实。同一水平层路基的全宽应采用同一种填料，不得混合填筑。每种填料的填筑层压实后的连续厚度不宜小于500mm。

2）对潮湿或冻融敏感性小的填料应填筑在路基上层。强度较小的填料应填筑在下层。在有地下水的路段或临水路基范围内，宜填筑透水性好的填料。

3）在透水性不好的压实层上填筑透水性较好的填料前，应在其表面设2%~4%的双向横坡，并采取相应的防水措施。不得在由透水性较好的填料所填筑的路堤边坡上覆盖透水性不好的填料。

4）每种填料的松铺厚度应通过试验确定。

5）每一填筑层压实后的宽度不得小于设计宽度。

6）路堤填筑时，应从最低处起分层填筑，逐层压实；当原地面纵坡大于12%或横坡大于1∶5时，应按设计要求挖台阶，或设置坡度向内并大于4%、宽度大于2m的台阶。

b 填石路堤施工技术

（1）填石路堤施工工艺流程。填石路堤施工工艺流程如图6-18所示。

（2）填筑方法。

1）竖向填筑法：以路基一端按横断面的部分或全部高度自上往下倾卸石料，逐步推进填筑。主要用于二级及二级以下的道路，也可用在陡峻山坡施工特别困难或大量以爆破方式挖开填筑的路段；以及无法自下而上分层填筑的陡坡、断岩、泥沼地区和水中作业的填石路堤。

2）分层压实法：自下而上水平分层，逐层填筑，逐层压实，是普遍采用并能保证填石路堤质量的方法。

3）冲击压实法：利用冲击压实机的冲击周期性、大振幅、低频率地对路基填料进行冲击，压密填方。它具有分层法连续性的优点，又具有强力夯实法压实厚度深的优点。

4）强力夯实法：用起重机吊起夯锤从高处自由落下，利用强大的动力冲击，迫使岩土颗粒位移，提高填筑层的密实度和地基强度。该方法机械设备简单，夯实效果显著，施工中不需铺撒细粒料，施工速度快，有效解决了大块石填筑地基厚层施工的夯实难题。对强夯施工后的表层松动层，采用振动碾压法进行压实。

（3）填石路堤强力夯实法施工要点。

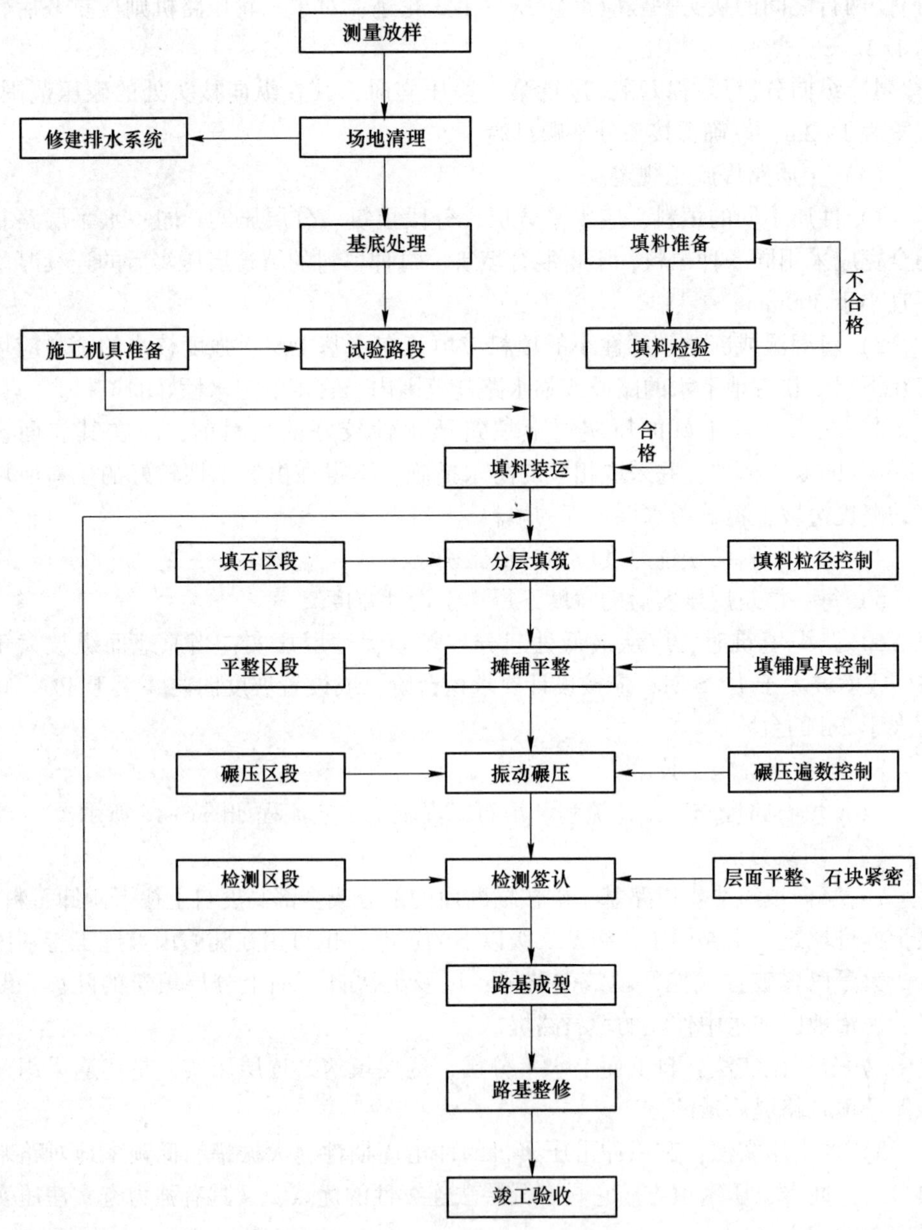

图 6-18 填石路堤施工工艺流程图

1）强力夯实法简要施工程序。填石分层强夯施工，要求分层填筑与强夯交叉进行，各分层厚度的松铺系数，第一层可取 1.2，以后各层根据第一层的实际情况调整。每一分层连续挤密式夯击，夯后形成夯坑，夯坑以同类型石质填料填补。由于分层厚度 4~5m，填筑作业以堆填法施工，装运须大型装载机和自卸汽车配合作业，铺筑须大型履带式推土机摊铺和平整，夯坑回填也须推土机完成。

强夯法与碾压法相比，只是夯实与压实的工艺不同，而填料粒径控制、铺填厚度控制都要进行，强夯法控制夯击次数，碾压法控制压实遍数，机械装运摊铺平整作业完全一样，强夯法须进行夯坑回填。

2）分层厚度。施工分层线采取与设计路面平行，以保证路堤、路床和路面底层压实的均匀性。强夯压实要求分层进行。分层厚度 5.0m 左右，高度 20m 以内的填石路堤分四层进行，其中底层稍厚，但不超过 5.5m，面层稍薄，一般为 4.0m。

3）强夯石质填料的粒径控制一般为 40cm 以内，最大粒径不超过 60cm；施工过程若发现夯锤歪斜，应及时将坑底整平再夯；在有结构物如涵洞、挡墙等附近作业时，涵背、墙背 6m 范围填石以碾压法施工，强夯施工一定要远离涵墙、挡土墙外 6m 作业，以保证结构物安全；测量仪器架设在距离夯点 30m 远处；夯机操作室前应安装牢固的安全防护网，注意检查滑钩、钢丝绳等；夯锤下落时，机下施工人员应距夯点 30m 外或站在夯机后方。

（4）压实质量标准。不同强度的石料，应分别采用不同的填筑层厚和压实控制标准。填石路堤的压实质量标准宜采用孔隙率作为控制指标，并符合表6-12的要求。施工压实质量可采用孔隙率与压实沉降差或施工参数（压实功率、碾压速度、压实遍数、铺筑层厚等）联合控制。孔隙率的检测应采用水袋法进行。

表 6-12　填石路堤压实质量控制标准

岩石类型	路基部位	路面底面以下深度/m	摊铺层厚（不大于）/mm	最大粒径/mm	压实干密度/kg · m³	孔隙率（不大于）/%
硬质石料	上路堤	0.8~1.5	400	小于层厚 2/3	由试验确定	23
	下路堤	>1.5	600	小于层厚 2/3	由试验确定	25
中硬石料	上路堤	0.8~1.5	400	小于层厚 2/3	由试验确定	22
	下路堤	>1.5	500	小于层厚 2/3	由试验确定	24
软质石料	上路堤	0.8~1.5	300	小于层厚	由试验确定	20
	下路堤	>1.5	400	小于层厚	由试验确定	22

（5）填石路堤施工要求：

1）路堤施工前，应先修筑试验路段，确定满足孔隙率标准的松铺厚度、压实机械型号及组合、压实速度及压实遍数、沉降差等参数。

2）二级及二级以上道路的填石路堤应分层填筑压实。二级以下砂石路面道路在陡峻山坡地段施工特别困难时，可采用倾填的方式将石料填筑于路堤下部，但在路床底面以下不小于 1.0m 范围内仍应分层填筑压实。

3）岩性相差较大的填料应分层或分段填筑。严禁将软质石料与硬质石料混合使用。

4）中硬、硬质石料填筑路堤时，应进行边坡码砌。

5）在填石路堤顶面与细粒土填土层之间应按设计要求设过渡层。

c 土石路堤施工技术

（1）填筑方法。土石路堤不得采用倾填方法，只能采用分层填筑，分层压实。宜用推土机铺填，松铺厚度控制在40cm以内，接近路堤设计标高时，需改用土方填筑。

（2）土石路堤施工要求：

1）压实机械宜选用自重不小于18t的振动压路机。

2）施工前，应根据土石混合材料的类别分别进行试验路段施工，确定能达到最大压实干密度的松铺厚度、压实机械型号及组合、压实速度及压实遍数、沉降差等参数。

3）土石路堤不得倾填，应分层填筑压实。

4）碾压前应使大粒径石料均匀分散在填料中，石料间孔隙应填充小粒径石料、土和石渣。

5）压实后透水性差异大的土石混合材料，应分层或分段填筑，不宜纵向分幅填筑；如确需纵向分幅填筑，应将压实后渗水良好的土石混合材料填筑于路堤两侧。

6）土石混合材料来自不同料场，岩性或土石比例相差较大时，宜分层或分段填筑。

7）填料由土石混合材料变化为其他填料时，土石混合材料最后一层的压实厚度应小于300mm，该层填料最大粒径宜小于150mm，压实后，该层表面应无孔洞。

8）中硬、硬质石料填筑的土石路堤，应进行边坡码砌，码砌边坡的石料强度、尺寸及码砌厚度应符合设计要求。边坡码砌与路堤填筑宜基本同步进行。软质石料土石路堤的边坡按土质路堤边坡处理。

9）中硬、硬质石料填筑的土石路堤，施工过程中的每一压实层，可用试验路段确定的工艺流程和工艺参数，控制压实过程；用试验路段确定的沉降差指标，检测压实质量。其路基成型后质量应符合填石的规定。

10）软质石料填筑的土石路堤，应符合土质路堤的相关规定。

d 高路堤施工技术

路基填土边坡高度大于20m的路堤称为高路堤。高路堤填料宜优先采用强度高、水稳性好的材料，也可以采用轻质材料。受水淹、浸的部分，应采用水稳性和透水性较好的材料。

高路堤应采用分层填筑、分层压实的方法施工，每层填筑厚度根据所采用的填料决定。如果填料来源不同，性质相差较大时，不应分段或纵向分幅填筑。施工中应按设计要求预留路堤高度与宽度，并进行动态监控。施工过程中宜进行沉降观测，按照设计要求控制填筑速率。高填方路堤宜优先安排施工。

6.3.1.4 半填半挖路基施工

半填半挖路基如图 6-19 所示，其施工方法如下：

（1）现场放样，确定道路的上下开挖线；

（2）需要爆破的区域布置钻孔打眼爆破，采用预裂爆破法；

（3）坡面处理，填方一侧先将地面草皮，树根腐殖物清理干净；当地面坡度小于 1∶5 时，应先将地面拉毛；地面坡度大于 1∶5 时，应将地面做成 1～2m 宽，内倾 2%～3%坡度的台阶。如设挡土墙的要先砌筑挡土墙。其砌筑进度要与挖填的速度同步进行；

（4）挖掘机从坡顶按设计边坡向下逐层分级开挖；

（5）用自卸车运至填方路段或弃土场。

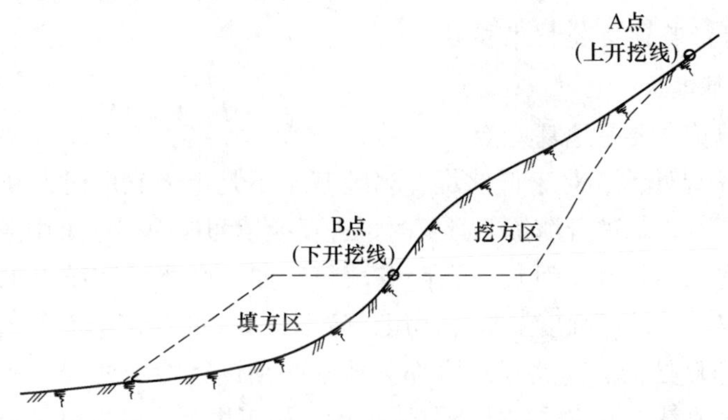

图 6-19 半填半挖路基示意图

6.3.1.5 路基改建施工

A 路基加宽施工技术要点

（1）应按设计拆除老路路缘石、旧路肩、边坡防护、边沟及原有构造物的翼墙或护墙等。

（2）施工前应截断流向拓宽作业区的水源，开挖临时排水沟，保证施工期间排水通畅。

（3）拓宽部分路堤的地基处理应按设计有关条款处理。

（4）老路堤与新路堤交界的坡面挖除清理的法向厚度不宜小于 0.3m，然后从老路堤坡脚向上按设计要求挖设台阶；老路堤高度小于 2m 时，老路堤坡面处理后，可直接填筑新路堤。严禁将边坡清理的杂物作为新路堤填料。

（5）拓宽部分的路堤采用非透水性填料时，应在地基表面按设计铺设垫层，垫层材料一般为沙砾或碎石，含泥量不大于5%。

（6）拓宽路堤的填料宜选用与老路堤相同的填料，或者选用水稳性较好的砂砾、碎石等填料。

B　路基加高施工技术要点

（1）改建中加高路基，首先用铲运机将边坡的表层去掉，去掉边坡内的砂、碎石、砾石及其他与土的物理特性不符的材料，然后再分层填筑到要求的宽度和高度。

（2）当路基加高的数值略大于路面的设计厚度时，将旧路面挖去，用其旧石料来加固路肩和用作路基上层的填料。

（3）旧路槽恢复完之后必须整形，做成不小于4%的双向横坡，然后再分层填筑，达到设计高程。为了确保压实度，使之与经过长期营运的旧路基相适应，每层填土的厚度应比规范小10%~20%之间。

C　新旧路基连接处技术要点

a　新路基填筑

新路基填筑主要是地基处治。

（1）低路堤处治。对于低路堤，当地基土不是十分软弱时，新拓宽段地基部分可以按一般路基进行填筑，必要时可进行换填和加固。施工中应尽量利用原状土结构强度，不扰动下卧层。在路基填筑时如有必要可铺设土工布或土工格栅，以加强路基的整体强度及板体作用，防止路基不均匀沉降而产生反射裂缝。

（2）高路堤处治。高路堤拓宽部分地基必须进行特殊处理。如果高路堤拓宽部分为软土地基，就应采取措施加强处治。施工中为了确保路基稳定、减少路基的沉降，对高路堤拓宽可采取粉喷桩、砂桩、塑料排水体、碎石桩等处理措施，并配合填筑轻型材料。在高路堤的处治过程中，不宜单独采用只适合于浅层处治以及路基填土较低等情况下换填砂石或加固土处治。

高路堤一侧拓宽时，应防止新路基失稳，防止施工过快，使路基滑动。高路堤拓宽时，一定要进行路基稳定性验算，采取有效措施，防止路基失稳。

b　新旧路基衔接的技术处理措施

新旧路基衔接的技术处理措施包括：

（1）清除旧路肩边坡上草皮、树根及腐殖土等杂物。

（2）将旧土路肩翻晒或掺灰重新碾压，以达到质量要求。

（3）修建试验路，改进路基开挖台阶的方案，改变由土路肩开始下挖台阶为从硬路肩开始下挖台阶，以消除旧路基边坡压实度不足，加强新旧路基的结合程度，减少新旧路基结合处的不均匀沉降。

6.3.1.6 特殊路基施工技术

A 软土地区路基施工

a 软土的工程特性

软土是指天然含水率高、天然孔隙比大、抗剪强度低、压缩性高的细粒土，包括淤泥、淤泥质土、泥炭、泥炭质土等。淤泥是在静水和缓慢流水环境中沉积、天然孔隙比大于或等于1.5、含有机质的细粒土。淤泥质土是在静水和缓慢流水环境中沉积、天然孔隙比为1.0~1.5、含有机质的细粒土。泥炭是指喜水植物枯萎后，在缺氧条件下经缓慢分解而形成的泥沼覆盖层，常为内陆湖沼沉积，有机质含量大于或等于60%，大部分尚未完全分解，呈纤维状，孔隙比一般大于10。泥炭质土是指有机质含量为10%~60%，大部分完全分解，有臭味，呈黑泥状的细粒土和腐殖质土。大部分软土的天然含水量30%~70%，孔隙比1.0~1.9，渗透系数为10^{-8}~10^{-7}cm/s，压缩性系数为0.005~0.02，具有触变性，流变性显著。修建在软土地区的路基，应充分考虑路堤填筑荷载引起软基滑动破坏的稳定问题和量大且时间长的沉降问题。

b 软土地基处理施工技术

(1) 垫层和浅层处理。垫层和浅层处理适用于表层软土厚度小于3m的浅层软弱地基处理。垫层类型按材料可分为碎石垫层、沙砾垫层、石屑垫层、矿渣垫层、粉煤灰垫层以及灰土垫层等。浅层处理可采用换填垫层、抛石挤淤、稳定剂处理等方法，处理深度不宜大于3m。

1) 材料要求：

①沙砾垫层宜采用级配良好、质地坚硬的中、粗砂或沙砾。砂的颗粒不均匀系数不宜小于10，不得含有草根、垃圾等杂物，含泥量应不大于5%；

②石屑垫层所用石屑中，粒径小于2mm的部分不得超过总重的40%，含泥量应不大于5%；

③矿渣垫层宜采用粒径20~60mm的分级矿渣，不得混入植物、生活垃圾和有机质等杂物；

④抛石挤淤宜采用粒径较大的未风化石料，其中0.3m粒径以下的石料含量不宜大于20%。

2) 碎石、沙砾、石屑、矿渣垫层施工规定：

①垫层宜采用机械碾压施工，碾压工艺和分层摊铺厚度应根据现场试验确定。压实遍数不宜少于4遍；

②垫层的最佳含水率应根据具体的施工方法确定。当采用碾压法时，最佳含水率宜为8%~12%；当采用平板式振动器时，最佳含水率宜为15%~20%；当采用插入式振动器时，宜处于饱和状态；

③铺设垫层前，应先对现场的古井、古墓、洞穴、暗洪、旧基础进行清理、填实，经检验符合要求后，方可铺填垫层施工；

④严禁扰动垫层下卧软土层，防止下卧层受践踏、冰冻、浸泡或暴晒过久；

⑤垫层应水平铺筑，当地面有起伏坡度时应开挖台阶，台阶宽度宜为0.5~1.0m。

3）灰土垫层施工规定：

①施工前应先施作排水设施，施工期间严禁积水。当遇到局部软弱地基或孔穴时，应挖除后用灰土分层填实；

②灰土应拌和均匀，严格控制含水率，拌好的灰土宜当天铺填压实；当土料中水分过多或不足时，应晾干或洒水润湿；

③分段施工时，上下两层的施工缝应错开不小于0.5m，接缝处应夯压密实；

④灰土垫层应分层铺填碾压，铺设厚度不宜大于0.3m；

⑤灰土垫层压实后3d内不得受水浸泡；

⑥灰土垫层验收合格后，应及时填筑路堤或作临时遮盖，防止日晒雨淋。刚填筑完毕或未经压实而遭受雨淋浸泡时，应视其影响程度进行处理，必要时应掺灰拌和重新铺筑。

4）抛石挤淤施工规定：

①当下卧地层平坦时，应沿道路中线向前呈三角形抛填，再渐次向两旁展开，将淤泥挤向两侧；

②当下卧地层具有明显横向坡度时，应从下卧层高的一侧向低的一侧扩展，并在低侧边部多抛投不少于2m宽，形成平台顶面；

③在抛石高出水面后，应采用重型机具碾压紧密，然后在其上设反滤层，再填土压实。

（2）竖向排水体。竖向排水体适用于深度大于3m的软土地基处理。用于对淤泥质土和淤泥地基进行处理时，宜与加载预压或真空预压方案联合使用。采用竖向排水体处理软土地基时，应保证有足够的预压期。

竖向排水体可采用袋装砂井和塑料排水板。竖向排水体可按正方形或等边三角形布置。

1）材料要求：

①袋装砂井宜选用聚丙烯或其他适宜编织料制成的沙袋，沙袋强度应能承受沙袋自重，装沙后沙袋的渗透系数应不小于砂的渗透系数；

②砂料宜采用渗透率高的风干中粗砂，大于0.5mm砂的含量不宜少于总质量的50%，含泥量应不大于3%。

2）袋装砂井施工规定：

①砂宜以风干状态灌入沙袋，应灌制饱满、密实，实际灌砂量不应小于计

算值；

②沙袋入井应采用桩架吊起垂直放人。应防止沙袋扭结、缩颈和断裂；

③套管起拔时应垂直起吊，防止带出或损坏沙袋；当发生沙袋带出或损坏时，应在原孔的边缘重新打入。

（3）真空预压。真空预压法适用于对软土性质很差、土源紧缺、工期紧的软土地基进行处理。

真空管路应由主管和滤管组成，滤水管应设在排水砂垫层中，其上应有0.1~0.2m厚的砂覆盖层。滤水管布置宜形成回路，水平向分布的滤管可采用条状、梳齿状、羽毛状及目字状等形式。滤水管可采用带孔钢管或塑料管，外包尼龙纱、土工织物或棕皮等滤水材料。真空管路的连接应密封，管路中应设置止回阀和闸阀。

密封膜应采用抗老化性能好、韧性好、抗穿刺能力强的不透气材料，可采用聚氯乙烯薄膜。密封膜的厚度宜为0.12~0.14mm，根据其厚度的不同，可铺设2~3层。密封膜连接宜采用热合黏结缝平搭接，搭接宽度应大于15mm。密封膜的周边应埋入密封沟内。密封沟的宽度宜为0.6~0.8m，深度宜为1.2~1.5m。

B 膨胀土地区路基施工

a 膨胀土的工程特性及主要特征

具有较大吸水膨胀、失水收缩特性的高液限黏土称为膨胀土。膨胀土黏性成分含量很高，其中0.002mm的胶体颗粒一般超过20%，黏粒成分主要由水矿物组成。土的液限 $W_L>40\%$，塑性指数 $I_P>17$，多数在22~35之间。自由膨胀率一般超过40%。按工程性质分为强膨胀土、中等膨胀土、弱膨胀土三类。

膨胀土的黏土矿物成分主要由亲水性矿物组成，如蒙脱石、伊利石等。膨胀土有较强的胀缩性，有多裂隙性结构，有显著的强度衰减期，多含有钙质或铁锤质结构，一般呈棕、黄、褐及灰白色。

膨胀土对运输道路路基有较强的潜在破坏作用。膨胀土地区的路堤会出现沉陷、边坡溜塌、路肩坍塌和滑坡等变形破坏。路堑会出现剥落、冲蚀、溜塌和滑坡等破坏。

b 膨胀土地区路基的施工技术要点

（1）膨胀土的填筑路基的施工技术要点包括：

1）强膨胀土不得作为路堤填料。中等膨胀土经处理后可作为填料，用于二级及二级以上公路路堤填料时，改性处理后胀缩总率应不大于0.7%。胀缩总率不超过0.7%的弱膨胀土可直接填筑。

2）膨胀土路基填筑松铺厚度不得大于300mm；土块粒径应小于37.5mm。

3）填筑膨胀土路堤时，应及时对路堤边坡及顶面进行防护。

4）路基完成后，当年不能铺筑路面时，应按设计要求做封层，其厚度应不小于 200mm，横坡不小于 2%。

（2）膨胀土地区路基碾压施工时，要根据膨胀土自由膨胀率的大小，选用工作质量适宜的碾压机具，碾压时应保持最佳含水量。压实土层松铺厚度不得大于 30cm，土块应击碎至粒径 5cm 以下。在路堤与路堑交界地段，应采用台阶方式搭接，其长度不应小于 2m，并碾压密实。

（3）膨胀土地区路堑开挖时，在路堑施工前，先施工截、排水设施，将水引至路幅以外。边坡施工过程中，必要时，宜采取临时防水封闭措施保持土体原状含水量。边坡不得一次挖到设计线，应预留厚度 300~500mm，待路堑完成时，再分段削去边坡预留部分，并立即进行加固和封闭处理。路床底标高以下应按照设计要求进行处理。

C 湿陷性黄土地区路基施工

a 湿陷性黄土的工程特性

一般呈黄色或黄褐色，粉土含量常占 60%以上，含有大量的碳酸盐、硫酸盐等可溶盐类，天然孔隙比在 1 左右，肉眼可见大孔隙。在自重压力或自重压力与附加压力共同作用下，受水浸湿后土的结构迅速破坏而发生显著下沉。具有湿陷性和易溶蚀、易冲刷、各向异性等工程特性，导致黄土地区的路基易产生多种问题及病害。

b 湿陷性黄土地基的处理措施

若地基为一般湿陷性黄土，应采取措施拦截、排除地表水。地下排水构造物与地面排水沟渠必须采取防渗措施，路侧严禁积水。

若地基黄土具有强湿陷性或较高的压缩性，应按设计要求进行处理。若地基土层有强湿陷性或较高的压缩性，且容许承载力低于路堤自重力时，应考虑地基在路堤自重和活载作用下所产生的压缩下沉。除采用防止地表水下渗的措施外，可根据湿陷性黄土工程特性和工程要求，因地制宜采取换填土、重锤夯实、强夯法、预浸法、挤密法、化学加固法等措施对地基进行处理。

c 湿陷性黄土路基施工

（1）湿陷性黄土填筑路堤施工：

1）路床填料不得使用老黄土。路堤填料不得含有粒径大于 100mm 的块料。

2）在填筑横跨沟堑的路基土方时，应做好纵横向界面的处理。

3）黄土路堤边坡应拍实，并应及时予以防护，防止路表水冲刷。

4）浸水路堤不能用黄土填筑。

（2）湿陷性黄土路堑施工：

1）路堑路床土质应符合设计要求，密实度不足时，应采取措施碾压至要求的压实度。

2）路堑施工前，应做好堑顶地表排水导流工程。路堑施工期间，开挖作业面应保持干燥。

3）路堑施工中，如边坡地质与设计不符，可提出修改边坡坡度。

d 滑坡地段路基施工

(1) 各类滑坡的共同特征包括：

1）滑带土体软弱，易吸水不易排水，呈软塑状，力学指标低；

2）滑带形状在匀质土中多近似于圆弧形，在非匀质土中为折线形；

3）水多是滑坡发展的主要原因，地层岩性是产生滑坡的物质基础，滑坡多是沿着各种软弱结构面发生的；

4）自然因素和人为因素引起的斜坡应力状态的改变（爆破、机械振动等）均有可能诱发滑坡。

(2) 滑坡防治的工程措施。

1）滑坡排水。地下水活动是诱发滑坡产生的主要外因，不论采用何种方法处理滑坡，都必须做好地表水及地下水的处理，排除降水及地下水的主要方法如下：

①环形截水沟。施工技术规范规定：对于滑坡顶面的地表水，应采取截水沟等措施处理，不让地表水流人滑动面内。必须在滑动面以外修筑 1~2 条环形截水沟。环形截水沟设置处，应在滑坡可能发生的边界以外不少于 5m 的地方。

②树枝状排水沟。树枝状排水沟的主要作用是排除滑体坡面上的径流。在设置树枝状排水沟时，应结合地形条件，充分利用坡面上的自然沟系，汇集并旁引坡面径流排出滑体外，若以自然沟渠作为排除地表水的渠道时，必须对其进行必要的整修、加固和铺砌，使水流通畅，不渗漏。

③平整夯实滑坡体表面的土层，防止地表水渗入滑体坡面造成高低不平，不利于地表水的排除，易于积水，应将坡面做适当平整。

2）力学平衡。对于滑坡的处治，应分析滑坡的外表地形、滑动面、滑坡体的构造、滑动体的土质及饱和水情况，以了解滑坡体的形式和形成的原因，根据运输道路路基通过滑坡体的位置、水文、地质等条件，充分考虑路基稳定的施工措施。填方路堤发生的滑坡，可采用反压土方或修建挡土墙等方法处理。

(3) 滑坡地段路基的施工技术要点：

1）滑坡地段施工前，应制定应对滑坡或边坡危害的安全预案，施工过程中应进行监测；

2）滑坡整治宜在旱季施工。需要在冬季施工时，应了解当地气候、水文情况，严格按照冬季施工的有关规定实施；

3）路基施工应注意对滑坡区内其他工程和设施的保护。在滑坡区内有河流时，应尽量避免因滑坡工程的施工使河流改道或压缩河道；

4）滑坡整治，应及时采取技术措施封闭滑坡体上的裂隙，应在滑坡边缘一定距离外的稳定地层上，按设计要求并结合实际情况修筑一条或数条环形截水沟，截水沟应有防渗措施；

5）施工时应采取措施截断流向滑坡体的地表水、地下水及临时用水；

6）滑坡体未处理之前，严禁在滑坡体上增加荷载，严禁在滑坡前缘减载。

6.3.2 路面施工

路面是道路的重要组成部分，是在路基的顶部用各种材料或混合料分层铺筑的供车辆行驶的一种层状结构物。路面的性能影响行车速度、安全、舒适性和运输成本，因此，认真组织、严格施工，使路面在设计使用年限内具有良好的使用性能，具有十分重要的意义。

在许多矿山和大型采石场中，好像很少考虑去修筑良好的运输道路路面，实际上运输道路的扩展常常只不过是在原有地面上清出一条通路而已。

这种做法，就初期费用而言，无疑是修筑道路最经济的方法，然而其得益却难以长久。不修筑完善的运输道路路面，其结果是增加车辆和道路维护费用，并且严重地妨害车辆安全通过路线的能力。在土和层状岩的路面上这些损失常常是极大的。在岩石路面上由于轮胎的过度磨耗，使车辆维修工作增大。实际上在层状岩上修筑没有棱角的路面是不可能的。这样，通过车辆的轮胎不断地被划伤切割。

土路，除非充分地压实并使其稳定，否则车辆和道路的维护会很困难。干旱季节时，常产生灰尘问题，如不加以控制，灰尘就会污染运输设备空气过滤部件、制动器和其他活动机件，造成经常性的更换这些部件。此外，灰尘还会浓厚到严重地降低能见度，从而给司机带来较大的安全事故。要消除灰尘问题，就应不断地使路面湿润，这就带来了另外的维护费用开支。如果太潮湿，不稳定的土路就会变得极滑，并由于浸刷而严重损害。在泥泞的路面上会降低车辆的控制能力而发生安全事故，并且必须增加清理冲沟的维护工作。在安全的运输道路的设计中应当永远避免凹凸不平的岩石路面和不结实的土路面。

有许多路面材料可以极大地增加安全和减小道路的维护工作。不过，要限定适用于运输道路施工的，其范围就大为缩小。确定路面材料以道路黏着力和作用于各种路面与轮胎之间的滚动阻力系数为基准。道路黏着系数在车辆的可能滑移方面起重要作用。由于涉及的原则是运输道路安全，首先应把重点放在这些特点上。

为了安全而选择的一种具有道路黏着系数高的路面，同时也有提高行车效率的效果。滚动阻力对车辆性能是有直接影响的，通常把它定为“车辆在某一特定的路面上移动必须克服的合力。”滚动阻力是每吨车辆总重的阻力，通常用磅来表示。这一阻力是由于轮胎压入松散材料而引起的，包括轴承摩擦损失。对于大多数路面材料来说，增加道路黏着系数会直接减小滚动阻力。在许多情况下，良好的路面减少了运行阻力可降低了运营费用。

沥青混凝土、碎石或砾石、稳定土都是铺筑道路路面很实用的材料，它们可最大限度地保证安全和运行效率。因为这些材料有其适应于一定运输条件的优点，下面分别予以讨论。

6.3.2.1 沥青混凝土

从安全的观点来看，沥青混凝土显然是最理想的路面材料。这种材料具有高的道路黏着系数并减小灰尘问题。此外，由于它有较高的稳定性，所以可以筑成光滑的运输表面，因而在运行中不必担心遇到足以影响车辆可操作性的深凹车辙。如果出现深凹或车辙，也易于填平修补。

从生产观点来看，沥青混凝土路面同样也是最理想的，由于其养护费用较低，使用沥青混凝土路面的现场有所增加。光滑的路面允许车辆以较高的速度安全运行，因而缩短了生产周期。

使用这种路面结构也有一种季节性的缺点，在第一场雪或冻雨之后，光滑的沥青路面形成光滑的冰雪面。由于阻力很小，于是路面将变得极为光滑，需采取必要的措施。当矿区经常有骤发的冻结现象，这将对运输安全带来严重的威胁。

如果沥青混凝土被选为路面材料，它必须在施工较好的条件使用。为了路面的稳定，必须由沥青结合剂、骨料和胶体沥青等混合而成。对某一地区所用的精确混合比可从政府公路局或地方筑路承包商处取得。

铺设沥青以前，必须先铺好完整的底基层，然后铺设基层。基层是直接铺于沥青混凝土下边的稳定材料层。虽然任何 CBR≥80 的材料都可以用来铺筑基层，但推荐使用碎石。基层厚度完全取决于路基的条件，干净砂的底基层在路面以下35cm，这段空间必须由基层混合料和沥青混凝土充填。

沥青混凝土路面造价较高，限制了它在使用期限短的道路上使用。对于过重的轮胎经常运行的道路路面，它的厚度至少为10cm。

沥青混凝土路面的铺筑是受许多可变因素影响且极为复杂的过程。混合的温度、碾压程序、洒水、接缝、稠密度控制都是铺筑时必须考虑的一些重要的因素，除非是矿山工作者熟悉铺设沥青的所有细节。在修筑道路之前，应在计划使用的现场，对沥青混凝土进行小规模的试验，记录其对正常环境和运行条件下的适应性。

由于沥青混凝土路面费用较高，所以设计时必须充分研究是否能用增加速度和降低维修费用来补偿投资。在许多情况下，决定的因素是运距和道路的使用期限。如道路的使用期限较短，就难以证明沥青路面是否合算的。如果运距和使用时间长，铺设沥青混凝土路面是非常有利的。

6.3.2.2　压实的砾石和碎石

目前大多数运输道路都在使用压实的砾石和碎石路面，如果修筑和养护良好，两种路面材料都能铺设成不易变形、滚动阻力小、道路黏着系数较大的稳固道路。砾石和碎石道路最大的优点就是安全和有效，能以较低的费用迅速建成。在运输线路需要改线的地点或者重型履带式车辆必须通行的地点，采用沥青混凝土那样的永久性路面是不合适的。

在许多地区经常都有由小卵石和砂混合成的河峰砾石，这是一种低廉的路面材料。但在铺设砾石之前，必须将大卵石和植物以及其他不理想的材料予以清除。其他适用于修筑路面的材料有爆破后的细颗粒岩石、矿渣、崩解的花岗岩和页岩、火山灰、选矿后的尾矿以及炉渣。

在砾石中的粉屑所占的百分比在冰冻或炎热、干燥气候下会影响路面的稳定性。因此，道路遭受冰冻气候影响时，粉屑量不得超过10%，以防止解冻期出现泥泞的情况。道路遭受炎热、干燥气候时，粉屑量不得小于5%，以防止干裂和松散。

如果在铺设面层材料之前，已设置适当的底基层和基层，则路面层厚度不应超过15cm。为了铺设均匀，应使用平路机或相当的设备来铺设。铺设之后，必须彻底压实到15cm的厚度。碾压时，使用胶轮式或钢滚压路机。没有压路机时可使用重型胶轮车辆。不过，胶轮车辆必须重复行驶于路面全宽且压实效果并不十分理想。

用这类材料修筑的路面建成之后，道路需要经常养护。养路工作最多的是定期平整，平整那些由于通行车辆而不可避免的产生的车辙和坑洼。精确的养路计划主要取决于交通量，并且必须适应各个地段的情况，在某些情况下，交通量会很繁重，要充分认识到连续不断的养路工作的好处。

在很多采石场生产中，很容易从最终的产品堆场取出砾石和碎石，其他露天矿，则通常从爆破和剥离覆盖的岩石中取得碎石。因此，难于得出准确的建设费用，不过，修筑砾石和碎石道路的费用要明显低于沥青混凝土路面的费用。

A　碎石路面工艺流程

路基分段验收→施工放样→运输、卸料→摊铺→初压→摊铺石屑→整形→振动压实→洒水→终压→取样试验→验收。

B　碎石路面施工方法

（1）基层施工。路基形成并经业主验收后，开始混块碎石的施工，用自卸车从料场运块碎石至施工部位，人工辅助推土机摊铺、平整。平整好的集料用18t振动压路机压实至设计要求。

（2）面层施工。基层验收后，进行面层施工。

1）运输与摊铺。采用20t自卸汽车从料场运至施工部位，根据预先计算的距离堆放在路基上。卸料时，应严格控制堆料间距，尽量避免料不够或过多，人工辅助推土机或平地机均匀摊铺在预定的路基宽度上。摊铺时，两侧各超宽30cm。表面力求平整，并形成2%路拱，同时摊铺路肩用料。

2）初压。平整好的集料采用18t震动压路机压3~4遍，使粗碎石稳定就位，在直线段上，从两侧路肩开始，逐渐错轮向路中碾压，及先边后中。在平曲线段上，从内侧路肩开始，逐渐错轮向路肩碾压。错轮式，每次重叠1/3轮宽。

3）整形与压实。推土机辅以人工进行修整并形成规定路拱，18t振动压路机在低速（头两遍采用1.5~1.7km/h）碾压，将全部石屑或粗砂振入碎石间的孔隙中。碾压过程中，人工随时添加填隙料，直至孔隙全部填满为止。

4）终压。在表面孔隙全部填满后，适当洒水，18t振动压路机在路基全宽范围内进行碾压，碾压方法同初压。碾压时，轮迹重叠1/3轮宽，碾压6~8遍（具体碾压遍数由试验确定），且表面无明显轮迹。两侧应多碾压2~3遍。严禁压路机在已完成的或正在碾压的路段上调头或急刹车。

5）检测与试验。在完成压实后的碾压段上全幅断面及时进行压实度试验和平整度试验。

6.3.2.3 稳定土

稳定土是指任何一种土壤经过特殊处置或外加物，将其从自然的松散不固结状态转变为有一定程度适应车辆运输重量的稳定状态。为了达到这种程度的稳定，就要掺入使土固结的结合剂，如水泥、沥青、熟石灰。

虽然这些材料不能建造充分的运输道路路面，但是它们可以大大地减少基层材料的需求量。实际上，各种土壤结合剂常直接与土壤混合而成路面的底座，就不需另修底基层了。同时，土壤结合剂可减少底基层和基层材料的需要量。掺入某种特殊的结合剂能否减少或不要底基层或基层材料，这个问题是随掺入材料的固有强度和运输道路上的车辆重量而定的。

由于沥青灌入和土壤黏结费用高，因此它们只适用于永久性的运输道路。有时，在路基非常软，并且为了稳固而需要大量换土的底基层地段，这些方法会很有利。在这种情况下，往少量的填充材料里加些沥青和水泥可以形成稳固的基层。

6.3.3 排水设施施工

6.3.3.1 排水沟施工

A 路基地下水排水设置与施工

路基地下水排水设施有排水沟、暗沟（管）、渗沟、渗井、检查井等。其作用是将路基范围内的地下水位降低或拦截地下水并将其排除至路基范围以外。

a　排水沟、暗沟

(1) 设置。当地下水位较高，潜水层埋藏不深时，可采用排水沟或暗沟截流地下水及降低地下水位，沟底宜埋入不透水层内。沟壁最下一排渗水孔（或裂缝）的底部宜高出沟底不小于 0.2m。排水沟或暗沟设在路基旁侧时，宜沿路线方向布置，设在低洼地带或天然沟谷处时，宜顺山坡的沟谷走向布置。排水沟可兼排地表水，在寒冷地区不宜用于排除地下水。

(2) 施工要求。排水沟或暗沟采用混凝土浇筑或浆砌片石砌筑时，应在沟壁与含水量地层接触面的高度处，设置一排或多排向沟中倾斜的渗水孔。沟壁外侧应填以粗粒透水材料或土工合成材料作反滤层。沿沟槽每隔 10~15m 或当沟槽通过软硬岩层分界处时应设置伸缩缝或沉降缝。

b　渗沟

(1) 设置。为降低地下水位或拦截地下水，可在地面以下设置渗沟。渗沟有填石渗沟、管式渗沟和洞式渗沟三种形式，三种渗沟均应设置排水层、反滤层和封闭层。

(2) 施工要求。

1) 填石渗沟的施工要求：填石渗沟通常为矩形或梯形，在渗沟的底部和中间用较大碎石或卵石（粒径 3~5cm）填筑，在碎石或卵石的两侧和上部，按一定比例分层（层厚约 15cm），填充较细颗粒的粒料（中砂、粗砂、砾石），做成反滤层，逐层的粒径比例，由下至上大致按 4∶1 递减。砂石料颗粒小于 0.15mm 的含量不应大于 5%。用土工合成材料包裹有孔的硬塑管时，管四周填以大于塑管孔径的等粒径碎、砾石，组成渗沟。

2) 管式渗沟的施工要求：管式渗沟适用于地下水引水较长、流量较大的地区。当管式渗沟长度 100~300m 时，其末端宜设横向泄水管分段排除地下水。

管式渗沟的泄水管可以用陶瓷、混凝土、石棉、水泥或塑料等材料制成，管壁应设泄水孔，交错布置，间距不宜大于 20cm。

3) 洞式渗沟的施工要求：洞式渗沟适用于地下水流量较大的地段，洞壁宜采用浆砌片石砌筑，洞顶应用盖板覆盖，盖板之间应留有空隙，使地下水流入洞内，洞式渗沟的高度要求同管式渗沟。

c　渗井

(1) 设置。当路基附近的地面水或浅层地下水无法排除，影响路基稳定时，可设置渗井，将地面水或地下水经渗井通过下透水层中的钻孔流人下层透水层中排除。

(2) 施工要求。渗井直径 50~60cm，井内填置材料按层次在下层透水范围内填碎石或卵石，上层不透水层范围内填砂或砾石，填充料应采用筛洗过的不同粒径的材料，应层次分明，不得粗细材料混杂填塞，渗井离路堤坡脚不应小于10m。

B 路基地面水排水设置与施工要求

路基地面排水可采用边沟、截水沟、排水沟等设施。其作用是将可能停滞在路基范围内的地面水迅速排除，防止路基范围内的地面水流入路基内。

a 边沟

(1) 设置。挖方地段和填土高度小于边沟深度的填方地段均应设置边沟。路堤靠山一侧的坡脚应设置不渗水的边沟。

为了防止边沟漫溢或冲刷，在平原区和重丘山岭区，边沟应分段设置出水口，多雨地区梯形边沟每段长度不宜超过300m。

(2) 施工要求。平曲线处边沟施工时，沟底纵坡应与曲线前后沟底纵坡平顺衔接，不允许曲线内侧有积水或外溢现象发生。曲线外侧边沟应适当加深，其增加值等于超高值。

边沟的加固，当土质地段当沟底纵坡大于3%时应采取加固措施；当采用干砌片石对边沟进行铺砌时，应选用有平整面的片石，各砌缝要用小石子嵌紧；当采用浆砌片石铺砌时，砌缝砂浆应饱满，沟身不漏水；若沟底采用抹面时，抹面应平整压光。

b 截水沟

(1) 设置。截水沟的位置。在无弃土堆的情况下，截水沟的边缘离开挖方路基坡顶的距离视土质而定，以不影响边坡稳定为原则。如系一般土质至少应离开5m，对黄土地区不应小于10m并应进行防渗加固。截水沟挖出的土，可在路堑与截水沟之间修成土台并夯实，台顶应筑成2%倾向截水沟的横坡。

路基上方有弃土堆时，截水沟应离开弃土堆脚1~5m，弃土堆坡脚离开路基挖方坡顶不应小于10m。弃土堆顶部应设2%倾向截水沟的横坡。

山坡上路堤的截水沟离开路堤坡脚至少2.0m，并用挖截水沟的土填在路堤与截水沟之间，修筑向沟倾斜坡度为2%的护坡道或土台，使路堤内侧地面水流入截水沟排出。

(2) 施工要求。截水沟长度超过500m时应选择适当的地点设出水口，将水引至山坡侧的自然沟中，截水沟必须有牢靠的出水口，截水沟的出水口必须与其他排水设施平顺衔接。

c 排水沟

排水沟典型断面如图6-20所示，其施工应符合下列规定：

(1) 排水沟的线形要求平顺，尽可能采用直线形，转弯处宜做成弧线，其半径不宜小于10m，排水沟长度根据实际需要而定，通常不宜超过500m。

(2) 排水沟沿路线布设时，应离路基尽可能远一些，距路基坡脚不宜小于

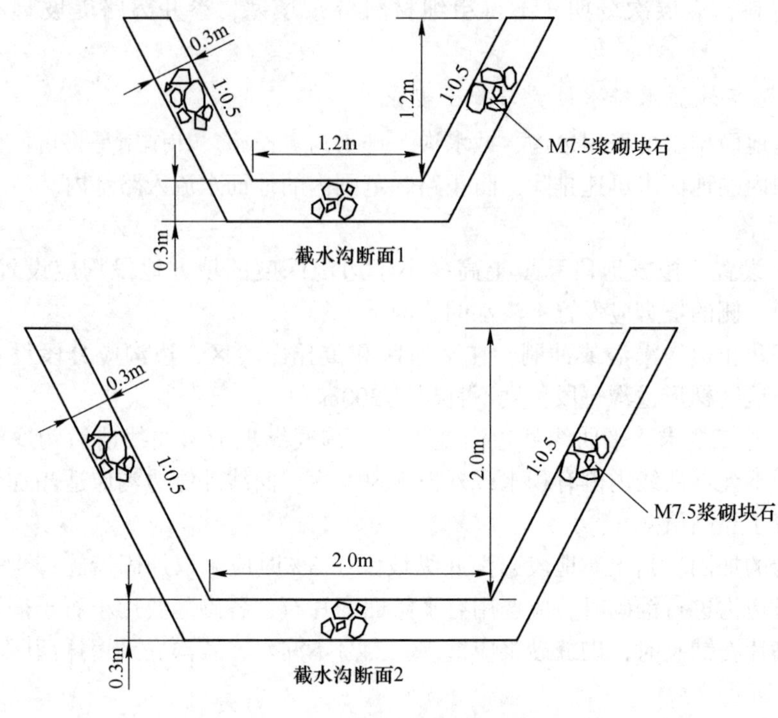

图 6-20　排水沟典型断面图

3~4m。大于沟底、沟壁土的允许冲刷流速时，应采取边沟表面加固措施。

6.3.3.2　管涵施工

管涵主要施工工序和方法：

(1) 测量放线。根据测量控制点、水准点及设计院图纸中管涵的几何尺寸、标高，放出圆管涵的中心线位置及涵管标高控制点。

(2) 基槽开挖。待业主代表检查复核圆管涵平面位置和现有地面标高后，进行基槽开挖。采用机械方式开挖，人工修整。

(3) 垫层、管基施工。基槽开挖、清理完毕经业主代表验收后，为保护基槽暴露面不致破坏，紧接着进行垫层铺设、管基混凝土浇筑施工。

按照设计要求铺筑沙砾垫层。施工时分层摊铺、分层均衡压实，垫层压实度须满足设计与规范要求。

(4) 管节敷设。预制圆管涵管节半成品构件必须按设计要求制作，养护至满足设计强度要求后运至施工现场。在装卸、运输过程中采取措施防止管节损坏或产生裂纹，并按有关规范和规定要求堆放。

管基混凝土达到设计强度的 70%后才能进行管节敷设。采用吊机吊放，人工校正定位，确保每根管节的轴线正确。测量人员复核圆管涵轴线及管顶标高，无误后固定管节。施工时每根管节均应紧贴于混凝土管基上，使涵管受力均匀。

（5）接缝、沉降缝施工。管节接头按照施工图要求，接缝要紧密，宽度不大于10mm，在圆管的内外表面涂刷沥青涂层，增强其黏结性，用沥青麻絮填塞接缝，形成一柔性水密封层，并用1∶3水泥混凝土浆抹带，绕管壁缠一圈防水层，宽15cm，然后设置1∶2水泥砂浆箍圈。

（6）回填、夯实。管节安装和接缝施工经项目业主代表检验合格后，进行回填作业。

回填时在圆管涵两侧对称地按设计要求，同时分层回填黏性土并与涵管中心齐平，夯实时注意不使涵管和接缝部位引起任何损坏和扰动。之后再按设计要求分层回填并压实，压实度应达到95%。在施工过程中，严禁重型机械和车辆通过。图6-21为水沟穿路示意图。

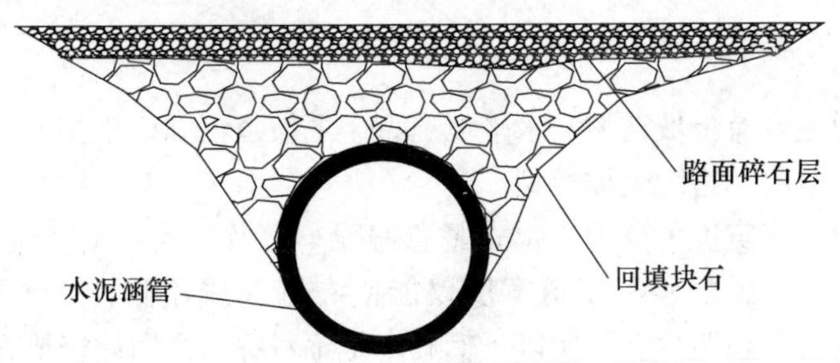

图6-21　水沟穿路示意图

6.3.4　道路改造

露天矿山开采是一动态推进的过程，地形环境、设备数量型号、行驶环境、服务对象等均是随之改变的。道路施工过程中、使用过程中均会遇到不适合现阶段生产情况或不经济不合理的问题，因此需对矿山道路进行优化改造，以确保矿山道路的运输安全且经济合理。

6.3.4.1　外部道路堆填

相对矿坑位置有场内道路和场外道路之分。山坡露天矿设置场外道路优势明显，路线固定且不覆压矿产，不影响矿山推进。但当矿山下部山体坡度较陡、高差较大时，下部铺设道路困难极大，挖填方量大。此时便须另辟蹊径，可将下部一段道路延伸到较平缓处起坡，搭接到矿山一定高程处，解决下部陡峭问题。

6.3.4.2　增设错车道或车道

根据道路通过能力公式可知，单车道通车能力较差。为了增加道路通过能力，可以通过增加错车道或增加车道数目两种方法简单有效缓解道路通行压力。

在有双向行车要求的单车道上，应在适当地点设置错车道，错车道应设在有利地点，并使司机能看到相邻两错车道间驶来的车辆。错车道若设在坡道上，一般宜选纵坡<4%的路段。两相邻错车道间的距离不应超过300m。

单车道变更为双车道可以保证道路双向行车，极大增加道路通行能力。当双车道运力有限时，可以通过增设一空车道，提高道路通过能力。

宏大爆破承接的哈尔乌素剥离项目中业主为我单位仅规划了一条专用道路，需要日完成6万立方米的运输任务。由于道路较窄仅为双车道，道路通行密度较大，难以达到要求运力。为提高运力，我单位将道路进行了拓宽，由双车道改造成了三车道，并定期养护，保持路面平整，达到Ⅰ级矿山道路标准，行车速度可达40~50km/h，极大提高了道路运输能力，顺利完成了剥离弃渣任务。

6.3.4.3 增设紧急避险车道

避险车道主要有上坡道型、水平坡道型、下坡道型和砂堆型四种，根据空间位置选择紧急避险车道为上坡道型。

根据避险车道宽度可分为半幅式紧急避险车道及整体式紧急避险车道两类。半幅式紧急避险车道的停车车道宽度仅能使右侧（或左侧）半个驱动轴进入，另半个驱动轴行驶在路肩上，所以车辆刹车是不对称的，因此需要在停车道的外侧设置阻拦装置，以便阻止车辆冲出侧翻；该种避险车道对地形条件要求低，仅加宽部分路基，工程规模小；但容易造成车辆受损，一般不建议采用。整体式紧急避险车道的制动车道宽度大于重型车辆宽度，根据避险车道相对于行车道位置分其为分离式及平行式两种。

根据类似工程经验及该矿山采区实际地形，选择紧急避险车道为分离式避险车道。避险车道一般由引道、制动坡道、强制减弱装置、服务道路等组成，如图6-22所示。

避险车道是为失控车辆设计的，因此它的平面线形应是直线。平面布设上，应尽可能布设在曲线外侧，以曲线的切线方向切出。

引道起着连接主线与避险车道的作用，可以给失控车辆驾驶员提供充分的反应时间和足够的空间沿引道车辆可安全地驶入避险车道，减少因车辆失控给驾驶员带来的恐惧心理，而不致失去正常的判断能力。受地形限制，寻求恰当位置设置避险车道在山区往往非常困难。无法保证避险车道设置在路线平面曲线切线方向时，引道设计应避免流出角过大，同时引道上应设置较大的曲线半径予以过渡。

车辆进入避险车道之前，应保证准备使用避险车道的驾驶员，在引道的起点

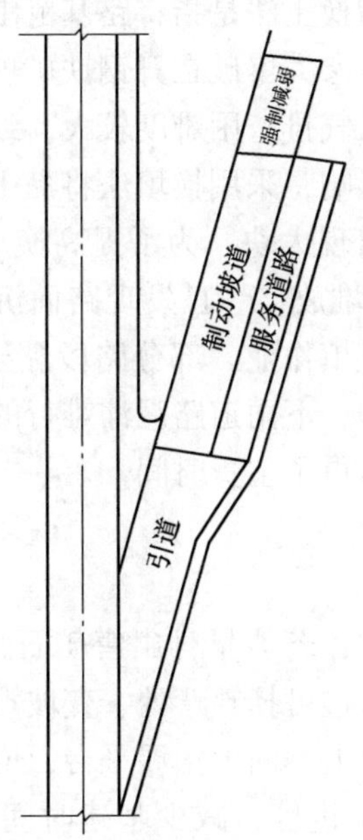

图 6-22 紧急避险车道示意图

清晰地看到避险车道的全部线形，时隐时现的避险车道会给驾驶员不安全的感觉，往往会使驾驶员避开避险车道，而遗憾地错过一次救生的机会。因此，在避险车道前保障足够的视距是非常必要的，除根据规范要求设置必要的标志、标线外，至引道起点的行车视距至少应满足停车视距要求。

6.3.4.4 临时便道

对于山坡露天矿，为了实现道路快速贯通，可实行分段修筑施工道路（包括干线道路和临时道路）的方法。在“之”字形道路中，可在上下空间两条道路中间以便道沟通。便道主要是为了方便挖机、钻机、油炮机、加油车等机械设备出入而修建，使用时间较短（约 1~2 个星期的使用时间），修筑灵活方便。

便道的展开为多段施工提供了可能，一条便道可拓展出 2 个工作面，在山脊、缓坡路段，可以通过此种方法设置数条便道，增快了设备入场速度，加快了道路修筑进度，是陡帮强化开采中常用到的道路施工措施。

6.3.4.5 路面换填

露天矿山施工过程中，常会出现道路路基较软的现象，雨水充沛时期将导致路面沉陷、泥泞、翻浆等问题，严重影响道路通行能力。为应对此种难题，换填法是一有效方法。

换填法又称换土法。所谓换土法是指将路基范围内的软土清除，用稳定性好的土、石回填并压实或夯实。宏大爆破在舞钢铁矿项目施工过程中，采场至排土场的道路为黏土道路，下雨天气排渣困难度较大，致使窝工时间较长。为了降低下雨期间湿黏路基对工程的影响，采用换填法将黏土道路进行了改造。

爆破过程中不可避免会出现大块，为了提高换填质量，将需排弃到排土场，单向长度1m左右大块石沿路堆放，一旦发现路面沉陷过大、雨天难以行车，即安排道路养护队伍对其进行换填作业。部分路段黏土较厚，曾换填3m左右，换填后路面平整度、坚实度增加，下雨道路泥泞难行的问题得到了根本解决，停工窝工时间降低，为强化开采赢得了宝贵时间。

6.3.4.6 增开辅助开采平台

当资源紧俏，市场向好时，若能早日出售矿石，则会给业主带来不菲收益。矿山基建道路修筑期间，可通过可择转弯处、变坡点或标准台阶标高处，增设辅助开采平台。此平台可作为向上、向下拓展平台，增加施工作业面，实现陡帮强化开采，该方法可以加快施工进度，减少基建时间，少花钱多出矿，尽快抢占市场。

6.3.5 道路养护

采用自卸汽车运输的露天矿和大型土石方工程，运输成本在很大程度上取决于运输线路的合理布置和路面的质量状况。自卸汽车在良好路面上行驶时，可以减小运行阻力，提高行驶速度，降低燃油消耗，提高轮胎及机件的使用寿命，从而降低运输成本，获得好的经济效益。道路质量不良，会严重影响道路性能，导致汽车运行状况不佳，行驶阻力增大，燃油消耗增加，车辆颠簸不堪，车速只能达到10km/h左右。还会造成扬尘过大、轮胎磨损加剧等危害。

被列在露天矿生产中的穿孔、爆破、装矿、运输四大工艺之外的养路工作往往不被人们重视或重视不够，以至有人“只顾修车，不管修路”，只注重研究探索车辆的运行管理，检修计划的安排落实，修车质量的保证措施，新工艺新技术的推广应用，而在养路工作上只习惯于循着常规走路，致使养路工作没有开拓性的进展，适应不了汽车吨位日趋增大的情况，最终表现为四大工艺失去平衡，运输被动，运力不足，运输成本及综合采矿成本逐年上升。严酷的事实使人们重新认识到养路工作在矿山生产中的地位。

运输道路日常养护的主要内容包括：修补路面坑槽、清扫路面碎石等杂物、保持路面的平整。道路养护与维修按其工作性质，工作量大小及养护频率分为三类。

（1）小修、保养：经常保持道路平整、坚实，并及时修补道路，使之处于完好状态。

（2）大、中修：对损坏较大的道路进行修理，局部翻新或全部重建。

（3）改建：在采场（或排土场）内进行道路的移设或改道。

6.3.5.1 道路工程养护应遵循的原则

A 对路基及路面进行定期检测

养护工作需要对正在使用中的道路进行定期的检查，检查的主要内容包括对路基及路面具体信息数据要做系统的收集，将数据统一上报，建立数据库，为以后进行检修提供数据支持。同时对路基及路面实际使用以及损坏情况要做出数据统计，科学地建立安全评估体系，确保正常生产。同时，还要对路面的平整度、弯沉、构造深度做出具体的检测分析。

B 实施预防性养护

对道路进行预防性养护是一直被提倡的，由于天气等因素的影响，道路容易出现各种质量问题，如果在这一时期道路发生破坏，对维修单位是一项非常严峻的挑战。因此，养护工作者应在道路病害高发期之前就对其实施预防性养护，加强平时对道路的检查，在病害高发期的最初阶段及时发现隐患问题并解决，避免其统一集中的爆发，这样可以大大节省人力和财力，同时保障道路的安全运行。

C 确保工程养护的及时性

道路因其本身的特性，具有大容量高速度的特点，因此，进行道路养护要保障及时性当路面发生防护栏损害和路面病害等问题时，要在第一时间发现并解决。应对道路损坏的临时事件时，道路养护部门要做到及时有效，同时针对不同道路做好应急预案，一旦发生故障，第一时间拿出解决方案。

D 加强养护人员安全意识

道路维修过程中，半通行路面是比较常见的，但是这种情况下的养护工作存在危险性。需要加强养护工人的安全意识，将安全作业放在第一位，在道路养护过程中，工作人员要严格按照相关规定执行，安放警示牌，以保障过往车辆以及维护人员的安全。

6.3.5.2 道路损坏影响

露天矿山道路通过能力大，运载时间相对集中，汽车运行对道路破坏强度大。汽车在运行过程中对路面的破坏力主要有：动载破坏力、前行破坏力、曲线横向破坏力、克服空气阻力破坏力、坡道破坏力、加速破坏力和制动破坏力。重型汽车不管是何种运动均对路面产生极大的破坏力，且随着路面状况恶化，司机操作不当情况加剧。

A　路面破坏模式

依据路面所受破坏力及其他因素影响，路面破坏模式大致分为 5 种类型：搓板形、翻浆形、车辙深痕形、超高撒货形、不均匀沉陷形。

掌握路面破坏模式，在实际工作中对其破坏模式进行有针对性的维护和保养，可起到明显的效果。

B　路面破坏的危害

路面变形及破坏有极大的危害性，总结起来有以下几点：

(1) 增加燃油单耗；

(2) 行走转向部件、轮胎损坏快，设备维护成本高，易造成设备管理恶性循环；

(3) 降低车辆运行速度，造成车辆不必要的停顿，生产效率低下；

(4) 生产安全系数低；

(5) 增大操作者的劳动强度；

(6) 缩短车辆的运行寿命。

了解其危害，对于提高道路维护管理意识，进而探索提高道路质量的途径有重要意义。

6.3.5.3　道路养护措施

矿山道路养护工作的工作量很大，劳动强度也很高。在实际工作中，对道路维修与保养重视程度明显不足，目前矿山的好路率仅为50%左右。道路质量的好坏直接影响运输成本，为了提高矿山经济效益，需要重视道路养护工作，贯彻落实“多修路少修车”的理念。

A　加强技术管理

采掘工作面水文地质条件的好坏，直接影响到移动线路质量及其维护水平，因此，必须加强日常技术管理提高道路质量。

(1) 控制路基条件，搞好爆破、采装工作。

(2) 在布置采掘方案时要优先考虑线路质量，特别是有时不得不建立在细砂岩层上的道路，因其结构松散，稳定性差，整体抗动载荷和前行破坏力极差，易形成车辙深痕形的破坏模式，为避免其危害就必须在道路修筑面层以承受行车荷载，保证路面力学强度和结构稳定性。

(3) 一些工作面可能涌水，残留水流入工作面移动线上，必然弱化路面的力学强度，破坏其结构的稳定性。为消除危害，挖掘机作业时在台阶坡底挖掘排水沟，在渗水较多时可在移动线路下面修设排水暗管或用反铲开挖截排水沟，对于减少残留水影响效果非常明显。

（4）因曲线半径小或者转弯处外侧超高不够，易造成路面超高撒料，对于轮胎的破坏是非常严重的，在条件允许的情况下，应加大道路转弯半径，或者增加曲线外侧超高值。

B 运输道路的平整

道路平整工作是道路维护中的一项重要内容。运输道路的地基条件、气候影响和所承载的车流荷载冲击等都会使路面的平整度逐渐恶化。在不平整的路面行驶时，作用于自卸汽车的交变荷载对汽车的使用期限、维修和停工数量等因素有很大影响。不平整路面的车辙坑妨碍转向操纵，泥泞、坑洼的路面降低了车辆的通过能力和制动效果。车轮陷入路面越深，滚动阻力越大。此外，汽车的牵引力和轮胎的弹性也影响滚动阻力。

美国卡特彼勒公司的研究认为，运输道路的滚动阻力每增加 3%，载重量 85t 自卸汽车的生产能力下降约 30%。如果在运输道路使用平路机保持路面平整，道路的滚动阻力将为 3%。而不用平路机，则滚动阻力值将增加到 11%，那么一台 85t 的自卸汽车在滚动阻力为 3%的道路上的运输量，会比滚动阻力为 11%时多一倍。

同时，提高道路平整度还能使汽车燃油消耗下降。用计算机模拟出的在不同滚动阻力条件下的汽车燃油需要量如图 6-23 所示。

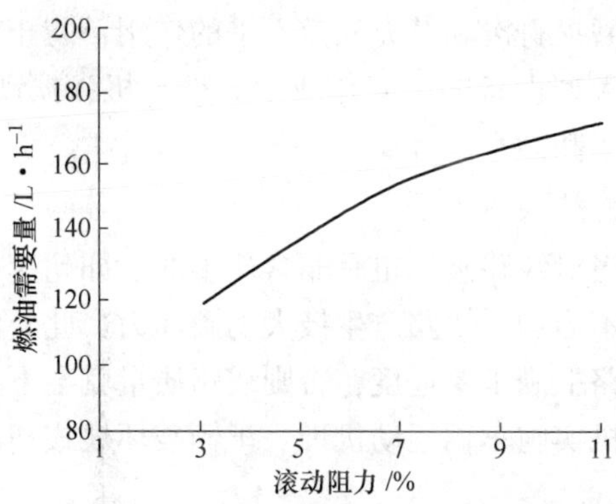

图 6-23 汽车燃油量与滚动阻力的关系曲线

上述分析说明了采用平路机获得的效益将远远超过使用平路机时的费用，证明道路平整工作可明显提高露天矿运输的经济效益。

我国德兴铜矿引进道路质量成本理念，道路质量提高后汽车轮胎刺破率下降，在轮胎使用效率方面每年可节约成本百万元以上；汽车台班运输效率提高了 62%；实际柴油单耗指标降低了 25.5%；汽车平均运行速度提升了 35%。可见，道路质量改善所带来的效益之可观。

C　针对气候特点加强道路维护

晴天，做好路面洒水、防尘工作，使路面坚实。大雨后，道路含水率高，若出车太早，将会造成道路翻浆，破坏原面层机构，因此大雨后停止作业。

冬季作业时，道路冰冻后会面层岩性变脆，需在路面洒盐除冰缓温。

D　建立专业化道路维护队伍

矿山道路建设和日常维护都要求有较高技术标准，要求维护人员必须掌握汽车运动机理、路面影响因素、破坏模式和修路作业标准，才能保证线路质量。随着生产能力的逐年扩大，道路总长度的增加，设备日益大型化，以及车流密度的增加，对道路维护质量的要求越来越高，公路养护适宜采用三班制度，加强对道路的养护效率。

(1) 小修、保养：经常进行整平，修补；

(2) 大、中修：大范围修理及翻新；

(3) 改建与新建：道路档次升级、新建支路等。

E　合理配备维护设备

重型汽车运输线路维护是一个动态工作过程，足够数量与类型的维护设备是提高线路质量的根本手段。

同时矿山道路需要经常挖填，压实平整，洒水除尘，半干线、干线要铺设磨耗层，起到免除路面磨损打滑和补充松散不平的作用，防止汽车振动引起较大的动载荷，都需要足够大型设备的配套作业，如推土机、振动式压路机、平路机、前装机、自卸式翻斗车和洒水车等。

F　提高汽车驾驶员操作水平

汽车司机操作不当对线路破坏也是非常严重的。如超速行驶、频繁刹车、转弯半径小、选择路面不当均对线路产生极大的破坏力。此外洒水车司机在坡道地段、转弯路段新修线路上洒水要适度，否则线路质量就会下降，对安全生产非常不利，因此对汽车司机实施车辆运动机理、车辆破坏模式和养路常识方面的培训是非常重要的。

6.4　高陡露天矿开拓运输系统布置实例

甘肃天水某采石项目是宏大爆破承接的采石场项目，见图 6-24，年生产 500 万吨石料，为山坡型露天开采以及公路开拓、中深孔爆破、台阶式开采。

承接该工程前，因为山势陡峭，未形成完整开拓运输系统，达不到规模开采，我单位承接该工程后，首先须尽快在陡峭山势上修建完整的上山道路，其次在道路修筑过程中尽可能多的供应石料，以达到业主的后续生产需求。

图 6-24 矿山现状图（原图为彩色，红色标记为矿区境界拐点）

6.4.1 开拓运输道路方案可行性简析

矿区面积为 0.5225km²（图 6-25），拟开采标高为 1120~1406m。矿区岩性单一，矿体主要岩性为岩屑晶屑凝灰岩和石英正长斑岩，大致查明可作为普通建筑碎石用矿石。呈块状、似层状产出，二者呈侵入接触关系。岩石基本呈北东向展布。

图 6-25 矿区三维展示

矿区内北侧和中部海拔较高，山势较为陡峭，由山势等高线可以分析出，矿区内山势陡峭程度，如图 6-26 所示。

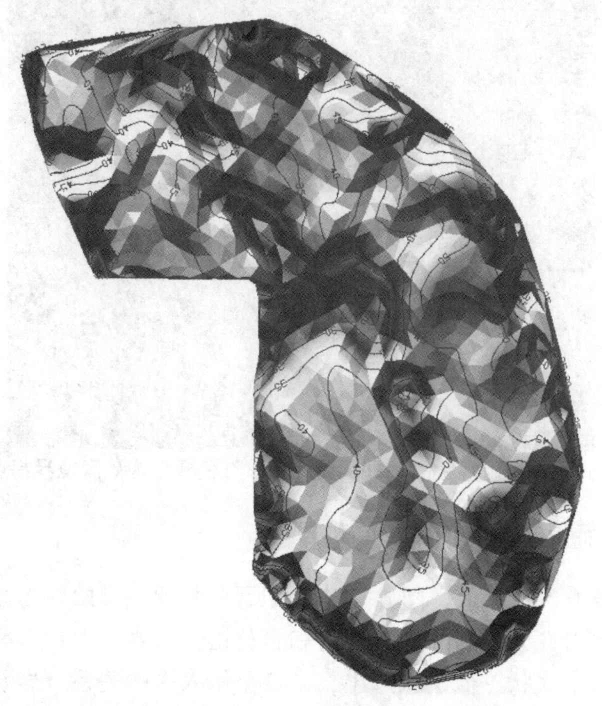

图 6-26　矿区内坡度等值线图（原图为彩色，颜色越深坡度越陡）

根据勘探资料，绘制矿权内坡度等值线图，颜色越深坡度越陡，由图 6-26 可知：矿山整体坡度较陡，矿山西侧坡度约为 35°～45°；矿山东侧，因受长期剥蚀切割作用，山体沟壑起伏、沟谷密布，局部呈 60°～90°陡崖状。因此该矿山铺设开拓运输系统及布置开采台阶较为困难。

开拓运输系统是建立地面到露天采场各工作水平以及各工作水平之间的矿岩运输通道，是保证露天矿山正常持续稳产的必备设施。若无完善的开拓运输系统，矿石废石难以运出采场，影响矿石正常生产。该矿山前期就是饱受不完善的开拓运输系统的困扰，难以实现规模量产。

针对该陡峭矿山，宏大爆破经过现场调研，提出三种开拓运输布置方案。

6.4.1.1　方案一：绕矿山东麓环形上山

环形上山道路依山势而建，从上到下一气呵成，没有回头弯，运输通畅（图 6-27）。

环形上山道路，主要线路布置在矿山东麓，与西部主采区域交叉作业少，使用年限长，运输畅通，同等道路参数情况下，运力较大，且行车安全系数大。然

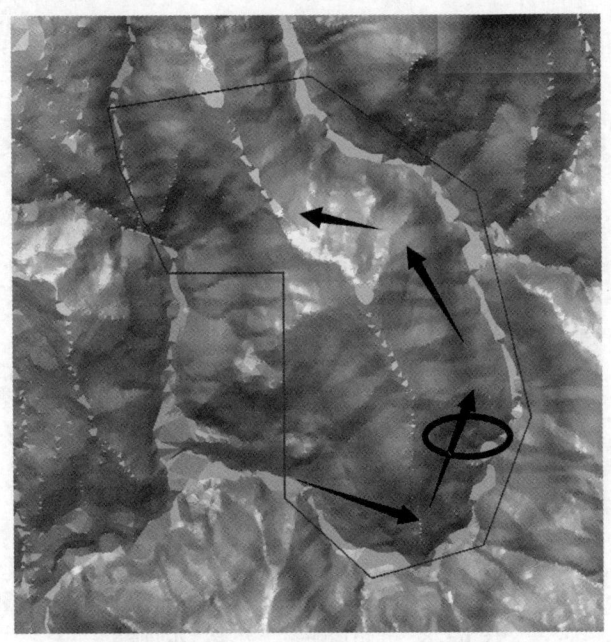

图 6-27 开拓运输系统方案一示意图

而东麓整体坡度较陡，平均坡度约 46°，若在该侧修路，因矿山表层有 7~8m 上覆黄土，该坡度情况下，极易造成滑坡，修建难度较大。而且东麓南侧有一断崖，高差约 60m，正处于道路铺设必经之路上，在此修路，若向上挖方，挖方工程量巨大且边坡较高，若向下填方，则填方量较大，约 15 万立方米，二次剥离费用较大，且雨季到来，雨水冲刷极易冲断。

综合上述原因，在矿山东麓修筑开拓运输系统随优点明显，但出于安全及连续生产考虑，该方案难以施行。

6.4.1.2 方案二：绕山脊盘山而上

矿区内矿山南北较长，东西较窄，山脊近南北展布。山脊处纵向坡度较缓，仅为 25°~30°，从南侧山脊处修筑开拓运输系统，较为容易。

山脊较窄，宽度介于 60~120m 间，若从此处修建开拓运输系统，则 15m 的台阶需要分成两段进行修筑，若整体修筑，道路中部拐弯较急，斜坡道两段均为回头弯，工程量较大。严重影响施工进度及道路运输能力。

综合考虑以上因素，该方案经济型及安全性有待考察，可参见图 6-28。

6.4.1.3 方案三：矿山西麓盘山而上

西侧山体坡度较东侧较缓，平均为 33°左右，无断崖存在，在此侧设置开拓

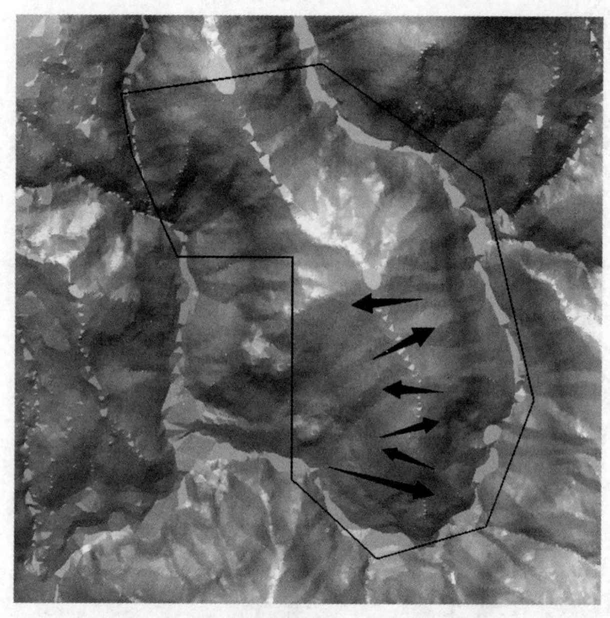

图 6-28　开拓运输系统方案二示意图

运输系统，较东侧难度稍小，和原矿山开采处相对集中，便于管理。且可以减少前期对矿山的破坏，保持水土。

山麓西侧修筑开拓运输系统，较其他方案较为容易，回头弯较少，拐弯处可进行拓展，早日采出部分矿石，在坡度较缓处修路，挖填方工程量少，修路安全性大大提高。

对比三套方案分析可知，采用方案三最为经济可行，可参见图 6-29。

6.4.2　开拓运输道路方案设计

6.4.2.1　开拓运输系统参数

矿山整体坡度较陡，而且沟壑纵横，难以修建宽阔、平缓的道路。

本次设计结合生产实际和现场踏勘情况，设计为双车道，道路宽度 w 为：

$$w=d_q+c+a+c+d_g$$

式中　d_q——挡墙宽度，1m；

c——车道宽度，3.75m；

a——安全距离，1m；

d_g——挡墙或沟槽，1m。

计算可知，道路宽度为 10.5m。

由于山坡地势较陡，地形复杂，主要为重车向下运输，因此设计中按照道路

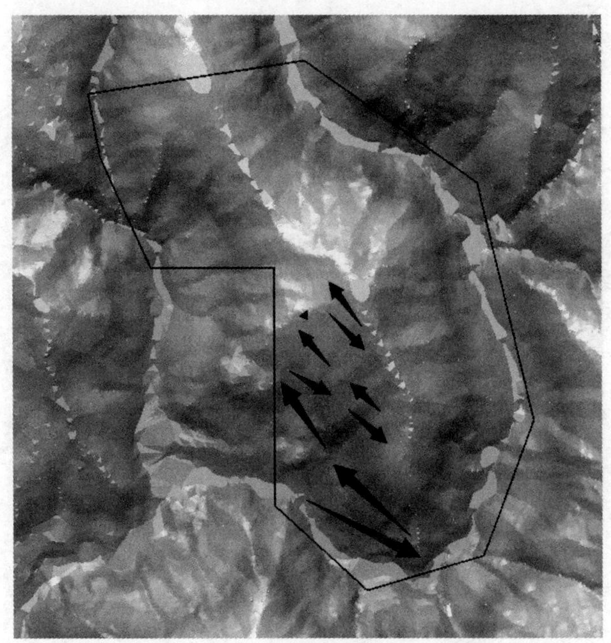

图 6-29 开拓运输系统方案三示意图

坡度为 10%进行设计。

6.4.2.2 开拓运输系统规划

规划根据“多挖方少填方”的原则，贴近山体设计道路。

南侧山体靠近生产区，物料运距短，减少前期运输费用，为主采区域。观察该山体可知，山梁大致呈南北走向，山体东侧坡度较陡，约 46°，且部分区域有断崖分部，不适宜修筑运输通道。山体西侧整体坡度约为 40°，且沟壑较小，因此可修筑较窄运输道路。

通过优化，设计的开拓运输系统如图 6-30 所示。

该运输道路起点高程为+1125m，终点高程位+1345m。高差共计 220m，考虑到回头弯和缓冲坡段，道路总长约为 2.65km。回头弯共计 6 个，分别位于+1170m，+1225m，+1255m，+1285m，+1300m，+1330m 处。

三个节点分别为+1225m，+1300m，+1345m，共历时 180 日历天可完成道路修筑任务。

南侧山体最高点为+1406m，本次设计的开拓运输系统主要针对较陡山坡。到+1345m 高程后，上部山体坡度降低到 25°以下，施工难度有所降低，不再进行另行设计。

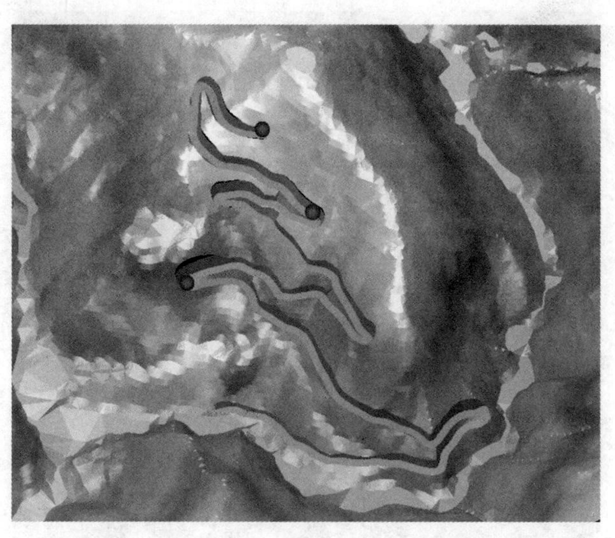

图 6-30　道路施工节点示意图

6. 4. 2. 3　开拓运输系统演变

正常生产后，所产矿石可通过设计的主运输通道运输。由于排土场位于矿区西侧，因此可在老矿区台阶上设置台阶间运输斜坡道，达到矿岩分流，减轻主运输通道运输压力的目的。

随着开采的进行，设计的开拓运输系统需根据生产进行合理设计。主要演变方向为，向北偏东方向进行伸展延伸。

随着上部空间的打开，可将下部台阶进行修整，使开拓运输系统更加合理，安全性更好，参见图 6-31。

6. 4. 2. 4　本工程的重点和难点

（1）基建工程量大，施工强度高。基建期道路工程总长度 2650m，高差 220m，道路挖方量 26. 9 万立方米，总工期只有 6 个月，由于山势较陡，施工作业面狭窄，施工强度大，端头作业，设备降效明显，时间紧，任务重。

（2）安全生产要求高。施工空间小强度高，道路修筑及非正常生产期间，存在设备交叉作业情况，相互协调接口工作多，这些都使施工过程中的安全问题非常突出。必须协调各工序，并采取必要的保护措施。

（3）山势陡峭，雨水充足，在采动影响下更易发生滑坡、泥石流等地质灾害，必须高度关注易滑边坡，采取相应措施，保证边坡稳定。

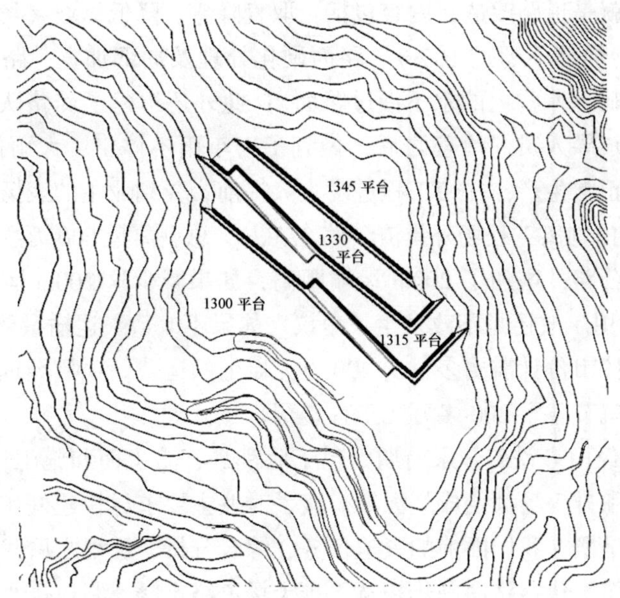

图 6-31 开拓运输系统演化示意图

6.5 宏大爆破陡帮强化开采中道路施工经验

施工道路分场内的道路和场外的道路，其主要用途是运输矿石、废石、施工用的各种材料及辅助设施。大中型矿山均修筑二级三级半永久公路，以保证运输工作的可靠和高效，保证运输车辆的安全和完好率。采场内的临时公路可以满足10~30t 矿山自卸车的要求，一条双车道的上、下山公路一天可以完成 2 万立方米（山体方）的运量。施工道路是施工工作的非常重要的环节，俗话说磨刀不误砍柴工，修路多投入一些人力物力，养路纳入正规化管理，道路指挥交通安排专人负责对保障施工任务的顺利完成是至关紧要的。

在这方面有许多经验和教训：

（1）大红山工程有两座大山包，工程合同规定每天完成 15 万立方米山体方的穿、爆、挖、运、平五道工序，运距 1km。为完成合同要求，开工时在两个山包各修筑了四条双车道运输路，通到各施工平台和填方区域，为半年完成 2000 万立方米开山平场任务创造了良好的条件。

（2）铁炉港二期工程开工后对运输道路做了大量改造工作，改变了一期工程的被动局面，超额提前完成任务，受到业主好评并顺利承接了三期工程任务，对公司发展做出了重大贡献。一期工程的施工单位因为施工道路没有修筑好，没有维护好，经常发生道路被雨水冲毁、路面被山水泡软事故，造成施工受阻，遇中雨要停工两三天，大雨停工个把礼拜，等路修好再开始生产。我们进场之后做的第一件事情就是道路改造，内容包括：取直降弯、降低纵坡（场内道路平均纵坡不超过8%，局部不超过10%）、路面硬化处理及局部加宽、路边排水沟疏通加宽及改造（确保水沟内的水不漫过路面）；此外还组建了养路队，配置了养路机械，安排了疏导人员。治理之后，做到了中小雨不停工、大雨停工不超过12小时，保证了正常生产，并使工程进度大大提前，受到业主的表扬。

（3）某矿山剥离工程场外排渣公路3.5km，总剥离量600万立方米，因为利用了一段旧有公路，增加了200m运输距离，如果减少这200m运距则需要投入20万元改造费用。改还是不改发生了争议。如果不改造，运输量要增加120万立方米·千米，按市价计需要多付出200万元以上的运费。项目经理权衡后同意改路，仅此一项就节省了200多万元工程费用。

（4）舞钢经山寺铁矿开采前期因包工队乱采，施工面和施工道路非常混乱，下雨后采矿场和排土场都变成烂泥塘。接手时业主要求尽快建好矿、上产量，道路规划、改造是摆在我们面前的紧迫任务，综合分析、规划之后我们集中精力作了道路重建工作，包括路面硬化拓宽、排土场道路重修、路边排水沟整治、道路维修设备及人员配备等，为了建设合格道路我们安装了碎石机为路面维护和硬化供应碎石，为排土场道路铺垫了1m厚的大石路基，此外，为了减少矿石运输距离我们在排土道路对面新开了一个运矿的出坑路口，减少运距500多米。这些工作改变了矿山形象，为高强度矿山开采提供了良好的条件。

（5）大宝山矿雨多土黏，雨季开采运输困难难以维持连续生产。针对矿山特点我们除了修整道路外，还调整了生产布局：运输不困难时加强剥离工程，多拉快跑抢出剥离量。运输困难时汽车装七成满维持选矿厂供矿，保证了矿山连续生产。

（6）内蒙古某矿山因多个施工单位同时进行剥离工程作业，现场只划给我们一条双向单车道的半壁路堑运输路，而每天运输量不少于6万立方米（山体方）。为了完成任务我们把双向单车道改造成了重车双车道、轻车单车道、轻车行走外侧的运输模式（单壁路堑的内侧承重能力强，重车速度较慢，所以重车占用两条内侧车道），又配置了一台刮路机，加强了道路养护，正常车速达50km/h，一条路的运输能力每月可达到200万立方米。

（7）某矿山每天剥离3万立方米，矿山通往排土场的道路穿过国道处架设了一个立交桥，其通过能力为每天3万立方米。矿山改造后剥离能力达到每天5万立方米，立交桥处成了运输瓶颈，为了达到每天5万立方米的运输能力，安排了两个人在桥头指挥交通，使运输车辆全速通过立交桥，实现了每天运输量五万立方的指标并保证了安全。

6.6 小结

运输是矿山生产重要的一环，露天矿运输道路质量的好坏直接关系到矿用汽车运行成本和运输效率。开拓运输系统需结合矿山自身条件进行定制化设计。宏大爆破在应用陡帮强化开采技术的露天矿山中开拓运输系统布置的方法及道路改造的思路，谨供读者参考借鉴。

7 精准配矿

在有色金属矿或黑色金属矿中，常需矿石进行中和，才能使矿石产品符合选矿要求。若采用陡帮强化开采，势必会对配矿工作造成一定影响，本章以西藏玉龙铜矿为例，阐述陡帮强化开采情况下配矿方法。

玉龙铜矿东山矿体复杂多变，各种矿石相互叠加，属于品位较高的薄窄矿脉，为了控制年内采剥成本，业主有意控制剥离，因此矿石回采配采难度非常大。

宏大爆破针对玉龙铜矿多种矿石赋存特征，结合玉龙矿山生产实践，不断总结经验，形成了成体系的多金属矿精准配矿方法，效果明显，实现了供矿稳定、质量均衡。该方法已获得“多品种系列矿石精准配矿工法”部级工法证书，用于指导现场生产，见图 7-1 所示。

部级工法证书

工法名称：多品种系列矿石精准配矿工法

批准文号：中色建协字〔2018〕39号

工法编号：YSGF092-2018

完成单位：宏大爆破有限公司

主要完成人：刘翼、杨飞、吴校良、闫重甲、石伟星

中国有色[illegible]建设协会

二〇一八年六月

图 7-1　多品种系列矿石精准配矿工法获部级证书

配矿贯穿于采矿工艺整个过程，要做好配矿工作需要统筹各生产环节，根据矿石赋存条件，实时掌控，实时调整，动态高效，精准配矿。

7.1 精准配矿重要意义

配矿是矿山生产中矿石质量规划与管理的重要措施与手段，旨在提高被开采有用矿物及其加工产品质量均匀性与稳定性，以满足利用部门对矿石产品的质量要求，并实现矿床资源的综合利用，从而提高矿山经济效益。

配矿不仅能有效降低矿产资源的损失，还能保证输出矿石的质量。配矿是同时兼顾资源和矿石质量的重要手段，配矿技术的高低是左右输出矿石质量的重要因素。只有不造成资源损失，提高矿石质量，提高矿山开采的综合经济效益，降低选矿成本才能提高企业的竞争力。

为了满足下游选矿工艺对矿石品位等要求，配矿工作势在必行。在配矿过程中，如果配矿指标不稳定，低于某一品位则造成生产亏损，高于某一品位则造成金属流失严重，严重影响矿山生产的经济效益。如果因未能稳定供矿而造成选矿场机器停机，则会造成的经济损失更大。

只有做到精准配矿，才能保证选矿厂稳定高效生产，提高矿山综合生产效益。

7.2 配矿设计原理

配矿即是将不同品位的矿石，依据科学的方法，进行混合，满足下游工序的正常高效生产。这一过程类似于悬壶济世的传统中医开方配药的过程，典型中医药房如图 7-2 所示。

图 7-2 中药房按方配制药材

中医讲究“望闻问切”开处方，然后配药治病，流程如图 7-3 所示。

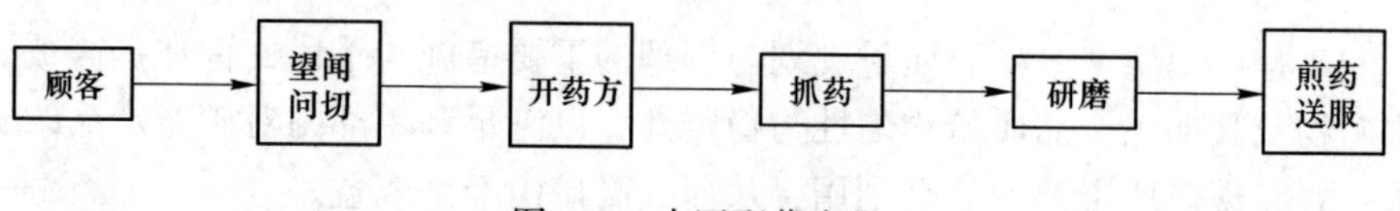

图 7-3　中医配药流程

配矿的原理和中医抓药治病有异曲同工之处，配矿整个流程如图 7-4 所示。

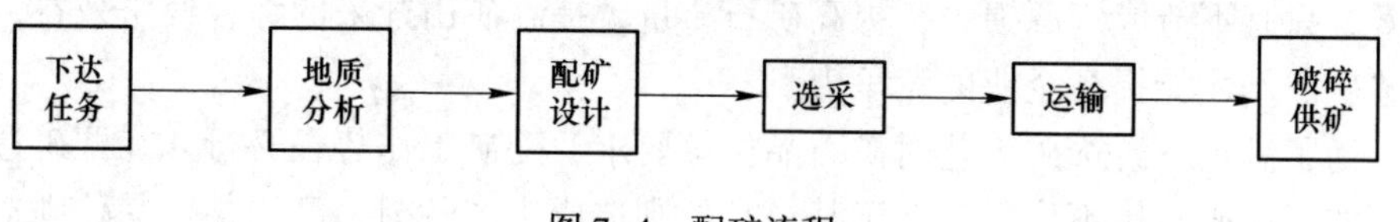

图 7-4　配矿流程

7.2.1　配矿所需条件

(1) 首要条件。首先必须有丰富的矿石资源，有各种品位矿石资源才能保证配矿工作的圆满完成，才能保证合理利用不同品位矿石资源，没有资源配矿工作将无法开展。

(2) 数据支撑。矿石的地质品位作为生产方向指导，钻孔品位作为配矿依据。

(3) 理论基础。有了资源如何将不同品位的资源进行合理配置，才能使效益最大化，需要统筹规划。

(4) 关键步骤。按图施工，有效管理，保证出矿质量。

(5) 严格把关。矿仓工作人员恪尽职守，严格控制不同品位矿石配比。

7.2.2　科学配矿方法

配矿方法有坑内配矿和矿仓配矿两种方法。囿于现阶段业主矿仓范围较小，难以起到缓冲仓的作用，为了充分利用现有矿石资源，因此坑内配矿成为必然选择。

坑内配矿需要统筹各生产环节，根据矿石赋存条件，实时掌控，实时调整，动态高效，达到精准配矿。为了充分利用资源，达到精准配矿的目的，可以使用运筹学方法进行矿山矿石配比工作。根据业主 10 月份计划制订硫化矿生产计划如表 7-1 所示。

根据以上矿石信息，将其配成品位为 1.9%和 1.35%两种矿石。为了充分利用矿石资源，实现最优配矿，采用非线性规划进行求解。

表 7-1 2017 年 10 月份硫化矿生产计划

矿块编号	平台	矿石类型	出矿量/t	出矿品位/%
1	4620	硫化矿	18788.75	1.63
2	4640	硫化矿	8641.24	1.10
3	4630	硫化矿	15406.25	1.01
4	4610	硫化矿	16438.5	2.07
8	4665	副产矿	26416	1.36
9	4680	副产矿	60960	1.59
12	4740	副产矿	7112	0.33

（1）建立目标函数：

$$\text{Max } M = M_1 + M_2 \tag{7-1}$$

式中 M——两种不同品位矿石总重量；

M_1——品位为 1.9%的矿石重量；

M_2——品位为 1.35%的矿石重量。

（2）建立约束函数：

$$\begin{cases} x_1 \cdot p_1 + x_2 \cdot p_2 + \cdots + x_{12} \cdot p_{12} = 1.9\% \cdot M_1 \\ y_1 \cdot p_1 + y_2 \cdot p_2 + \cdots + y_{12} \cdot p_{12} = 1.35\% \cdot M_2 \\ x_1 + x_2 + \cdots + x_{12} = M_1 \\ y_1 + y_2 + \cdots + y_{12} = M_2 \\ x_i + y_i \leqslant m_i \\ x_i \geqslant 0 \\ y_i \geqslant 0 \end{cases} \tag{7-2}$$

式中 x_i——第 i 矿块配矿成品位为 1.9%的矿石量；

y_i——第 i 矿块配矿成品位为 1.35%的矿石量；

p_i——第 i 矿块综合品位；

m_i——第 i 矿块总共资源量。

通过 Lingo 软件，解上述非线性规划问题，可得矿石配比情况如表 7-2 所示。

表 7-2 优化后矿石配比情况

矿块编号	平台	勘探线	1.9%品位配比/t	1.35%品位配比/t	利用矿石总量/t
1	4620	2A-3A	10350.17	0	10350.17
2	4640	3-4A	0	8641.24	8641.24
3	4630	3A-4A	0	15406.3	15406.25

续表 7-2

矿块编号	平台	勘探线	1.9%品位配比/t	1.35%品位配比/t	利用矿石总量/t
4	4610	3-4A	16438.5	0	16438.5
5	4665	10-11	0	26416	26416
6	4680	11-12	0	59952.2	59952.15
7	4740	13-14	0	7112	7112
总量			26788.67	117527.6	144316.3

由上表可知，可配出符合选场要求品位为 1.9%的矿石 2.68 万吨，1.35%的矿石 11.75 万吨，总利用矿石量 14.43 万吨。剩余第 1 矿块品位 1.63%矿石量 8439t，剩余第 9 矿块 1.59%品位矿石 1007t。

据 9 月份统计：使用品位 1.9%矿石硫化矿石 4.27 万吨，使用品位 1.35%硫化矿石 14.88 万吨。由此可知，当充分利用资源的情况下，高品位硫化矿矿石仍然不足。

根据分析可知，剩余的硫化矿石品位约为 1.6%左右，采取直供措施，刚刚达到 1.9%品位矿石的及格线。

通过以上分析可以知道，本月业主所给计划高品位硫化矿量稍显不足。

该例将业主 2017 年 10 月份硫化矿量进行了分析。实际上采矿有先有后，矿仓储矿能力有限，难以保证所有品位矿石采出后再进行合理配比。因此上述例子只作为配矿方法介绍。

制作每天配矿设计时，要根据现场实际情况进行合理配比。例如，今日所能开采矿块位置、矿量、矿石品位等信息均需要了如指掌，再运用运筹学方法决定如何去配矿。

7.3 配矿设计规范

配矿是系统工程，需要一套完整的配矿流程。为了达到精确配矿的目的，依次制定该配矿工艺规范。明确需要做的工作和工作间衔接顺序。

7.3.1 月度配矿设计

月度规划是对下月配矿及生产的指导性文件，因此需要通盘考虑矿山生产能力、地质储量等信息。

（1）所有设计内容需建立在较为准确的开采现状及地质块体模型之上；

（2）根据上月生产情况，制定下月生产计划；

（3）配矿工作尽量提前做，做到提前剥离。

月度规划中需要制作下一月的生产设计图，图中说明矿量、岩量，开采位置，配矿情况等，如图 7-5 所示。

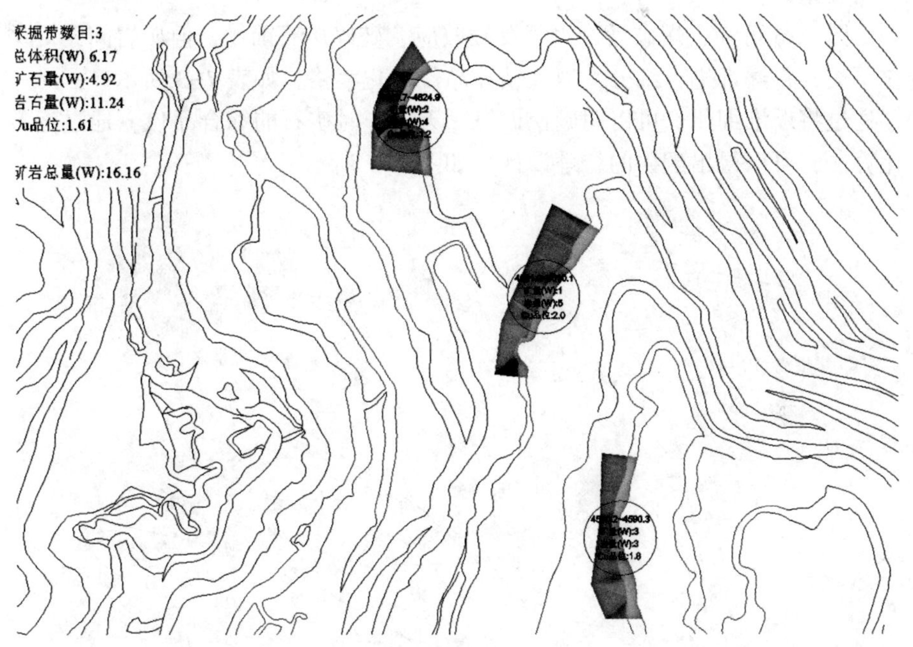

图 7-5 配矿设计模拟图

7.3.2 日配矿设计

日配矿设计是根据钻孔数据进行现场配矿指导。配矿设计需要细致的工作。

(1) 炮前坡顶线图，钻孔品位上图（例如：20171016 炮前坡顶线图）；

(2) 爆堆线图，明确爆破后效果（例如：20171016 爆堆线图）；

(3) 开采动态推进线图（例如：20171016 动态推进线图）；

(4) 每次矿部钻孔品位上图后，对爆堆进行分解细化（表 7-3）；

(5) 根据细化块段进行配矿设计，并出图。

表 7-3 爆堆细化表

序号	平台	块段	钻孔数	孔间距×孔排距/m×m	台阶高度/m	单孔爆破方量/m^3	物料比重	单一炮孔爆破量/t	总爆破方量/m^3	总爆破重量/t	综合品位/%
1	4560	1	6	4×4.5	10	180	2.8	504	1080	3024	1.5
2	4570	2	8	4×4.5	10	180	2.8	504	1440	4032	0.9
3											
4											

爆破前后要测量爆堆爆前坡顶线和爆破后炮堆线，根据几何关系确定钻孔与爆堆间关系。

由图 7-6 可知，爆破后，由于爆破效应，破碎矿石前抛，但矿岩间相对关系变化不大，将爆堆进行细分，填入钻孔品位细化表格，如表 7-3 所示。

通过将爆堆细化，可以明确挖掘机一天工作时矿石的综合品位，通过运筹学优化算法，可以得出配矿的合理设计，如图 7-7 所示。

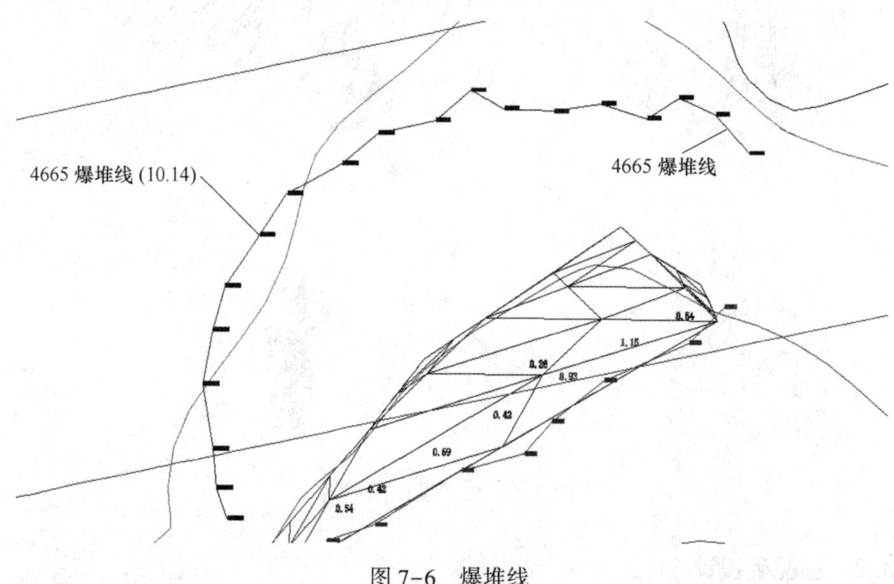

图 7-6　爆堆线

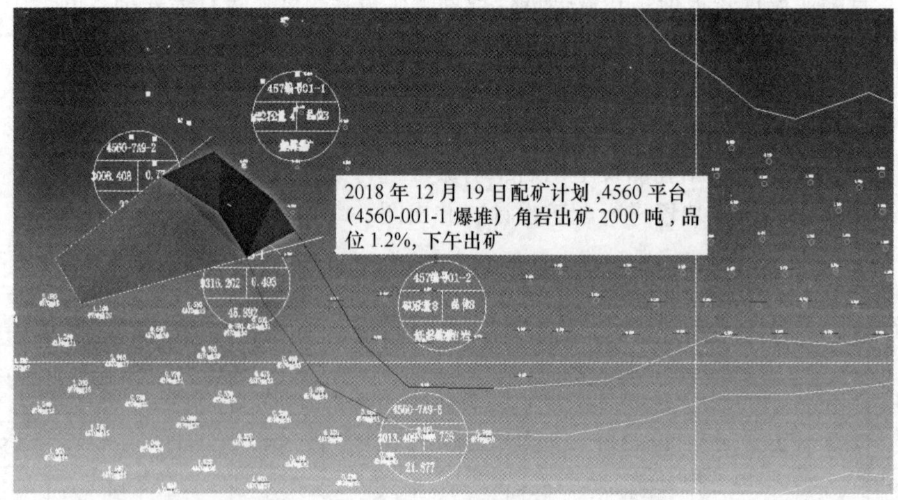

图 7-7　日配矿设计

7.3.3　作图规范

为了规范作图，因此对常见作图习惯进行规范。

(1) 上个月坡顶线：洋红色；

(2) 上个月坡底线：青色；

(3) 本月坡顶线：红色；

(4) 本月坡底线：蓝色；

(5) 炮堆线：黄色；

(6) 动态推进线：绿色；

(7) 自然边坡未开采：白色；

(8) 作图后命名文件：例如：20171016×××图；

(9) 所有测量点均有高程属性；

(10) 尽量所有文件均能转化为三维；

(11) 资料统一存档、统一留存。

7.4　配矿操作流程

配矿管理是公司生产管理的一个重要组成部分。生产过程中每个环节紧密相扣，任何一个环节出错都将对矿石质量产生重要影响，经济效益受挫。合理配矿理论不仅仅是在出矿最后环节才发挥作用，也并不是说只要调高品位就可出好矿，应从整个生产过程和经济效益中去协调生产，尤其是在资源日趋分散，品位降低的趋势下，要尽量避免资源浪费，不能只顾眼前利益。

配矿管理应作为采矿单位作业管理的主线来抓，须引入先进的管理理念，如全面质量管理、强调全员参与、源头质量，要求每一员工圆满完成自己的每项工作；根据业主要求来拉动采矿单位的生产管理，避免浪费，集中人力物力用在更重要的工作上面去。

配矿工艺流程包括：设计-钻孔探矿-爆破-选采配采-运输-矿仓配矿-选矿厂。在配矿工艺流程中："设计"是重要生产指导，指引不同品位矿石所在位置；"钻孔探矿"可以提取钻孔样本数据，及时纠正设计误差并提供直接配矿数据依据；"爆破"是控制围岩混入的主要步骤，可根据爆破效果确定围岩混入率，直接影响出矿矿石现场品位；"选采配采"是配矿工作人员根据收集的基础数据，进行现场配矿，指导生产，为后续配矿工作提供原矿石；"运输"阶段需要做到服从调度和配矿人员指挥，将特定品位的矿石运输至矿仓；"矿仓配矿"是将运至矿仓的不同品位的矿石进行配比、混匀并供矿；"选矿场"进一步混匀。

配矿是一复杂的工艺，需要各个环节有序有计划生产才能完成配矿任务。为了达到精准配矿，需要理论与实际相结合，做到有的放矢，见到实效。

7.4.1 职责划分

配矿是系统工程，需要各部门各司其职，才能做到品位达标、稳定供矿。

现阶段从事配矿工作的三个主要部门为技术部、调度室、钻爆队，三大部门需要紧密协作，才能顺利完成配矿任务。因此项目部对三大部门进行了责任划分，使其各负其责，保质保量完成配矿相关任务。

7.4.1.1 技术部职责

技术部主要负责规划、设计、统筹安排整个配矿工作。

(1) 对业主月度设计进行分析，明确所需开采矿石位置，细化月度计划。

(2) 设计矿山开采设计，包括：生产设计、配矿设计等相关的技术工作。并将所做设计与其他部门进行技术交底。

(3) 生产过程中技术部负责对所有现场生产实践具有指导、监督的权利和义务。明确告知其他部门作业位置和未来生产预计情况。

(4) 测量人员负责圈定所采区域，划分施工位置，工作面放点放线，划定生产边界。

(5) 配矿人员按照配矿设计进行配矿管理，如果发现现场品位或岩性发生变化，及时告知设计及配矿人员，改变配矿策略。

(6) 解决现场其他部门所需的其他技术问题。

(7) 负责收集矿山运营生产数据，当其他部门或领导需要时，能第一时间提供。

(8) 钻孔取样，并将钻孔品位在图上标注。

7.4.1.2 调度室职责

调度室负责管理现场施工队伍，包括：分配生产任务、调动现场作业设备等。

(1) 全面落实月、周生产计划。根据技术部提供的生产计划，合理安排施工队伍作业区域。

(2) 技术交底，告知施工队伍工作人员工作区域矿岩基本信息，包括：矿岩区分，矿岩范围、矿石类别、矿石品位，教导主要施工管理人员矿岩大致分布等。

(3) 监督施工单位操作，规范作业。控制矿石贫化率和损失率。

(4) 合理调度生产设备，全面协调生产，组织均衡稳定生产。

(5) 发现现场矿石性质发生变化，第一实践告知配矿人员，及时改变配矿策略。

(6) 遇突发情况，如放假休息、天气变化、业主要求等情况，及时安排生产，保证供矿量。

（7）现场生产与技术指导有冲突时，以现场生产情况为准，并尽早告知技术部。

7.4.1.3 钻爆队职责

钻爆队负责布孔、探矿、分穿分爆等。

（1）合理布孔，提前备矿。

（2）钻孔设计，制作并提交。

（3）现场钻孔时严格按照“见矿停”。

（4）制定合理的爆破设计。

7.4.1.4 配矿流程及责任划分

配矿工作设计采选整个工艺，需要项目部各部门人员协调统一，才能达到精准配矿和提高配矿效率，其配矿流程和责任划分如图 7-8 所示。

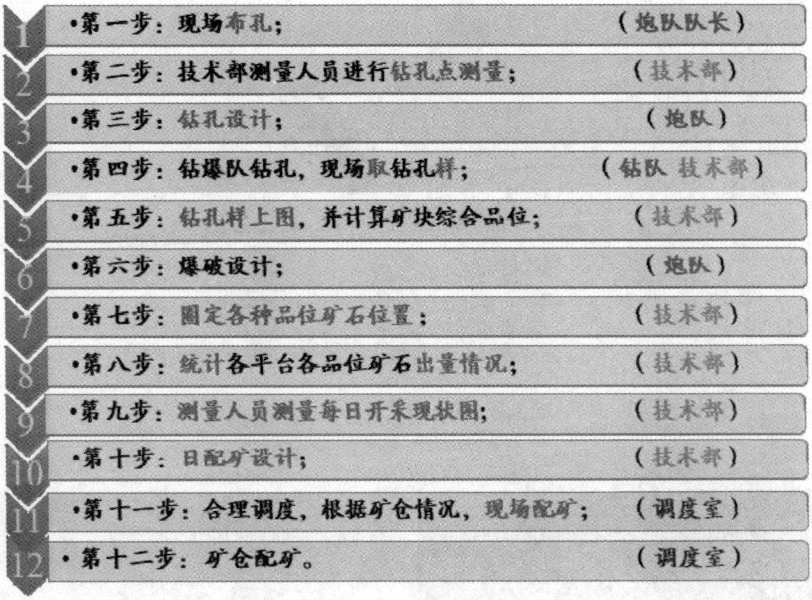

1 •第一步：现场布孔；（炮队队长）
2 •第二步：技术部测量人员进行钻孔点测量；（技术部）
3 •第三步：钻孔设计；（炮队）
4 •第四步：钻爆队钻孔，现场取钻孔样；（钻队 技术部）
5 •第五步：钻孔样上图，并计算矿块综合品位；（技术部）
6 •第六步：爆破设计；（炮队）
7 •第七步：圈定各种品位矿石位置；（技术部）
8 •第八步：统计各平台各品位矿石出量情况；（技术部）
9 •第九步：测量人员测量每日开采现状图；（技术部）
10 •第十步：日配矿设计；（技术部）
11 •第十一步：合理调度，根据矿仓情况，现场配矿；（调度室）
12 •第十二步：矿仓配矿。（调度室）

图 7-8 宏大爆破配矿流程及责任划分

7.4.2 设计阶段

“设计”是重要生产指导，指引不同品位矿石所在位置。

使用矿业三维软件 DIMINE 或 3DMine 进行三维矿山建模，可清晰直观观察矿体赋存情况，不同品位的矿石品位分布，使储量可视化，并结合现场勘探数据（图 7-9），进行每月（图 7-10）、每日配矿设计（图 7-11），进行预演，在设计源头，初步保证矿山出矿稳定。

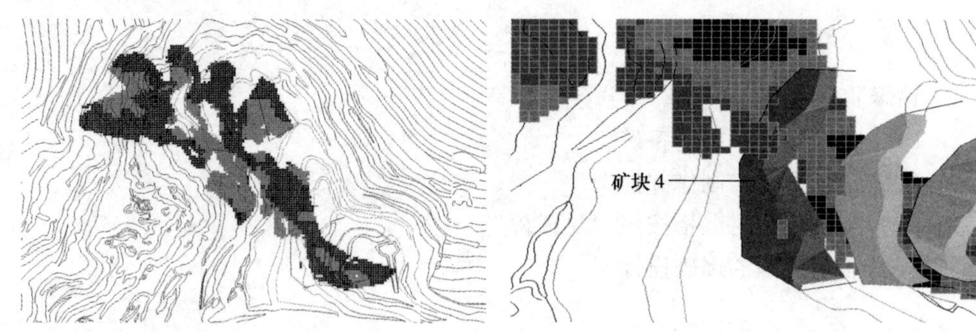

图 7-9　剩余资源量模型和计划矿块品位三维模型

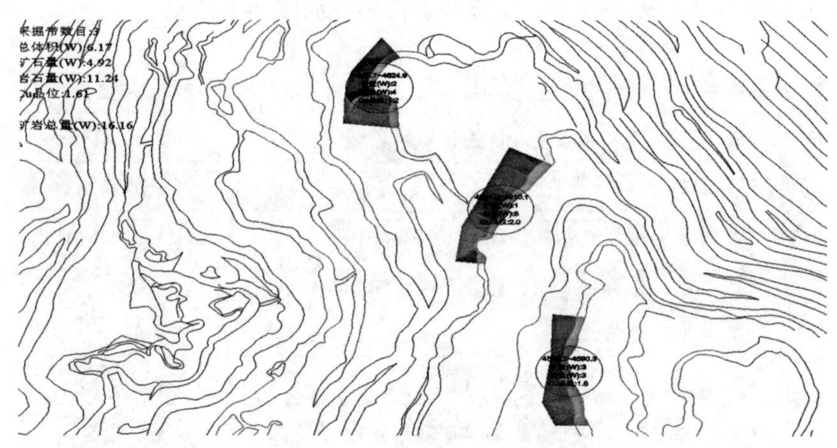

图 7-10　月度配矿设计

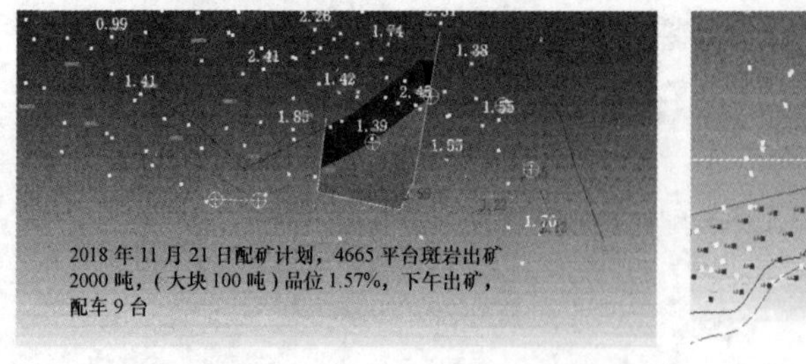

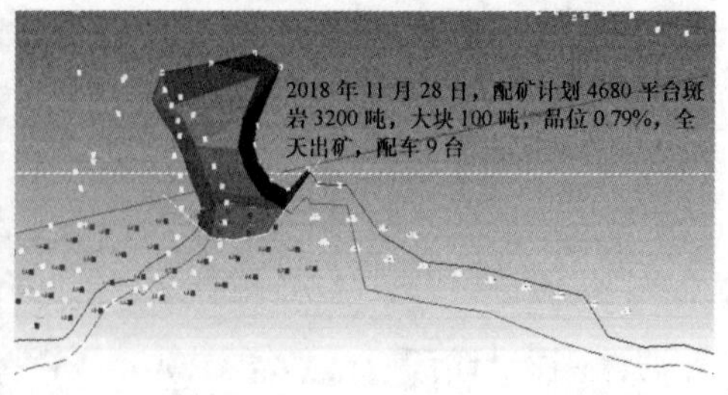

图 7-11　应用 DIMINE 软件进行日配矿设计

7.4.3　穿孔探矿、品位上图

穿孔后进行取样作业，通过化验可得每个炮孔的矿石品位，将提取的潜孔样数据标注在图上，及时纠正设计误差并提供直接配矿数据依据。玉龙二期，矿石需求量急速增加，由于及时购置实验器材，建立小型实验室，辅助业主实验室进行取样（图 7-12）、磨样，甚至化验等工作，减轻业主实验室的工作量，提高了矿石品位化验效率并将钻孔品位汇总输到计算机输矿石品位图，如图 7-13 所示。

图 7-12　现场矿石取样

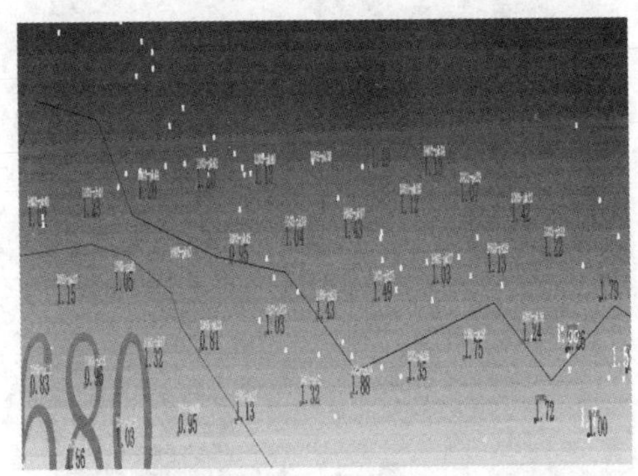

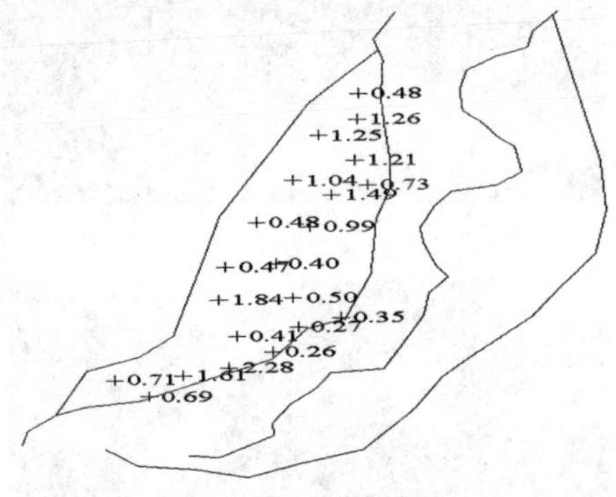

图 7-13　炮堆矿石品位图

7.4.4　分穿分爆

穿孔过程中要对矿石进行分穿分爆，避免矿岩混爆而围岩混入，直接影响出矿矿石品位。使用 PVC 管及彩旗标定矿岩分界，如图 7-14 所示。

7.4.5　选采配采

配矿工作人员根据收集的基础数据，进行现场配矿，指导生产，为后续配矿

图 7-14　工作人员使用 PVC 管及彩旗标定矿岩分界

工作提供原矿石，过程如图 7-15 所示。

(a)　(b)　(c)　(d)

图 7-15　现场选采配矿施工步骤图

（a）晚间生产碰头会；（b）分矿块现场矿石品位上图；
（c）现场技术交底；（d）按计划选采

7.4.6 矿仓配矿

将运至矿仓的不同品位矿石进行分品位堆放，如图 7-16 所示，科学配比、混匀并供矿。为了提高矿石配比质量，做到矿仓内矿石品位心中有数，使配矿工作有数据可依，特此提出了矿仓“每日取样”制度（取样记录单见图 7-17 所示）。因化验结果有滞后性，取样时必须具有“前瞻性”，取明后天可能用到的矿石样 3~5 个，化验结果出来后，便可指导矿仓人员合理配矿。

图 7-16　矿仓分品位堆矿

玉龙宏大“硫化矿仓”取样记录

日期：201

序号	出矿平台	取样编号	Cu品位
6	4665 [illegible].	1029-Lkc-01	
7		-02	
8	4580 [illegible]	1029-Lkc-03	
9		-04	
10	4665 [illegible].	1029-Lkc-05 -06	

图 7-17　矿仓取样记录单

7.4.7 配矿会议

7.4.7.1 配矿答疑会

配矿过程中如果发现高品位矿石储量较少，晚间 8：00—8：30 召开配矿答疑会主要通过查看地质模型，对高品位矿石赋存位置有清晰认识。

7.4.7.2 配矿事故分析会

配矿时业主考核罚款过多（超过5000元），当天召开配矿事故分析会，时间不定。充分分析配矿失误原因，立即改正。

7.4.7.3 现场配矿调度会

每日将配矿设计交付与现场配矿人员，并进行技术交底，尽量让调度和配矿人员能清晰明了各出矿点矿石信息。如果现场矿石品位等急速变化，与设计相悖，则以现场观测为准，并及时反映给配矿设计人员。

7.5 配矿问题分析

7.5.1 存在问题及措施

7.5.1.1 存在问题

配矿问题常表现为：(1) 配矿品位偏差较大；(2) 供矿不稳定；(3) 大块率较高等方面。

配矿品位偏差较大主要影响因素包括：(1) 矿石赋存变化较大；(2) 生产节奏紧张，可配矿石工作面较少；(3) 破碎矿石消耗有一定滞后性。

供矿不稳定主要因素有：(1) 设备数量不稳定，出勤率变动较大；(2) 恶劣天气原因；(3) 生产环节出现瓶颈，产量降低。

大块率较高主要因素有：(1) 爆破质量有待提高；(2) 油锤能力小，大块易堆积；(3) 岩性坚固，严控单耗，易出大块。

7.5.1.2 问题分析

A 外部分析

(1) 沟通不到位；(2) 剥采失衡；(3) 选矿车间需求量与矿山实际储量不匹配；(4) 矿仓较小难以起到缓冲仓效果。

B 内部分析

(1) 部门间（内）沟通不足、不畅；(2) 技术管理人员不足；(3) 设备能效发挥不充分；(4) 执行力差；(5) 监督不到位。

7.5.2 改善措施

生产过程中每个环节紧密相扣，任何一个环节出错都将对矿石质量产生重要影响，经济效益受挫。针对现阶段所出现的问题，可采取以下几项可行改善措施。

A 内外部协调

加强项目部内外沟通，保证遇到问题，及时响应，及时解决，拒绝窝（停）工现象，稳定生产能力，保证生产顺利。

（1）内部顺畅沟通。建立了“配矿工作群”“工作明细群”“出矿明细群”等。每日晚8点进行“生产碰头会”，解决生产问题，商讨明日生产计划。

（2）外部有效沟通。建立“玉龙-宏大工作协调QQ群”，业主提出的问题，及时响应，及时解决，及时汇报整改情况；遇到困难，及时汇报，提出方案，商定后实施。

B 分工与协作

各部门明确分工，避免相互推诿，提高工作效率。同时，出现本部门难以解决问题，及时提请其他部门协调帮助，保证工作顺利进行。

C 提高技术水平

生产技术是支撑项目部顺利前行的基础，必须予以重视。爆破技术和采矿技术作为我单位核心卖点，应增加人员与技术投入，保证爆破质量和体现采矿先进水平。

（1）提高爆破水平。玉龙矿山西山矿岩较为坚硬，爆破难度较大，易出大块；东山水孔较多，塌孔、堵孔现象较为严重，且部分矿石中掺杂铁矿，均对爆破有较大影响。

爆破技术需要和采选成本综合考虑，制定合适的爆破方案。

（2）合理安排生产计划。“预则立，不预则废”。工作中，有计划能够明确目的，避免盲目性，使工作循序渐进，有条不紊。培养技术人才、完善作业计划（日生产计划、日配矿计划），可对生产任务有全局掌握，合理安排生产节奏，做到心中有数。

（3）设备人员综合生产能力适量富余。设备人员综合能力适量富余可保证矿山对恶劣天气、突发情况的应对能力，保证矿山产量稳定。

1）保证设备能力。高原环境下，需要充分考虑设备降效，增加冗余设备。同时，设备损坏率会相应增加，矿区运输不便，应适量增加维修人员数量，预备核心易损部件，保证设备综合生产能力。

2）提高人员工效。固定薪酬，多劳不多得、与项目部效益不挂钩、没有工作压力，难以提高工作积极性。建议在保证安全的前提下，实行“多劳多得”的薪资模式，提高司机积极性。

3）辅助设备充分利用。在玉龙辅助设备利用不充分，道路维护意识差，辅助设备老化，易损坏等现象突出，需要及时扭转，充分利用辅助设备，营造良好生产环境。

(4) 加强监督。加强监督力度，避免积弊成疾，在过程中控制，防微杜渐，将问题扼杀于萌芽状态。矿山监督主要包括：

1）工程质量监督：监督各施工队施工过程中是否严格按照标准施工规范进行作业，能否做到帮齐底平、按调度执行。

2）安全监督：监督各部门作业过程中是否符合安全生产规程，杜绝安全事故。

(5) 提高执行力。执行力“就是按质按量地完成工作任务”的能力。

个人执行力的强弱取决于两个要素，即个人能力和工作态度。而能力是基础，态度是关键。

提高团队的执行力需要“用合适的人，干合适的事”，即提高团队执行力需要：1）选择合适的人，量才施用；2）明确传达工作要求；3）完善工作流程；4）及时、按时汇报；5）加强监督。

提高团队执行力，可提高工作效率，保证生产情况上通下达，稳定生产。

通过以上配矿方法，宏大爆破玉龙项目部配矿工作大有改观，实现了在陡帮强化开采情况下稳定平稳供矿，一点一滴地进步，逐渐得到了业主的认可。

7.6 小结

稳定供配矿是每一座金属矿山均面临的一大难题，宏大爆破从工程实际出发，分析配矿各环节常出现的问题，运用管理、技术等措施进行供配矿过程控制，逐渐实现稳定、精准配矿。

8 减损降贫

矿石的损失率、贫化率是矿山开采过程中两个很重要的指标，它不仅反应矿产资源的利用程度，还反映采出矿石的质量好坏。矿石损失，将造成矿产资源的浪费，缩短矿山服务年限，而且由于矿石的损失，减少了可采出矿石量，使每吨矿石所摊的折旧费用增加，引起采矿成本升高。矿石贫化的增加，必然导致矿石运输、破碎等生产成本的增加，有时甚至使矿石转化为废石，造成经济上的重大损失。

因此，不论损失还是贫化，都是矿山生产中需要克服的不利因素。但是，由于各种原因，矿山开发过程中总会发生一定的矿石损失与贫化，然而其中一部分是可以避免的。在矿山开采过程中，应当采取有效措施，尽力降低矿石的损失与贫化，提高矿石的回收率。

控制贫化损失率会给矿山开采带来不小的经济效益，宏大爆破成功实践的小设备强化开采技术在这方面有很大的优势，例如：河南某露采铁矿矿脉非常凌乱，鞍山矿山设计院给出的剥采比是1∶4.5，贫化率和损失率分别为6%和8%。由于施工中采用的挖掘机均为1.0~1.6m^3 的小型液压反铲，比设计选用的挖掘机小，根据实践经验我们向业主提议：用小挖掘机仔细挑选，可以做到把贫化率、损失率都降低一个百分点，业主从采矿增加收益中拿出一部分作为精细挑选作业的补偿，即每吨矿石采矿费用增加0.5元。业主核算后认为提议合理，双方达成一致。我们一年采矿总量为240万吨，可获得补偿费120万元，而业主获利远大于我方，实现了双赢。

为降低矿石的损失率与贫化率，首先必须查明损失率贫化率的数量，找出其发生的原因，然后采取相应的有效管理措施。

8.1 加强矿石减损降贫管理重要意义

加强矿石损失贫化管理具有以下几方面意义（参见图8-1）。

（1）在不影响矿石回收率的基础上，通过降低矿石贫化率与提高混匀效果，可以保持矿石品位稳定和向选冶厂均衡供矿，降低采矿、选矿、冶炼成本，实现降本增效。

（2）可以保护国家资源，延长矿山服务年限。

（3）为编制矿山采剥作业计划、进行储量平衡和管理提供必要的条件；在

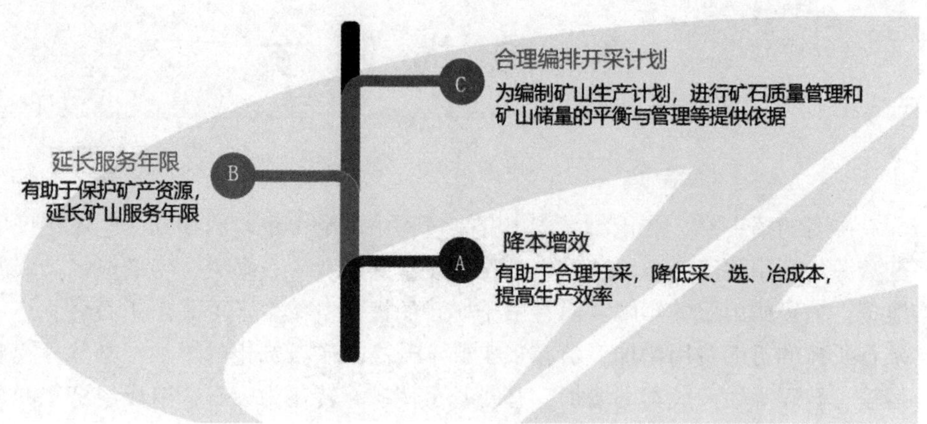

图 8-1　减损降贫重要意义

技术允许和经济合理的条件下，可以选择使用更加合理的开采顺序，使矿石品位与块度满足选矿与冶炼的要求。

8.2　贫化损失影响因素

露天开采中影响矿石损失、贫化的因素有很多，归纳起来主要有以下几个方面：

（1）矿体地质因素：如地质情况、矿体的形态、厚度、倾角等；

（2）开采技术因素：如开采程度、生产工艺、开采技术参数等；

（3）生产管理因素：如质量管理机制、监督机制、考核机制等。

8.3　减损降贫有效措施

宏大爆破在施工过程中，针对各种贫化损失原因，总结并完善出一套成体系的减损降贫措施（图 8-2），并应用于生产实践，减损降贫效果显著。

减损降贫具体步骤如下：

（1）使用 3D 软件，建立矿体模型、品位模型；

（2）加强地质勘探，探采结合、先探后采；

（3）超前设计，合理规划；采剥并举，剥离先行；

（4）矿岩分穿分爆分采设计；

（5）现场矿岩分界，避免矿岩混穿混爆；

（6）炸药与岩石适配性研究，采用混合装药结构；

（7）使用彩带，二次圈定爆后岩石与矿石，避免矿岩混采；

（8）针对矿岩分界易损贫处，选择中小型设备进行细致选采；

（9）采掘区加强监督；

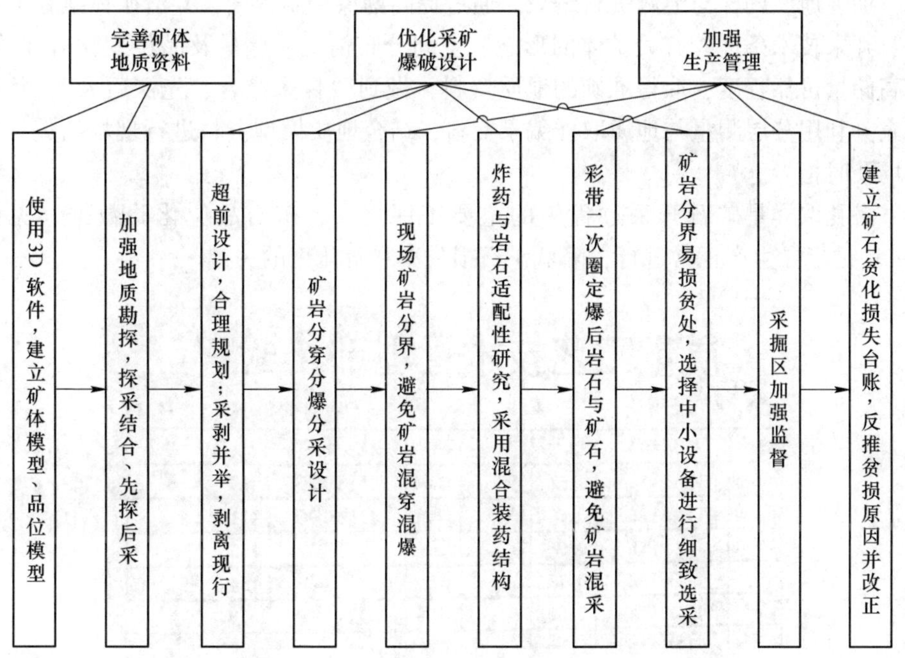

图 8-2 宏大爆破减损降贫专项措施

（10）建立矿石贫化损失台账，反推贫化损失原因并改正。

8.3.1 完善矿体地质资料

8.3.1.1 三维矿体模型

使用3D软件，建立矿体模型、品位模型是采矿设计、配矿设计、爆破设计基础，提高设计的三维可视性，如图8-3为玉龙铜矿矿体三维模型实例。

图 8-3 玉龙铜矿矿体三维模型

加强地质勘探与地测资料编录。通过提高勘探控制程度，弄清矿体赋存的规律及开采技术条件，有关矿体的形态、空间分布情况、储量及品位变化规律等。提高储量可靠程度，取得准确的地质资料，做到“探采结合、先探后采”，整理和充分利用分层测量与地质取样编录资料，结合地质模型资料进行现场纠偏，给现场及时指导。

潜孔取样是矿石开采过程中的重要工序之一，矿石品位化验数据（见图 8-4）是指导生产正常进行，降低矿石损失率和贫化率的关键。

质量工艺技术管理部化验单

样品来源：矿山部　　报告日期:2018年11月14日

序号	样品名称	Cu %	Mo%	序号	样品名称	Cu %	Mo%
13559	1111-PK85	0.57		13585	1113-H05	1.46	
13560	1111-PK86	0.76		13586	1113-H06	1.19	
13561	1111-PK87	0.93		13587	1113-H07	1.56	
13562	1111-PK88	0.78		13588	1113-H08	1.49	
13563	1111-PK89	0.59		13589	1113-H09	0.81	
13564	1111-PK90	0.26		[illegible]	[illegible]	[illegible]	

图 8-4　矿石品位化验单

地质工程师根据已知化验数据，按照矿石与废石、高品位矿石与低品位矿石的分界线，使用 PVC 管和彩旗等明显标志圈定矿体，确定矿岩分界，并分别标在上下作业平台及台阶坡面上，标志要醒目，如图 8-5 所示，现场工作人员一眼就可以看出分界面、岩脉、矿脉的空间位置。测量人员应当把分界面、矿脉岩脉的位置标在测量地形图上，供爆破工程师作爆破设计时参考，实现分采分爆。爆

图 8-5　矿岩彩旗分界

破后，地质、采矿人员依据穿孔取样和台阶面编录资料对爆堆进行认真观察，结合测量仪器，绘制工作面草图，用明显标志标出矿岩分界线，并进行现场技术交底，指导采矿工人进行采矿工作。避免围岩混入与高品位矿石流失，为采矿过程中降低矿石贫化损失提供技术保障。

8.3.2　优化采矿爆破设计，实现矿岩分采

8.3.2.1　细化采矿方案

秉持“超前设计，合理规划；采剥并举，剥离先行”的原则，将年度生产任务进行月度细化，保证合理的备采矿量和回采矿量。通过三维设计，确定合理开采位置，剥离围岩，避免矿岩混杂。

8.3.2.2　顶板掘进

玉龙铜矿的矿化作用发生在含矿斑岩体内及其接触带围岩中，形成Ⅰ号、Ⅱ号和Ⅴ号三个主要矿体。其中Ⅰ号矿体为矿床的主矿体，其资源量占矿区总量的83.78%。二期矿石产量重点即为Ⅰ号矿体斑岩，现阶段，斑岩刚刚出露，矿岩交接面处矿石损失率与贫化率普遍较高，从顶板掘进会适当降低矿石损失与贫化。

如图8-6所示，进行三角区域面积对比易知，当从顶板掘进时，矿石损失率与贫化率相较从底板掘进会减少50%左右。若斜交掘进，矿石损失率与贫化率会介于两者之间。因此，在设计、施工时，尽量从顶板正向掘进。

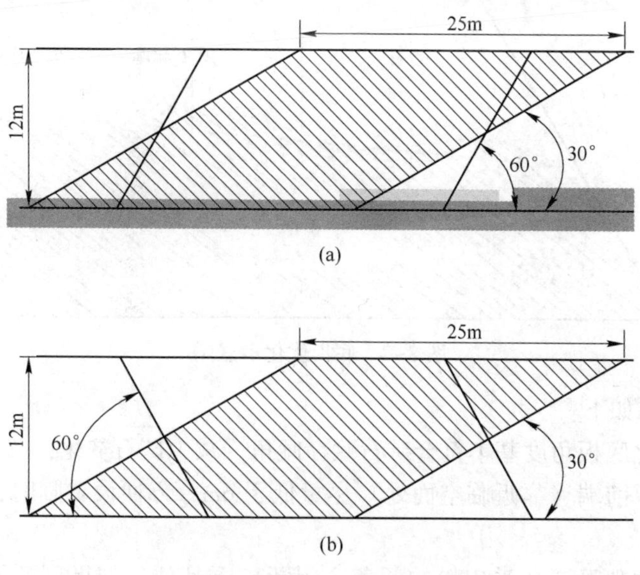

图8-6　沿顶板、底板推进示意图
（a）沿顶板掘进；（b）沿底板掘进

8.3.2.3 适当降低台阶高度，中小设备选采

矿岩分界面处矿石开采过程中，易造成高损失率与高贫化率。合理设计开采台阶高度，采用小型设备进行选采是减损降贫的必要措施。

玉龙铜矿Ⅱ号矿体主体位于东山，基建期仍是开采重点。Ⅱ号矿体矿脉较薄较窄，硫化矿、氧化矿、角岩参差叠加，对矿山开采、损失贫化控制，造成了一定的难度。

东山台阶高度设计为10m，适当降低台阶高度，对于复杂矿脉（群脉）而言可明显降低矿石的损失率和贫化率。宏大爆破为了进一步降低矿石损失率与贫化率，通过严格把控钻孔工序，实现“见矿停”，进行矿石揭顶或留底工作，小台阶采矿，力争降低贫化率和损失率。

西山为斑岩型铜矿Ⅰ号矿体，该区域斑岩赋存整体性较好，品位变异系数较小，稳定性好。设计台阶高度高达15m，由于刚刚矿体倾斜出露，全台阶开采，极易增加矿石损失率和贫化率。因此宏大爆破通过实践，对矿岩混合台阶进行了专项方案设计。

矿岩接触带矿石整体而言品位不高，一般小于0.5%。为了防止矿石贫化，不影响下部矿石正常穿爆，因此需要设置合理的底板，底板优化如图8-7所示。

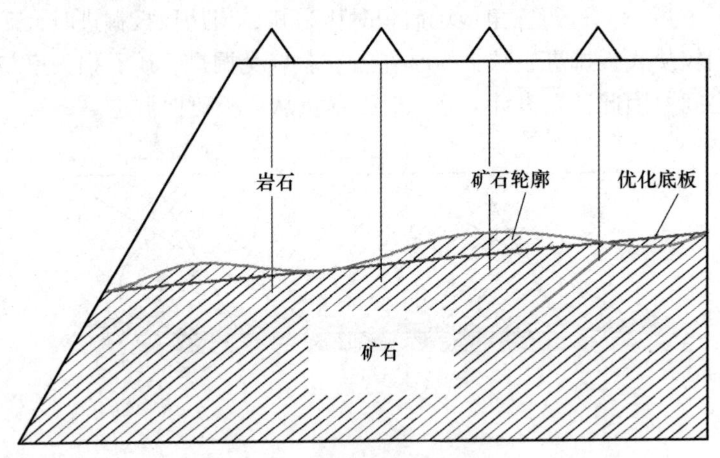

图8-7 底板优化示意图

底板要求如下：

(1) 优化底板角度基本符合矿石赋存倾角，减少矿石贫化；

(2) 底板前端（靠近临空面处）尽量低于6m，方便设置临时斜坡道行走挖掘机和钻机；

(3) 注意观察穿孔时矿粉的颜色，判断矿石品位，如果判断不清，立即送样处理，品位小于边界品位，可做岩石处理；

(4) 优化的底板面可有一定的角度（控制在20°以内），挖掘机甩料时，可利用重力推动岩石下滚，减少台班。

通过优化底板，采用小台阶、中小设备选采作业，可大大降低矿石损失与贫化，实现资源综合利用和正常生产综合效益最大化。

8.3.2.4 严格执行分穿分爆

生产技术人员，基于已建地质模型，依据岩性不同而分别制作“矿石穿孔作业计划书”和“岩石穿孔作业计划书”，分穿分爆设计如图8-8所示。后通过PVC管和彩旗等明显标识，如图8-9所示，实现矿岩分穿分爆分采，避免围岩混入，降低贫化率。

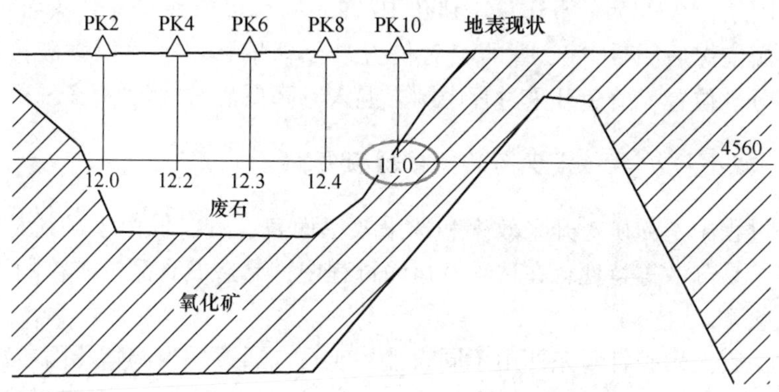

图8-8 分穿分爆设计

图8-9 现场矿岩分界（彩旗）

8.3.2.5　采用松动爆破

松动爆破是将岩体破碎成岩块，而不造成过多飞散的爆破技术。它的装药量只有标准抛掷爆破的40%～50%。松动爆破又分普通松动及加强松动爆破。松动爆破后岩石只呈现破裂和松动状态，可以形成松动爆破漏斗，爆破作用指数 $n \leqslant 0.75$。因此可采用松动爆破，保持岩石、矿石爆破后位移相对较小，可降低岩石与矿石混杂方量，达到“减损降贫”的目的。

8.3.2.6　位移实验（PVC 管矿石滑移实验）

在爆破的过程中对岩石的移动方向进行控制，利用钻机在爆破区域钻几个3m 深的孔，将 PVC 管一部分插入到孔内，2m 的长度留在孔外，从而对爆破进行监控。爆前爆后测量 PVC 管的绝对位置，计算偏移量，模拟爆破推移轨迹，确定矿石分散位置，避免开采过程中围岩混入，降低矿石贫化率。

8.3.2.7　减小粉矿率（减少高品位矿粉损失）

开采过程中，粉矿对开采效率和选采效率而言有利，但由于矿粉粒径较小、吸附力强、易分散等特性，在选采及运输过程中，易造成高品位矿粉的流失，降低矿石回收率。

因此，宏大爆破针对东西山不同岩性的矿石，通过适当调整孔网参数及岩石与炸药的适配性研究，可实现控制矿石块度，减小粉矿率，从而降低矿石损失率。

矿区裂隙构造十分发育，节理裂隙较多，严重影响了爆破效果。下一步，宏大爆破引入常规电法工作站（图 8-10），实现岩石地层分台阶探测，结合即将进场的现场混装炸药车（图 8-11），进一步达到矿石与炸药的适配性，采用智能爆破模式（图 8-12），进一步降低粉矿率，提高矿石回采率。

8.3.3　加强生产管理

管理与技术相辅相成，才能最大限度地保障减损降贫措施的严格施行。因此宏大爆破建立了完善的减损降贫工艺流程，提高了生产质量管理效率。

宏大爆破结合玉龙生产实践，建立的减损降贫管理制度包括如下几个方面。

(1) 提高技术人员专业能力，增强现场工作人员减损降贫意识。现场管理人员作为现场生产管理人员，遵循“贫富兼采、难易兼采、薄厚兼采”的原则，树立正确的减损降贫意识，明确生产过程中的减损降贫错误操作，严格执行矿岩分穿分爆，矿岩二次圈定等原则；定期培训，提高采矿、地质、调度技术管理人员专业技能，可在现场熟练辨别矿石类别，简单判断矿石品位。

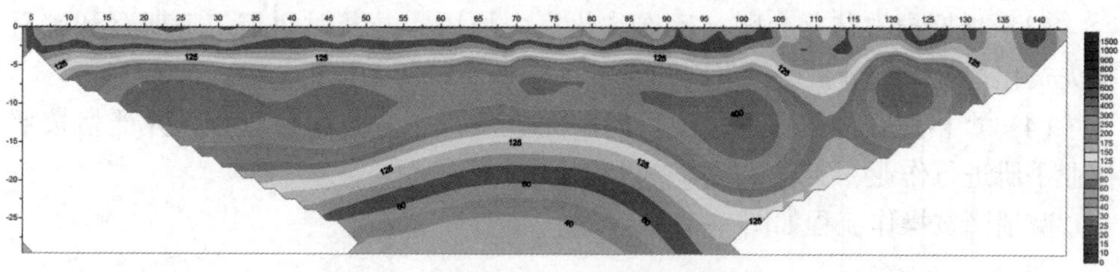

图 8-10 常规电法工作站模拟矿层信息

图 8-11 混装车现场调配

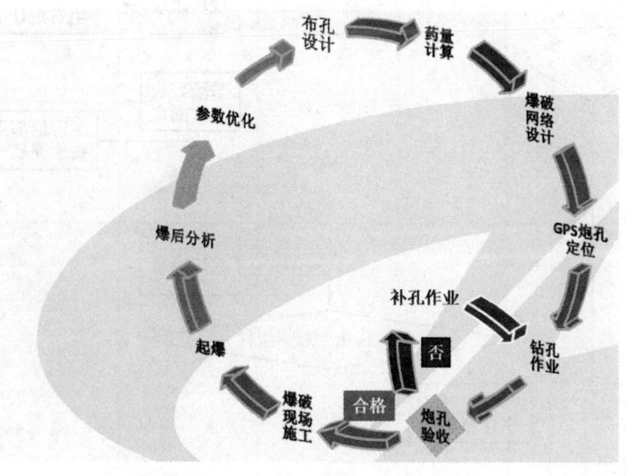

图 8-12 智能爆破模式

（2）加强监督，增加绩效考核。成立矿石损失贫化过程控制管理小组，制定有一定约束力的奖惩机制，责任落实到人，监督到位，层层落实。生产过程中质量管理人员勤巡检，勤指导，发现不利于减损降贫生产作业现象，及时制止，及时汇报。

(3) 做好损失贫化台账，反推贫化损失原因，并及时纠正。定期召开矿石损失贫化控制总结分析会，针对出现的问题制定相应的措施。

(4) 严格遵守操作流程作业。制定完整的减损降贫操作流程，并严格按照作业手册进行作业，实现减损降贫过程控制。

减损降贫操作流程如图 8-13 所示。

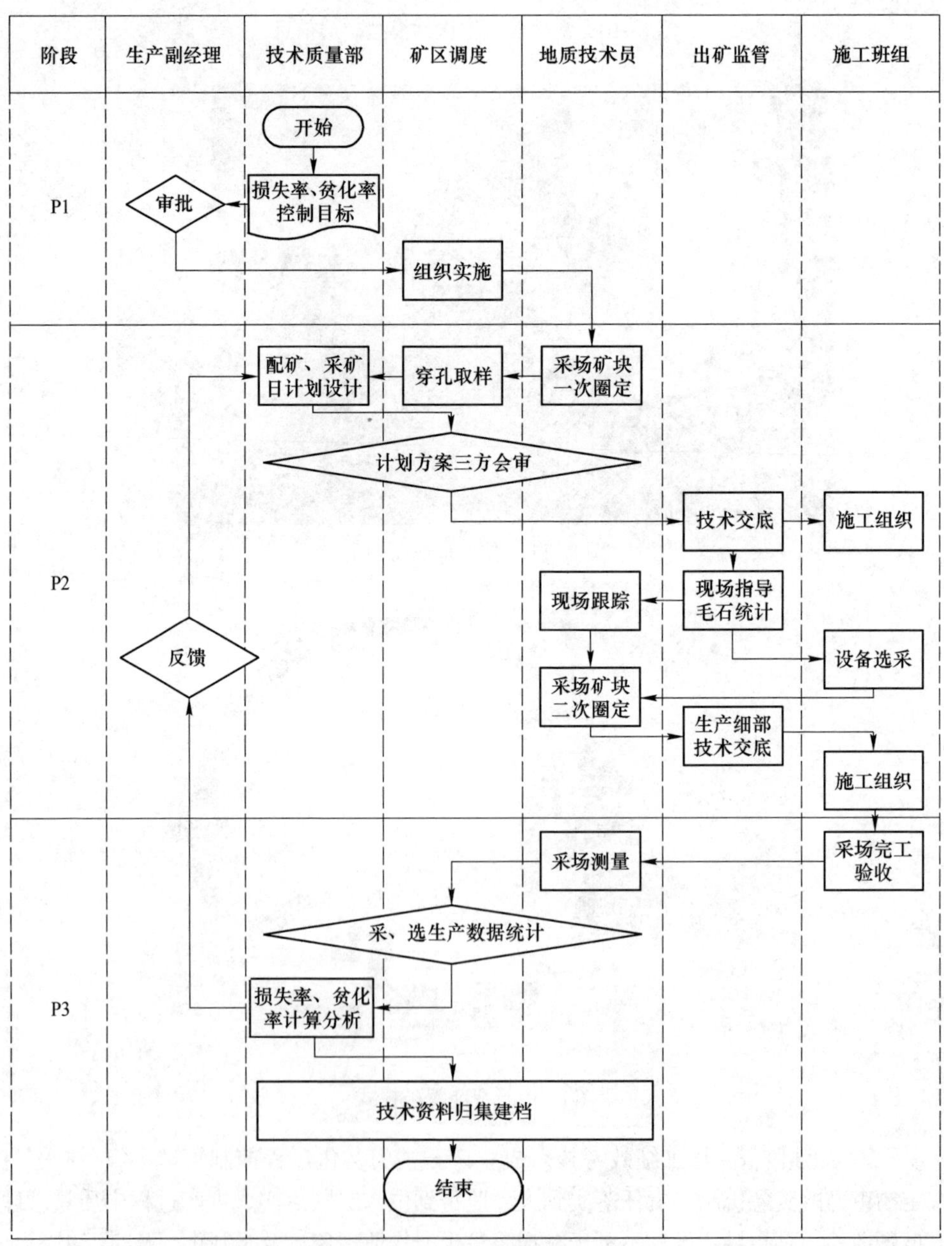

图 8-13　减损降贫操作流程

宏大爆破通过采用上述方法，现阶段将玉龙Ⅰ号斑岩矿体，损失率贫化率均低于设计值3%及考核指标2.9%；将Ⅱ号复杂矿体的损失率由设计值5%，下降到3%，贫化率由设计值8%下降到6%，经济效益显著。

8.4 小结

减损降贫不仅对业主意义重大，对施工方本身也有巨大收益。

宏大爆破在承接舞钢经山寺铁矿项目时，向业主承诺施行精细化采矿，将贫化率和损失率各降一个百分点，业主投桃报李，每吨矿石加价0.5元。以年产240万吨矿石计算，业主降低了选矿成本，宏大爆破每年可多获得120万元盈利，实现了双赢。

9 矿山资源综合利用及综合治理

习近平总书记在党的十九大报告中指出，坚持人与自然和谐共生。必须树立和践行绿水青山就是金山银山的理念，坚持节约资源和保护环境的基本国策。

无序开采造成严重的资源浪费和生态环境的破坏，目前已经到了自然环境难以承受的地步，阻碍矿业可持续发展，为此必须全力推进绿色发展，全面建设实施有序绿色的开采模式，消除采矿对环境造成的破坏。

矿山资源综合利用及综合治理便是实践“绿水青山就是金山银山”理念和建设“绿色矿山”的重要内容。

9.1 矿山资源综合利用

矿产资源综合利用是指对矿产资源进行综合找矿、综合评价、综合开采和综合回收的统称。其目的是使矿产资源及其所含有用成分最大限度地得到回收利用，以提高经济效益，增加社会财富和保护自然环境。通过科学的采矿方法和先进的选矿工艺，将共生、伴生的矿产资源与开采利用的主要矿种同时采出，分别提取加以利用。通过选矿和其他手段，将综合开采出的主、副矿产中的有用组分，尽可能地分离出来，产出多种价值的商品矿。通过一物多用，变废为宝，化害为利，消除“三废”污染等途径，科学地使用矿产资源。这种全面、充分、合理地利用过程，称之为矿产资源综合利用。是依法有效保护，防止矿产资源浪费、破坏的重要措施。

宏大爆破承接矿山工程中，凭借自身全国各地的施工经验，为业主出谋划策，提高矿山资源综合利用率，为业主创造超额利润的实例比比皆是。

9.1.1 变“废”为宝

河南舞钢项目经山寺矿区剥离废石质地较好，原铁矿石价格飙升时期，大量剥离的废石均排弃至外排土场中。为铺垫运矿道路，宏大爆破购置了小型移动破碎机，将剥离废石进行碎石加工。所产碎时铺垫于原泥泞道路上，提高了道路的通行能力，减少了道路扬尘。

随着市场大环境的变化，铁矿石价格回落，风光不再。业主生产经营举步维艰，宏大爆破的工程款也有所拖欠。宏大爆破观察到石料市场行情较好，建议业主开展石料生产加工业务。不久便扭亏为盈，获得了不菲收益。现阶段，经山寺矿坑几近采完，扁担山矿区还未大规模开采，矿山资源综合利用率达到87%，建筑石料收益颇丰。

在铁炉港工程中10kg以下碎渣因不符合规格石标准，必须自费排弃至排土场中。后通过破碎筛分，全部可将其加工成人工砂，创造了数亿价值。

另外，在方解石矿山中，若所采方解石块度过小，下游企业会予以拒收，矿山企业不得不排弃至排土场内，不仅占用土地，而且矿石损失率较大，经济效益差。据市场调查可知，若增加初破碎环节，不仅可以充分利用矿石资源，还会增加矿石的高白度产品，一举两得，为企业取得不菲的收益。

9.1.2 大块石的充分利用

在规格石开采过程中，可将爆破所产大块用作消浪、填软地基、制作景观石等用途。减少了二次破碎、排弃的费用，使其物有所用。

在矿山开采过程中，产生的大块石还可以作为主干道的安全挡墙。

在软地基道路维修过程中，大块石可以充当换填材料，增加道路承载力、保障道路运输能力。

9.1.3 剥离表土的充分利用

剥离表土富含营养物质，适合植被生长。粗放开采过程中，往往直接排弃到排土场。粗放的作业方式，破坏山体原有的植被生态，对后期生态恢复及水土保持极为不利。

在施工过程中，应尽量做到边开采边复绿，充分利用矿山自有表土，避免后期外购表土复绿。

宏大爆破在承接六道湾项目时，两山头相邻，一侧矿山已开采完毕，准备复绿，另一山体正进行台阶开采。仔细研究后，决定将开采山头的表土移作旁边山体复绿使用，不仅节省了二次倒运费用，而且运距较短，还省去了外购覆土的成本，加快了工作进度，实现了与业主共赢。

9.1.4 水资源的充分利用

在露天采矿中，水一直是令矿山人头疼的问题。含水层积水，边坡静水压力大，增加边坡自重，边坡稳定系数降低，威胁矿坑内生产。雨水较多，会造成道路冲刷破坏、淹没底部台阶等问题，抽排水的费用居高不下。

(1) 采用陡帮强化开采技术，可以减少露天矿坑汇水面积，节省抽排水费用。

(2) 在坑底建立集水池，经过沉淀后，上层清水可以提供给洒水车，降低外购水资源费用。

(3) 如果下游生产工艺有需水环节，可以使用坑内的抽排水进行一系列沉淀、净化后二次使用，降低生产成本。

9.1.5　矿坑的综合利用

露天矿山开采寿命结束，留下光秃秃的矿坑，无疑严重影响了整体环境，首先应考虑可否综合利用。采取措施充分利用已有矿坑的成功案例包括：

(1) 为充分利用矿山资源，露天开采转地下开采技术已日趋成熟。舞钢项目中经山寺矿山南部以开采到界，业主利用已有矿坑，设置地下开采斜井，节省了120余米竖井掘进工作。另外原露天矿南部生产主干道，现仍然发挥余热，承担着井采矿石的运输任务。

(2) 抚顺是我国著名的“煤都”，是一座拥有百年工业文明的重工业城市，也是中国名副其实的工业摇篮之一。抚顺西露天矿因资源的枯竭而闭矿，在政府的扶持之下，通过矿山综合治理摇身一变成了热门的旅游景点，游客在这里可一睹百年矿坑的风采。不可谓不是一个典型的综合利用的样板工程。

9.2　矿山综合治理

因管理工作跟不上，不少地方出现过民间滥采石料和矿产资源的个体小露天矿山，其中大部分在整治过程中被强制关闭，但遗留下严重的边坡问题，又高又陡的不稳定边坡像膏药一样贴在青山脚下，不仅污染了环境，还存在严重的安全问题，成了地方政府的心病。当地方政府有一定实力之后，高陡边坡治理复绿工作提上了日程。

宏大爆破凭着多年的工程开拓经历，敏感地发现了这一需求，通过和繁昌县主管部门领导的交流，认识到废弃小型露天矿边坡治理是一项“功在当代，利在千秋”的大事业，不仅可以改善环境、美化城乡的青山绿水，造福当代，而且可以带来良好的经济效益和工程效益，如果能利用边坡治理工程开发一些人文景观留给后代，则功德无量、千古流芳。

边坡治理工程是一个刚刚兴起的新兴行业，宏大爆破将以繁昌县的治理工程为核心，开发围绕边坡治理的环境保护工程项目作为公司发展的新平台，将这项工作做深、做大、做好，为此宏大爆破已投入数千万元和繁昌县政府土地局所属的国源公司联合成立了宏大国源环境治理工程公司。仅两年的时间，完成了一批危坡的治理和复绿工程，为芜湖市和安徽省的废弃矿山整治树立了样板，并作为成功的环境保护工程上了中央电视台的新闻联播节目。不仅为繁昌县争光，还实现了以治养治，为企业创造了效益。

9.2.1 边坡治理的理念

谈到边坡治理问题，目前广泛的认知就是复绿，即让光秃秃的边坡上长满绿草、灌木，开满鲜花。复绿要花钱，并且费用较大，挂网喷涂法复绿每一平方米要 200 元左右，几万平方米的边坡绿化工程动辄就要上千万元。一个县内有上百个需要治理的边坡，地方财政压力很大。宏大爆破在繁昌县与当地政府针对边坡治理提出了一整套治理理念，简单表述即：以治理养治理，变废为宝，化腐朽为神奇。

如何变废为宝，如何化腐朽为神奇？我们根据边坡的性质和治理要求把边坡分为时政宣传边坡、经济边坡、文化边坡和景观边坡几个类型。

治理工程花费巨大，为了筹集资金，除了多做一些经济边坡之外，我们推出了“以采养治”的经营方式，在治理边坡的同时，着手规划建设几个现代化的大型采石采矿矿山，以其产品替代关闭矿山的产品投向市场，根据社会需求和市场情况限期建成，把强制关闭的滥采小矿山的产量集中到大矿山，采用现代化采矿设备采矿技术，实现环保无污染开采，践行环境保护和资源充分利用并重的理念。

9.2.1.1 经济边坡

A 土地资源的开发

经济边坡是指通过边坡治理创造经济利益。露天矿山烂尾边坡的下部平地，因为边坡不稳定，这些平整地块不能利用、不敢利用、成为撂荒的土地。边坡治理之后，环境得到很大改善，这些土地可以开发成住房建设用地、公园用地，几块土地连成一片，形成大面积平地，甚至可以建成一个不小的工业园区。在寸土寸金的城市边缘和城区，荒地变成了宝地，其经济价值非常可观。例如：改造的峨山头项目位处繁昌市区，工程完成后可开发出一百五十亩住宅用地，按市价每亩人民币 700000 元计算，可以创造一亿元人民币的价值，而边坡整治工程的投资总额不足两千万元；姚湾项目完成后可以开发出来 300 多亩住宅小区，尽管工程技术复杂，还要拆迁一些民居，需要投入很大的一笔钱，但是总体来说还是得大于失；兴业项目如果能够实施，可以开发出 1000 多亩土地，足够建设一个工业小区，其利益可想而知。

对于不能开发成建设基地的平地、台地，如果能改造成农田，依据国家复垦及造地的政策，也可以得到丰厚的奖励。例如上蒋和奋发两个相邻的大废弃塘口，堆积有大量的山皮土，就近又有两个水塘，把山脚的台地开发出来可以造农田数百亩，把边坡台阶改造成梯田也有几十亩耕地，可以设想台地和梯田都种满了油菜，春夏之交几百亩油菜花盛开，把台地和梯田都染成了金黄色，将何等壮观，又多么大气、多么震撼!

荣华塘口可以造地 200 多亩，龙山和桥头两个塘口拉通后造地 100 多亩，如果在边坡上开发梯田，还能造出更多的农田。

B　矿山资源变现

繁昌县的废弃矿山都是强制关闭和采矿权到期限制继续开采的露天矿山，所以进行边坡安全改造施工时爆破下来的碎渣都是矿石，可以流入市场变现，也是一笔可观的收益，甚至可以承担全部的边坡安全改造施工费用。有一些爆破量大的项目，卖矿石的收益能够支付边坡治理的全部费用还有富余现金支援其他项目，例如：上蒋、奋发、小岭三个项目可能出矿石数百万吨，足够有效保障工程费用。

C　边坡的深层开发和综合利用

边坡的深层开发和综合利用可以做的事情很多，例如在靠近三边（城边、高速公路边、国道省道边）的边坡改造工程项目中开发出一些广告牌、灯箱出租，也可以在城镇近郊选择一两个边坡改造成攀岩运动基地。这些会在以后的工程项目中实施，将带来意想不到的经济效益。

9.2.1.2　时政宣传边坡

所谓时政宣传边坡就是进行政策宣传或公益宣传的边坡。

(1) 一些边坡可以不实施绿化或者只进行局部绿化，利用边坡的高度优势、视野优势，在边坡的上帮制作一些灯箱或者大字标语，宣传社会主义核心价值观，进行公益宣传活动，做好了能够收到震撼性的效果。

(2) 繁昌县是百万雄师过大江第一只渡船成功靠岸的地方，选一个最醒目位置处的边坡，做一幅灯光壁画，有帆船、有军旗、有号手、有船工，再刻上毛主席百万雄师过大江的气势磅礴、惊天地泣鬼神的诗篇，作为繁昌县青少年革命教育活动基地。该壁画必将成为繁昌县一景，成为繁昌县的名片。

(3) 繁昌县是新四军的活动基地，已经建有革命纪念馆。施工时有员工提议，与纪念馆配套可打造一个纪念廊道，廊道就建造在纪念馆附近的边坡上，由伟人造像、纪念诗词、历史浮雕组成，把不朽的革命史诗永远留在繁昌的土地上，作为繁昌县的光荣永世不忘，传留给后世子孙。

9.2.1.3　文化边坡/景观边坡

文化边坡的意思是结合当地的文化、历史人物、典故、民间传说，利用改造的边坡工程作为载体，采取绘画、屏幕、浮雕、彩灯、名人书法等形式把它打造成文化载体、旅游景观，作为留给子孙后代的礼物，流芳百世。

景观边坡是指将边坡与现有旅游景点融合成一体，丰富现有旅游景点的内容，提高现有旅游景点的档次，或者结合文化边坡建设，把文化边坡建设成一个新的旅游景区。

繁昌县是一个文化底蕴非常丰厚的地方，安徽省更是一个历史文化遗产沉积非常厚重的文化大省，安徽省计划重点打造黄山、合肥市和长江两岸三大旅游区，繁昌县正当其中，千古独步，时也、命也、运也！抓不住时机将后悔百世，抓住时机则会迎来一个繁花似锦的新繁昌！

繁昌县濒临长江，背靠九华更是地藏王菩萨未到九华之前的驻锡之地，县境内有欧亚大陆最早的古人类遗址人字洞、有景德镇瓷都的祖庭遗址，有许多历史悠久的古墓不知埋藏着多少价值连城的宝贝，繁昌县山清水秀才子多，发挥聪明才智和无穷的想象力，把繁昌县的古文明展现在其附近的边坡上，繁昌县将不仅是安徽省的繁昌县，中国的繁昌县，将会成为世界的繁昌县！

三国时期的风流才子周公瑾曾任春谷县令（繁昌县古称春谷），民间传说风流倜傥的周郎在春谷建功立业、造福一方，为孙吴的振兴做出了贡献，并与小乔结为连理，取得了事业、爱情双丰收。其后的两千多年里更是人才辈出，他们为繁昌县争了光，为安徽省添了彩，为中华民族做出了贡献。这些都是繁昌县的文化，在治理废弃边坡时把繁昌县的文化描绘记录在边坡上，给后世子孙们留下一笔光辉的遗产，为开发长江两岸的旅游事业做出贡献。

9.2.2 边坡治理规划与方略

9.2.2.1 总体规划

所谓总体规划就是首先要做好预算，哪些边坡需要治理、要花多少钱、能够创造多少效益、能够回收多少矿石卖多少钱、能够造出多少耕地多少工业用地以及多少建设用地等，要做到心中有数。另外治理工程的轻重缓急要有清晰的顺序，如何治理也要有一整套完整的设计。简言之叫作“有数、有序、有招”。

(1) 把危险边坡治理成安全边坡：

1) 地质勘探，危险滑坡面勘探；

2) 边坡安全稳定性分析；

3) 确定安全合理的边坡角；

4) 边坡台阶化设计；

5) 危险边坡由上而下台阶化处理；

6) 排水沟和安全挡墙修筑。

(2) 对安全边坡进行绿化和美化：

1) 把台阶平台打造成水平梯田，并开出种树的水平槽、鱼鳞坑；

2) 由上而下逐台阶绿化：喷涂、种草、爬蔓植物等，甚至改造成梯田；

3）铺设喷灌养护系统。

（3）对边坡底部的荒废平台进行平整、拓宽治理成建设用地或者覆土变成耕地、园林。

（4）利用废弃小露天矿山场地，经深层次开发，结合附近环境打造成休闲活动中心或者旅游景点。

（5）把坡面或者开挖后的台阶变成广告牌或者宣传繁昌、芜湖、安徽的大屏幕。

9.2.2.2 治理方略

（1）对边坡的稳定性进行评估，根据边坡岩石性质、节理裂隙走向倾角及分布密度、边坡高度，计算出不同保险系数的安全边坡角。

（2）爆破设计及爆破工程施工要根据对边坡安全的要求选定治理后的最终边坡角，根据边坡用途选定台阶高度、平台宽度、台阶坡面角度，画出改造后的边坡形态图，作出爆破设计文件。

（3）根据整治改造爆破设计文件进行爆破工程招标。

（4）根据边坡用途进行绿化美化设计招标，依据设计文件进行边坡整治及绿化、美化工程招标、护养招标和艺术加工招标。

（5）组织施工，允许一定范围的平行施工及交叉施工。

（6）各标段工程验收及整治工程整体验收。

9.3 小结

“绿水青山就是金山银山”的理念深入人心，矿山绿色开发和环境修复是矿山生命周期中重要一环，宏大爆破紧跟政策导向，为矿山资源的综合利用和综合治理贡献一份薄力，促进矿山绿色发展。

10 陡帮强化开采施工管理

有了先进的装备并不等于就会有先进的工作效率。先进的设备必须和先进的采矿工艺、组织管理相配合，才能发挥设备效能。只注意提高装备水平，而不重视工艺的改革、组织和管理，矿山综合产能还是难以提高的。

陡帮强化开采过程中，作业平盘宽度较窄，设备调动频繁，投资预算少，生产节奏快，容错率低，在狭小开采空间里，如何通过有效管理众多设备，高效完成艰巨任务，推动工程进展，对宏大爆破的管理能力是一种巨大挑战。

在陡帮强化开采的施工中，宏大爆破对施工进度、施工安全、施工质量及外协施工队进行了研究和总结，使工程的效率发挥到最大化。

10.1 施工进度管理

露天剥离与采矿工程施工管理的核心内容是合理安排各个施工工序，使配套设施实现良好的衔接和磨合，发挥出每台施工机械的作业功效，使穿孔、爆破、铲装、运输、排弃一条龙生产能力发挥到最大，成本降到最小。现场施工作业千头万绪，必须有切实可行的施工计划安排，宏大公司总结多年的施工管理经验，整理出了一套以施工分解图作为施工计划的骨架，以施工调度会为施工管理核心的施工进度管理模式。

10.1.1 施工计划

10.1.1.1 编制采剥施工计划图原则

编制采剥进度计划对矿山建设和均衡生产具有指导作用。编制采剥进度计划的目的是进一步验证和落实矿石生产能力，并确定均衡的生产剥采比和矿岩生产能力，以保证用户对矿石数量和质量的要求。对生产多品种矿石的矿山，如用户有特殊需求，应采取分采分运措施，落实各矿石品种的数量和质量。同时，在此基础上，确定矿山基建工程量及矿山投产和达产时间，确定穿孔和装载设备数量。一般以设计年产量作为计算主要采装运输设备以及材料、人员、生产成本等的依据。

编制露天矿采剥进度计划必须考虑下列基本准则和注意如下事项：

(1) 必须保证业主对矿石产量的要求；

（2）生产剥采比要加以均衡，变化幅度不宜过大；

（3）及时开拓准备新水平，上部台阶推进要与开拓延伸速度协调；

（4）有一定备用工作线，每台挖掘机应有合理的工作线长度；

（5）主要采掘设备数量不允许有闲置或跳跃式变化；

（6）保有合乎标准的备采储量；

（7）分区或分期开采时，要保证工程和产量的衔接；

（8）要选择合理的矿床开采顺序，尽可能缩短基建时间、尽可能缩短投产与达产时间、尽可能降低基建工程量、尽可能缩短运距、尽可能降低贫化损失；

（9）工作帮坡角的大小根据开采程序、装备水平、爆破方法和技术管理水平进行合理调整。缓帮推进时，工作帮坡角10°~15°；采用陡帮推进时，帮坡角可采用18°~24°；

（10）编制采剥进度计划应以采剥设备能力作为计算单元，把每个工作水平剥采设备配置和调动情况，以及矿山工程在采场内的发展情况用图表示出来；

（11）采装设备布置要合理，主要采剥设备不允许有闲置现象。设备数量要根据采剥工作面增加情况和产量发展情况相应改变；

（12）要及时开拓新水平，从上至下依次有序开采。

10.1.1.2　施工分解图

设计单位提供的露天矿施工图每年一张施工进度平面图，标明年底露天采矿场的平面状况，并计算出本生产年度剥离工程量、采矿总量及富矿贫矿的比例、备采矿量、开拓矿量，依此指导矿山进行均衡生产。

宏大爆破借鉴这种做法并要求各个施工现场每个月出一张施工进度平面图，穿插在开工现场平面图与竣工平面图之间，指导每个生产月的机械设备、人员安排和生产进度，统称为施工分解图。

10.1.2　施工调度

陡帮强化开采生产调度管理就是生产经营计划，通过组织、指挥、协调、服务等职能，控制露天开采的生产活动，使其达到既定的生产工程目标。露天生产调度工作是整个陡帮强化开采管理工作中至关重要的一环，是生产管理的“中枢神经”。

10.1.2.1　调度的主要作用

生产调度管理具有组织、指挥、控制、协调的职能，具体到陡帮强化开采中生产调度的主要作用包括如下两项职能。

（1）在开采日常生产活动中，按照生产计划的要求和生产作业现场的具体情况，对生产的全过程进行有效的指挥、监督和控制，加强施工工程和形象进度管理，促进生产作业均衡稳定进行。

(2) 对复杂的采石工程，通过对挖机状况、钻机作业进度、业主需要的规格石量、山体规格石存量及分布、运输卡车台数等各种信息的收集和处理，合理安排爆破区域和挖机、钻机作业点，匹配挖机和运输卡车的数量，选择卡车最佳运输线路，积极预防施工作业中事故和失调现象的发生，以形成整个施工作业安全、高效、低耗、有序等状态，使施工中各个环节、各道工序能够协调一致的工作，达到向业主供给合格、足量的石料，从而保证全面完成采石场的生产计划。

10.1.2.2 陡帮强化开采生产调度的特点

影响陡帮强化开采的因素较多，除主观方面生产设备投入量、施工工程布局、业主的矿石需求量及生产计划安排等原因外，还受到岩体性质、气候条件、岩体地表形态及水文地质条件等客观因素的影响。因此，陡帮强化开采的生产调度与其他工业企业的调度管理相比有其自身的特点。

生产作业过程中，由于工序繁杂，生产不平衡时常发生，亦要求生产调度部门运筹帷幄，当机立断，迅速处理，及时恢复生产的动态平衡，这既能使生产作业稳定、秩序良好，又有利于生产设备正常运行和维护，提高设备的完好率、利用率和工人劳动生产率，也有利于安全生产，消除事故隐患，避免突发事件和人身伤亡事故的发生。所以，生产调度要反应灵活，信息畅通敏捷，全场一盘棋，要有统一性、及时性、计划性、预见性、均衡性和群众性。只有全面了解，深入分析，准确掌握现场生产情况，才能抓住问题的关键，做出及时妥善的处理，只有对生产问题的解决做到“严、细、准、快”，才能为现场的生产作业赢得时间，提高现场的生产能力和经济效益。

10.1.2.3 生产调度组织和管理

A 生产调度管理人员梯队建设

生产调度部门直属于生产经理，设总调度长一名，副调度长两名和调度员若干名。调度人员应有高度的责任感和成熟的工程经验，能正确处理与施工队关系，不但要熟练掌握生产工艺要求，还必须把标准化管理熟记于心，并能灵活运用。

建立从生产经理至副总调的带班、值班制度。其中两名副调度长实行昼夜轮值班，24 小时指挥不中断，生产值班调度长负责全面生产调度指挥，掌握生产信息，会同总调度长和各施工段及时处理生产作业中随时发生的各种问题。并由调度员将当班生产情况、出现的问题、采取的措施及执行情况写成调度日记，电子备案，向调度室反馈和下班交班。

B　生产调度的职责

（1）严格执行国家《爆破安全规程》《民用爆炸物品安全管理条例》《安全生产法》等法律法规及行业标准，在生产经理直接领导下安全完成生产任务；

（2）对项目工程施工安全、文明施工和劳动保护措施的组织、实施、协调和控制负直接责任；

（3）在组织、指挥、协调施工过程中，要平衡控制各生产要素，确保施工任务与安全的高度统一，对改善劳动条件、预防事故项目，要优先于生产项目安排，并予以时间保证；

（4）负责组织实施安全技术措施，传达贯彻公司和生产单位关于安全生产的指示，并对规程、措施、安全交底要求的执行情况经常检查，随时纠正违章作业，杜绝违章指挥；

（5）负责检查现场施工区域的作业环境、设备和安全防护设施的安全状况，发现问题及时纠正解决，对重点、特殊部位施工，要认真做好书面安全技术交底，落实安全措施，并督促其执行；

（6）督促检查施工班组班前会、交接班制度的执行情况；

（7）加强对危险源点的监视和检查，发现问题，及时解决，遇有各类险情时，应立即组织人员、机械设备撤离现场，并及时向主管领导报告，及时组织处理现场发现的安全事故隐患，处理不了的应立即安排做好防护措施，并向主管领导报告；

（8）组织、协调爆破、排险施工等危险作业工序，加强与建设单位和相邻施工单位的现场工作联系，参与安全警戒，做好安全生产协同配合工作，负责项目工程施工（调度）日记、交接班记录的填写与保存，工程竣工时提交有关部门收存、备查；

（9）组织事故应急救援工作，保护现场，及时向上级报告；参加或配合事故的调查。

C　调度会制度

（1）月会。在上一个生产月结束、下一个生产月开始之时召开，总结上一个生产月的工作，安排下一个生产月的工作，主要内容应当包括：工程进度、安全、质量；完成工程价款及工程进度款收入；施工人员、设备及材料供应的基本情况和有待解决的问题；上个月发生的重大事件、处理情况以及下个月准备应对的重大事件；内部关系、业主关系和地方关系的基本情况和有待解决的问题有待协调的问题；上一个月遇到的麻烦、取得的成绩、积累的经验和引以为戒的教训，下一个月面对的问题以及如何发扬成绩、吸取教训做好工作。

（2）周会。固定在周一或者周末的例会，周会的主要议题包括：通报上一周安全、进度和工程质量情况，布置安排下一周的工作要求；调整各个施工队的工作矛盾，理顺各个部门的工作关系；讨论研究下一周工作面对的技术难题、扯皮难题，定出解决问题的办法和应对采取的措施。

(3) 晚间碰头会。晚间，生产经理、现场总调、安全负责人、技术负责人、各个施工队负责人，总结今天生产情况，说说各自的困难、要求，由生产经理和总调协调各方的工作关系，定下解决问题的办法，然后大家分头去按照协商一致的意见开展第二天的工作。

(4) 早调会。根据昨日生产中发生的问题，制订解决办法和措施，按照周计划的生产要求和实际进度布置当日施工作业。早调会实质上是一个具体控制和布置当天工作，完成全天生产作业进度的沟通、协调会，有效保证了露天开采各项生产工作的有序、协同进行。

(5) 现场调度。现场调度是调度工作的重要方法，陡帮强化开采工程的调度与一般的露天采矿调度不太一样，调度人员必须深入施工作业现场，针对生产作业各个时期的关键和薄弱环节进行研究，发现问题及时与工人和技术人员紧密配合，分析产生问题及原因，商讨解决办法，并主动向有关领导汇报，为领导正确决策提供依据。对违章指挥、违章操作、违反劳动纪律行为和人员予以制止和处理。遇大风、雷电、雾、雨、冰、雪等影响到施工安全的恶劣气候时，应下令停止现场施工，这一制度密切了领导、技术人员和工人之间的关系，充分发挥了各级指挥人员的积极性和主动性。极大地消除和避免了“车等挖机”或“挖机等车”的窝工现象，设备利用率得到了很大提高。

(6) 班前（后）会。班前会主要是听取上一班调度长的工作介绍，以及重要问题的调度情况，尤其是上级领导部门的有关指示精神及要求等。同时听取接班调度长对本班工作的安排和分工，传达上级领导的有关意图和本班调度的工作重点等。

(7) 事故分析会。事故分析会由调度长或事故发生时轮班的调度长主持。会议的主要目的是查清事故原因，明确事故责任，确认事故性质，估算损失，吸取教训，制定预防措施等。参加事故分析会的应有事故发生单位的有关人员，调度指定人员和有关管理者。分析会要写出摘要或简报，上报和通报到各有关部门，达到教育全体员工的目的。事故分析会要尊重科学，决不可凭主观臆断，要掌握大量的第一手资料，如实物、各种记录、照片、现场有关人员的录证等。

生产调度会议是生产调度管理的重要工作内容，也是一种有效的工作方法。通过调度会制度的实行加强了各部门、外协队之间的沟通，保证了生产的衔接和顺利实施。

D 完善调度管理中的各项管理制度

(1) 完善调度室管理制度。完善调度室内部的《交接班制度》《调度管理制度》《对讲机管理制度》等一系列规章制度，明确调度工作职责，并做好每天的调度日志和施工日志记录。

（2）制定适用的违章处罚制度。制定《施工管理制度》《汽车违章处罚制度》等行之有效的规章制度，使调度工作做到有法可依，树立了调度的工作权威性，保证了工地施工生产安全。

10.1.3　现场设备全自动化调度管理

经过十几年的研发，国内外大型露天矿山很多都引进建成了全自动化的调度管理系统（图 10-1），据报道可以提高开采工艺系统综合效率 5%~20%。

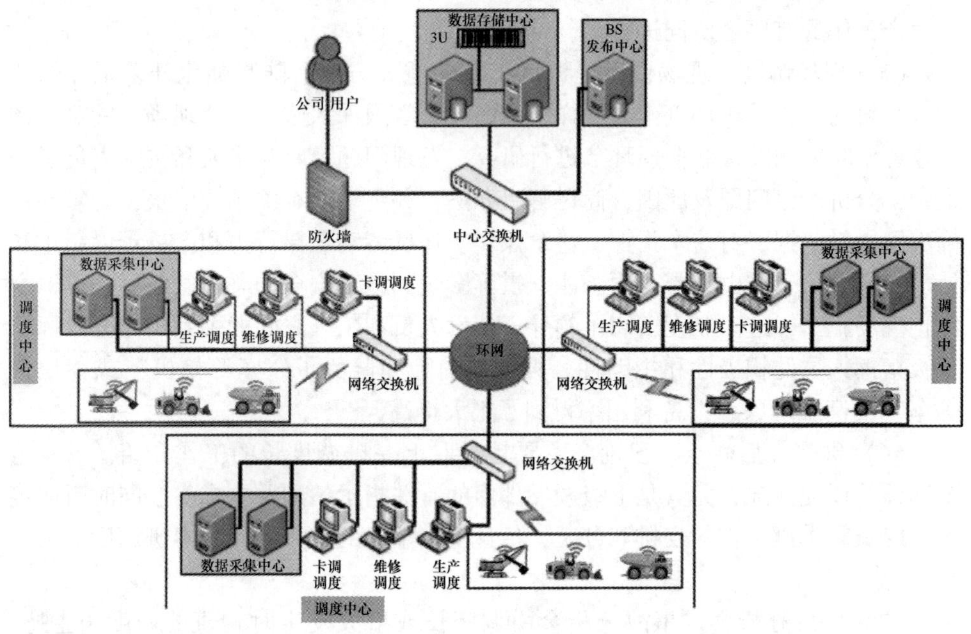

图 10-1　设备调度管理系统示意图

现阶段，宏大爆破已在大宝山铜多金属矿实现了设备调度管理系统。可通过调度室实时掌握设备运行情况，及时做出生产调整，降低了调度人员的劳动强度，提高了生产效率。

10.1.4　施工进度保证措施

按期完工是承包商应尽的责任，工程能否按期完成直接影响公司的社会信誉和经济效益。为此公司将忠实执行合同条款以及业主的指示和要求，采取各种有效的措施，确保工期实现，宏大爆破主要从以下几个方面予以有力保证。

10.1.4.1 从施工方案上保证

钻爆施工是工程的关键环节，为控制工程的总工期，编制施工方案时，以此作为重要的施工环节。施工过程中，将实行科学管理，不断优化施工组织设计和工序施工方案，抓住关键工序，展开交叉、平行、流水作业。采用合理先进的爆破施工工艺，尽量降低爆破粉矿率，确保矿岩块度满足设计要求。

10.1.4.2 从组织上保证

（1）选派有着丰富施工经验的技术骨干组成项目经理班子，强化项目管理，在接到中标通知书后，各级人员准时到位，机械设备按时进场，及时进行安装调试，确保按时开工。项目经理部按项目管理的各项要求开展工作，强化项目管理，强化施工全过程的监督、检查、指导。

（2）施工每日“碰头会”制度，抓好每日进度的落实。就当天完成任务情况、质检情况及时报告，对存在的问题及时查清并找出解决的方法，布置次日的施工任务，并提出要求。

（3）内部采取责任承包和经济承包相结合的办法，以提高全员施工的积极性。钻机实行单机核算，提高出勤率和使用率。

（4）在施工中全体施工人员没有节假日，没有周末，连续作战，加班加点，保证完成计划任务。

10.1.4.3 从施工计划上保证

在工程计划管理上，宏大爆破采用计算机对工程进行动态管理，编制三级进度计划（一级进度：施工综合进度；二级进度：专业施工进度；三级进度：工序进度）和三级生产报告（日报告、周报告、月报告）；工序资源配置表（根据三级进度计划和工作程序，计算每道工序的工程量，以及完成这些工程量所需的机械台班数、材料消耗量）。把全部工作纳入严密的计划控制之中，计划进度保证分三个阶段实施：

第一阶段：资源配置和计划落实到部门、班组、每个人根据项目部施工总体部署，施工人员上岗、设备就位按照三级计划，把任务逐级落实到每一天。

第二阶段：施工过程中监控。作业人员按照工作程序进行施工。项目副经理每周主持召开一次生产进度周例会，对本工程施工进度、资金、设备进行调度和平衡，对影响工程施工的各类因素加以解决，加强各部门、各队协调配合，总结上周生产情况，布置下周任务，保证工程质量和安全。生产调度室根据三级报告制度进行监督和控制施工进度，每天上班前半小时进行生产调度会，如发现实际进度与计划进度发生偏差，应及时下达指令给各施工队，通过加班加点或增加人员、设备等措施，予以及时补救。

第三阶段：补救措施由于外部原因导致的工期滞后，项目部将想业主所想，通过增加人员或设备、优化施工组织、提高劳动生产率、延长施工时间等办法进行补救，追赶工期，确保业主工程总体进度或关键工期节点不延误。由于项目部内部原因造成工期延误，我公司将调动一切资源，调查、分析事件的原因，从根本上清除不利因素，采取加人、加设备、加班加点等强有力的措施来追回失去的工期。由于不可抗力造成的工期延误，我们将主动积极配合业主做好各方面的协调，合理调整进度计划报建设方批准后实施。发挥我们的潜力，将工期损失控制到最低限度。

10.1.4.4　从工序安排上保证

抓住施工关键工序，组织好施工，加强管理，重点保障。探索好的施工方法，合理安排施工程序。从施工方法上寻求加快施工进度的方法，避免重复作业和相互干扰。充分发挥机械化施工的优势，减轻工人劳动强度，提高工作效率，加快施工进度。做好每个工序的准备工作，使各项工序连接合理、紧凑，每一个工序为下一个工序创造条件。

10.1.4.5　从工作机制上保证

（1）加大机械设备投入力度。施工准备期间利用组织、管理的优势，使全部人员、机械、设备尽快调配到位，施工中充分发挥机械的优势，合理利用机械作业，增加机械设备的投入量，并搞好机械搭配，发挥其最大效益。

（2）坚持领导跟班作业制度。发现问题及时处理，协调各工序间的施工矛盾，减少扯皮，保质、保量完成任务。

（3）内部采取责任承包和经济承包相结合的办法。健全奖罚制度，开展施工竞赛，比质量、比安全、比工效、比进度、比文明施工，对按质按量安全完成周月计划的施工队、班组，给予表扬和奖励，反之给予批评和处罚，以提高施工人员的积极性。

10.1.4.6　从施工安全上保证

根据工程的特点，制定专门安全技术措施，并组织专门安全小组负责日常的安全检查。严格执行“三级安全生产的交底”制度。搞好后勤安全工作，解除职工后顾之忧，使参战职工随时都以充沛的体力和饱满的热情投入到施工生产中去。

对进场人员必须进行安全教育，现场安全员要每天巡视，一旦发现不安全因素，应立即纠正，对忽视安全的行为要进行处罚。同时，要控制劳动者、劳动手段和劳动对象，做到人的行为安全，避免出现人、物事故危险因素。

10.1.4.7　从后勤供应上保证

加强机械设备的养护、维修，搞好职工食堂，防病治病，保障职工身体健康，保证正常出勤率，保障施工正常运转。

10.1.4.8　从外部环境上保证

正确处理好与当地政府，当地老百姓的关系，创造宽松的外部环境成为加快工期的必备条件。争取得到各个方面的全面支持和有力配合，为施工生产创造一个良好的外部环境。

10.1.4.9　材料设备管理上保证

根据施工进度计划和施工不同阶段的具体情况，做好材料、机具、设备的准备工作，合理安排好作业面，以及劳动力调配，让投入的人力、物力始终保持良好的状态，以满足工程进度的需要。

10.1.4.10　从项目资金管理上保证

根据工程项目施工过程中资金运转的规律，进行资金收支预测、编制资金计划、筹集投入资金（施工项目经理部收入）、资金使用（支出）、资金核算与分析等一系列资金管理工作，保证项目工程资金专款专用。

10.1.5　赶工措施

在进度计划中，要预留一定的时间以应对不可避免的客观上的工期延误的应急。如果延误工期超过预留时间、意外误工或者由于情况变化考虑到需要赶工，专门制定如下赶工措施：

（1）防患于未然：在优质圆满完成施工进度计划的基础上，在整个施工过程中，将工作走在前面。在整个施工过程中注意调整施工进度计划尽量将工期往前赶，争取优质、高效、安全、快速地完成施工任务，确保工程按时全面完工。

（2）做好应急准备：在进行施工设备、人员及材料配件的配备时，要考虑配备一定的富余施工能力以保障本工程按期完工，并按照施工进度要求可增加施工配备和施工强度来满足要求，而且制定了承诺制度：公司项目主管领导有权在公司范围内抽调人员、设备和资源优先保证本工程的施工建设。

（3）夜间施工组织措施：

1）夜间施工重点是加强施工现场照明，每个作业区设置高亮的碘钨灯或移动照明车，供夜间施工机械作业照明用。

2）车辆慢速行驶，并在沿线设置反光警示牌提醒司机注意，并在关键路口配备交通指挥人员。

3）合理安排工作计划和人员配置，劳逸结合，夜间作业，避免疲劳操作。

4）派专人对设备进行指挥，避免安全事故发生。特别是上下交叉作业地段，要加强安全防护，避免岩石滚落造成对机械和人员的损伤。

5）实行夜间值班制度，保持不间断的通讯联系。密切注视现场施工状态，发现隐患，及时处理。

6）坚持收听气象预报，根据气象情况合理安排生产。若遇大的雷雨气候，按制订的应急措施，组织安排实施或停工。

（4）三班施工组织措施：

1）成立由项目副经理、工程安全部经理、各作业队长组成的三班施工工作协调小组，统一协调，合理安排、科学施工。

2）交班时，当班人员和前班人员应及时沟通，了解前班施工情况、机械性能及其他方面的事项。

3）坚持自检、交接检制度，并形成完善的记录。

4）合理安排每班作业人员的休息时间，确保人员体力和精力充沛。

5）加强后勤和辅助设施的服务。

10.2 安全管理

安全管理工作是企业的生命线，现代社会以人为本的管理理念充分体现在安全管理之中，没有安全保障，就没有企业效益，更别谈企业的发展壮大，在工地安全管理中应重点做好以下工作。

10.2.1 注重安全管理的基础建设

10.2.1.1 安全管理要从领导抓起

公司的业务是由各个项目部组成的。项目经理和各部门的领导是项目管理领导集体的核心，他们的管理理念将主导整个项目管理的各个环节，他们对安全管理的认识和标准将成为安全管理工作的基调，标准有多高，力度有多大，管理有多严，效果就有多好。

在工作中，本着谁主管谁负责的安全管理原则，给项目部上至项目经理，下到每个部门都制定了严格的安全责任目标，并要求他们认真落实安全责任，积极做好安全管理工作，形成了高层重视、中层合作的管理模式，确保了安全管理工作上下齐抓共管、步调统一的有利局面，为安全工作的顺利实施，打下坚实基础。

10.2.1.2 建立会管、敢管、严管的安全队伍

安全管理工作渗透在生产中的每个环节，每个环节的安全制度的落实需要一支真抓实干、会管、敢管、严管的安全管理队伍。为此，在确保安全队伍的数量满足安全管理需要的基础上，宏大爆破十分重视安全管理人员的业务水平提高，要求每一个安全管理人员都要有一定的技术和安全管理专业知识和经验，以确保安全管理工作及时到位。

在上述基础上，我们狠抓了安全队伍的作风建设。要求他们对于违反操作规程和安全规定的行为勇于指出，敢于纠正，不徇私情，敢于碰硬，以严厉的工作作风体现制度的无私和严格。

由于安全管理是一种工地“执法”，安全检查就是查找不足，是一种容易得罪人的工作，有时对于违反规定的还要加以罚款，发现了问题如果拉不下面子，“人情味”太浓，工作将很难落到实处。

10.2.1.3 落实资金及资源投入

安全管理工作不仅仅是日常的现场管理，安全教育和施工现场众多的隐患排除、安全设施都需要资金的投入。为了把安全工作做得扎实有效，严格按国家规定提取安全费用，并要求安全管理部门按施工进度和季节性变化有重点地安排使用安全费用，确保将安全费用落到实处。

10.2.2 安全管理工作的有效运行

有了安全管理的基础建设，并不等于安全工作就做到位了，接下来就是如何扎实、有重点具体落实安全管理规定，将安全精神贯彻到实际工作中，宏大爆破主要从以下六个方面抓好安全管理工作。

10.2.2.1 结合实际，有针对性地制定措施

安全管理工作同打仗一样，要战胜对手，就要充分了解对手。每个工地有自己的特点，在未开工之前，就应该要求安全部门深入了解工地的情况，认真分析安全隐患，研究施工过程中需要防范的安全重点，掌握安全管理工作需要防范的安全重点，从大处着眼，通过集体研究制定有针对性且切实可行的安全措施和应急预案。

比如河南舞钢采矿工程属于负挖露天开采，边坡主要由变质岩碎屑沉积岩构成，边坡中下部多由辉石磁铁矿层直接构成，地质构造复杂，边坡稳定性受到很大影响。这构成了以后安全管理工作的核心和主线，宏大爆破除了在施工组织设计中充分体现之外，另外制定了具体的施工安全管理规定和管理制度，比如施工

中对永久边坡处理的要求和施工道路防护规定等，都充分体现了工地的施工特点。

10.2.2.2　注重教育，特别是入场教育

施工安全是全方位的安全，包括施工过程中人的生命安全和机械设备等的财产安全，但重点是人的安全。人既是施工的实施主体，又是首要防护的对象，人的因素在安全生产中是十分重要的。要搞好安全管理工作，首要是解决好参与施工的人员思想问题，我们认为入场教育作为上岗前的第一课十分重要，深入扎实的入场教育，一方面可以提高思想认识，使其从进入工地的第一天起就牢固树立安全第一的认识；另一方面便于其对工地情况有一个全面的认识，清楚工地存在的安全隐患和应该防范的安全重点，遇到危急情况知道如何处置，从而将危害降低到最小。

另外，我们还根据施工的不同阶段进行有针对性的安全教育，通过集中教育、宣传单、黑板报、宣传栏和广播等多种形式的安全教育，提高大家的安全认识，增强大家的安全意识，安全警钟长鸣，安全的弦紧绷，自觉遵守安全规程和规章制度。

10.2.2.3　突出重点，抓好安全管理工作

施工中的安全隐患是各种各样的，有的长期存在，有的是施工进行到某一阶段才出现的，每个阶段都有需要防范的安全重点，要求工地的安全管理要分清主次，抓住重点，做好安全管理工作。

如东北某重要一、二标段工程，施工工期短，工程场面大，施工队伍多，为爆破警戒带来了很大难度。针对这种情况，事前与业主联系，就爆破警戒问题达成了协议，成立了爆破指挥部，规定了统一的爆破时间、信号等，确保了爆破安全。在分属于二十多家单位，近万人同时施工的工地上未发生过爆破事故。

工地的施工规模大，每天的火工品的使用数量也很大，火工品的安全和爆破安全也是安全管理的重点，是一项长期而艰巨的任务。为做好火工品的管理，应选择政治素质过硬、专业能力强的作业人员参与火工品管理，严禁违章操作、无证上岗，完善各项制度，严格落实火工品的登记、统计和领用、退库的签名制度，并充分发挥监炮队的监督管理职能，确保爆破作业现场及作业步骤按规程操作，保证了火工品的安全使用，未出现火工品管理违规违章责任事故。

10.2.2.4　持之以恒抓安全

安全管理是一项长期持久的工作，施工的不同阶段会有不同的安全隐患，需要长期跟踪检查，及时消除。如果放松思想，麻痹大意，安全事故随时有可能

发生。

如河南舞钢凹陷工地的排水是一项很重要的工作，特别是夏天的雨水很容易灌入矿坑造成边坡坍塌滑坡，对施工造成很大影响。为此，须从开工就规划好地表排水的问题，尽可能利用地表自然径流情况，通过疏导的方式将地表降雨汇水导入沟渠，将其对施工造成的影响减小到最小。在此基础上，每年雨季来临前，都要安排导流沟渠的清理，平时还要检查维护，保证水流的畅通。工作持之以恒，基本可保证不发生洪水淹工作面和淹设备事件。

10.2.2.5 加强分包劳务队伍的管理

为了照顾施工所在地的关系，需要将一些简单劳务对外分包，这些分包队伍的安全管理十分重要。对这些分包队伍，必须在签订分包合同时就与他们签订安全责任书，作为分包合同的补充要件，在制度上强化分包队伍在施工中的安全管理责任。同时，为保障各项安全制度的落实到位，项目部要制定详尽的安全奖罚制度，以加强管理的力度。在此基础上，对他们加强教育，强化其安全意识，引导他们养成良好的安全习惯，如果同样的问题多次触犯则加重处罚，并强调罚款只是一种辅助手段，目的是为了强化管理效果。

年底根据各单位每个安全项目的罚款数额和单位的人员设备基数，计算出其被罚款系数，排出各单位的安全名次，将整年度的罚款作为安全奖金奖励给较好的单位，以示对其安全管理工作的鼓励和肯定。这样的管理办法，淡化了被管理单位的抵触情绪，收到了良好的管理效果。

10.2.2.6 健全安全档案

安全管理中的文字资料必须妥善管理，保存完整，这不但是安全工作的翔实记录，更是安全管理工作规范化的要求，通过最原始的记录可以查找安全管理工作中存在的不足和需要改进的地方，以便将工作做得更好。

10.2.3 专项安全管理

10.2.3.1 爆破施工安全管理

爆破施工作为本工程中的重要施工分项工程，特别是爆破施工作业系危险工程。因此，爆炸物品的使用与购买，应严格按照国家关于爆炸物品管理条例的有关规定，向当地公安局递交使用申请和相应证明材料，按照当地公安局的制度规定办理爆炸物品和器材的报批和购买手续。

A 爆炸物品的管理制度

(1) 爆破物品的购买。严格按照国家及地方关于爆炸物品和器材管理的有关规定，开工前到当地公安局办理《爆炸物品购买证》，向爆破器材供应方购买爆破器材。

（2）运输与配送。与爆破器材供应方签订《爆破器材采购合同》和《安全生产管理协议》，明确双方责任和义务，保证爆破器材的质量。按照规定采购的爆炸物品委托具有爆破器材运输资质并经当地公安机关批准的专业单位负责配送和安全押运到爆破现场临时炸药库，爆破器材配送至施工现场时，经理部必须派引导车引导运输爆破器材的车辆。

（3）爆破物品的使用。爆破物品进入施工现场后，不允许无关人员进入爆破区域，并派专人负责看管。装药完毕后，多余的爆破物品必须由至少 2 名爆破员当天退回炸药库。

B 爆破施工作业制度

（1）开工前，项目部将向业主提交安全技术措施方案、安全技术程序、安全管理程序等安全文件。每次爆破作业前 24 小时填写《爆破作业许可证》，并报监理和业主审批。

（2）对于参与现场爆破施工作业的所有人员都必须持有《爆破作业许可证》和安全防护装备，持证人员的名单报业主和当地公安局审核批准备案，并进行爆破安全技术教育培训。

（3）作业人员应严格按照爆破施工设计方案进行施工。现场技术人员还应对现场的局部偶然因素进行分析论证并及时安全地调整相应的爆破参数；如现场的大部分爆破参数与设计不符，应停止施工作业并报告总工程师予以调整爆破方案，并业主予以审批。

（4）遵守业主规定的爆破时间，并将起爆时间通知业主、附近村庄和相邻单位，张贴安全告示牌，注明爆破时间、警戒信号、起爆信号。

（5）起爆后，在解除安全警戒前，派专人对爆破现场进行检查。如发现哑炮，报业主、监理审核批准，组织人员按《爆破安全规程》（GB 6722—2003）的规定及时进行处理。

C 爆破安全警戒制度

（1）由爆破队组织成立专门的爆破安全警戒分队，该队由 1 名爆破指挥长、两名专职安全员、1 名起爆员、1 名警报员和 6 名安全警戒员组成。并将名单报业主和当地公安局予以审批备案。

（2）每次爆破都必须由工程技术部和爆破队联合编制专门的爆破安全警戒方案，由项目经理批准后，报业主予以审批。

（3）爆破施工前在该爆区的安全警戒范围附近的交通要道路口、单位张贴施工公告及爆破公告；要控制好进山口两端道路，加强爆破警戒，防止飞石伤人。

（4）参与警戒的所有人员都必须佩戴安全警戒红袖章、安全帽和警戒标志以及对话机作联络。

（5）在爆炸物品和器材进入爆破施工现场时，安全警戒分队即时封锁施工现场至起爆前的警戒撤退，并在爆破施工现场插设红旗作为警戒标志，禁止一切无关人员进入爆破施工现场，专职安全员专门负责巡视现场。

（6）爆破安全警戒时，有3次信号进行警示，利用大功率的警笛警报作为警戒信号，爆破警戒人员从警戒区内由里向外疏散人员和机械设备撤离至安全区域，并用对话机随时向爆破指挥长汇报安全警戒情况。指挥长在确认各警戒点汇报安全后，通知警报员发警报信号并通知起爆人员提前1min进行起爆器充电后，再次询问各警戒点确认安全后，进行倒记数准时起爆。

（7）在所有爆破网路都已起爆5min后，指挥长派专门的检查员进入爆破区认真检查爆破效果。在确认无哑炮后宣布解除警戒并发解除警报；如出现哑炮，应发紧急警报予以报告不予解除警戒，并采取措施处理哑炮，安全处理完毕后再解除警戒。

10.2.3.2 炸药混装车使用的安全管理

（1）操作人员应熟悉多孔粒状硝酸铵混装车使用说明书内容，并经培训合格后持证上岗。

（2）驾驶员必须掌握本车各部操作程序。

（3）出车前，对车辆各部分要进行检查和维护，各部件必须运转正常，并备齐消防器具，一切正常后方可出车。

（4）装药车在上料前检查各料仓容器内是否干净，不得有其他杂物。

（5）定期清洗各系统的过滤器，检查输送料管是否畅通，往车上上料时，不得超过指定的物料量，并使三个料仓的料相当。

（6）上料完毕后，对计量控制系统，要按配方分别进行标定至合格。

（7）装药车开往现场时，车上应有明显标志，要有专人押车，不允许无关人员乘坐。

（8）装药车开到现场时，首先应与现场爆破指挥人员取得联系，选好停车位置。

（9）装药车在爆破现场作业时，必须听从现场负责人的统一指挥，行走对位时不准压、刮、碰坏爆破器材。

（10）在装药前，先按规定加工好起爆药包并放到炮孔内。

（11）输药管要对准炮孔，并注意炸药质量，发现异常及时进行调整，同时要保证装药量的准确性。

（12）装药过程中，如发现螺旋堵塞，应及时停止装药，待处理完毕后，再进行装药。

(13) 装药过程中，如发现添加剂泵停转时，应紧急停止乳胶泵的运转，避免堵塞装药软管。

(14) 装药工作结束后，输药软管中的剩余药应以补药的方式吹入最后一个炮孔中，并把车上的残药用干的工具清理干净。

(15) 关闭所有开关、阀门，最后将装药车开离爆破现场。

(16) 每次装药车物料装药完毕后，要彻底清扫车内外卫生，清理设备，关好车窗，锁好车门。

(17) 装药车行驶速度：能见度好时不宜超过40km/h；扬尘、起雾、暴风雨等能见度低时应在确保安全前提下控制行车速度，一般行车速度应减半。

(18) 两辆汽车行驶间距：在平坦的道路上不宜小于50m；上山或下山时不宜小于200m。

(19) 装药车其他安全要求按照装药车使用说明书的规定执行。

10.2.3.3　防止爆破飞石的措施

A　产生飞石的设计原因

(1) 炸药单耗 q 设计不合理。正常情况下工程技术人员都能正确参考相关公式计算理论药量。但有时也因设计人员经验的不足对岩石的可爆性的了解不透，对使用的炸药的性能参数不了解，或未进行现场爆破实验使得炸药单耗偏大造成飞石。

(2) 最小抵抗线的选取不合理。由于设计人员对地质构造、岩石性质、炸药性能缺乏足够了解，对各种爆破参数与最小抵抗线的关系不清楚，对实际情况勘察不清导致最小抵抗线的不合理。过大和过小的最小抵抗线都会造成飞石。

(3) 堵塞长度和装药长度设计不合理。合理的堵塞长度应以能降低爆炸气体能量的损失和尽可能增加钻孔装药量为原则，但若堵塞长度过小，会产生冲炮，不仅浪费炸药，而且产生较多的远距离飞石。

(4) 设计底盘抵抗线过大。底盘抵抗线过大导致钻孔下部岩体爆破不完全，炸药爆炸时产生的爆生气体和能量向孔上方集中，也易造成冲炮产生飞石。

(5) 起爆顺序不合理。后排炮孔在前排炮孔之前爆炸，在前后排夹制作用下，炸药的能量释放不当，发生冲炮或产生较多较远的飞石。

B　设计控制措施

(1) 在采区平面图上确定设计爆破范围，爆破方向的确定要视现场爆破环境而定，爆破参数要查阅各种相关资料，在采区通过爆破实验后选取和确定；察看和记录坡面情况及平台块石情况，对坡面凹陷处及露出的软弱夹层或破碎层位置进行记录，对有可能成为飞石的块石进行清理，在采区现场根据实际情况合理确定布孔点位。

(2) 钻孔聘用有经验的操作手，有专人负责检查穿孔情况，如钻孔穿过溶洞，须进行吊包装药，避免将药包放在软夹层或破碎区内。

检查炮孔堵塞质量，避免堵塞长度小于最小抵抗线，同时严防堵塞物中夹杂碎石。

(3) 仔细检查网路连接情况，避免网路起爆顺序混乱。

C 施工控制措施

(1) 布孔由工程技术人员完成，在布孔前观察待爆破区域岩石性质及外貌结构，如台阶里面裂隙和凹陷等情况，然后根据实际情况选择合适的孔位，孔位选择好后测量技术人员测定每个炮孔的孔口高程。

(2) 钻孔时派专人监督钻孔，专人验收并记录钻孔质量情况，不合格的重新打钻，超钻部分回填。

(3) 装药堵塞时，现场安排工程技术人员在场指导和管理。且均为一人操作，一人监督，二人共同承担责任。

(4) 采用延时爆破，延时时间为25~75ms，网路连接由工程技术人员完成。

(5) 警戒工作认真谨慎，确保每项工作到位，严格按照《爆破安全规程》的相关规定执行，确保警戒范围内无人无机械等。

10.2.3.4 防雷电与杂散电流对爆破的影响

(1) 雷雨天气禁止爆破作业。

(2) 电力起爆时，电雷管爆区与高压线间的安全允许距离应按表10-1的规定；与广播电台或电视台发射机的安全允许距离，应按表10-2、表10-3的规定。

(3) 手持式或其他移动式通讯设备进入爆区应事先关闭。

表10-1 爆区与高压线的安全允许距离

电压/kV		3~6	10	20~50	50	110	220	400
安全允许距离/m	普通电雷管	20	50	100	100	—	—	—
	抗杂电雷管	—	—	—	—	10	10	16

表10-2 爆区与中长波电台（AM）的安全允许距离

发射功率/W	5~25	25~50	50~100	100~250	250~500	500~1000
安全允许距离/m	30	45	67	100	136	198
发射功率/W	1000~2500	2500~5000	5000~10000	10000~25000	25000~50000	50000~100000
安全允许距离/m	305	455	670	1060	1520	2130

表 10-3　爆区与移动式调频（FM）发射机的安全允许距离

发射功率/W	1~10	10~30	30~60	60~250	250~600
安全允许距离/m	1.5	3.0	4.5	9.0	13.0

10.2.3.5　施工机械的安全管理

（1）对于进入施工现场的施工机械应按国家有关法规和标准进行检测、试验，并持有法定部门出具的检验证书，这些证书的复印件应交给业主安全部门备案。

（2）机动车辆进入施工现场先申请“车辆通行证”，对安全状况不良的车辆，禁止进入现场和使用。

（3）建立健全施工机械安全的管理程序，对缺陷报告、维护、维修、试验、报废及档案、记录等各个环节严格控制。

（4）实行准驾驶制度。所有在现场驾驶机动车辆的司机，每年要参加安全质保部组织的交通安全知识考试，对于不合格驾驶员不予聘用驾驶。

10.2.3.6　铲装作业安全管理

（1）派专人指挥铲装设备作业，加强相互作业协调。

（2）对进入现场的施工人员进行安全教育，确保人员安全。

（3）铲装作业面通道铺粒径太细不符合备料要求的纯石粉、石渣混合物保护车辆轮胎。

（4）使用机械铲装经爆破的坚硬岩料时，阶段高度不大于机械最大挖掘高度的 1.2 倍。

（5）施工中必须严格控制挖掘设备之间的安全距离。根据有关安全规程规定，两台以上挖掘机在同一平台作业，其间距不得小于最大挖掘半径的 2.5 倍。

（6）液压反铲铲挖作业时必须采取有效的安全防护措施，平台尺寸应保证液压反铲作业平稳，不发生倾斜或倾倒；液压反铲应与其铲挖的台阶之间保持一定距离，且液压反铲的作业平台与其铲挖的爆堆之间要留有防护沟，应确保挖掘作业面无悬岩，大块孤石。

10.2.3.7　危险化学物品安全管理

（1）生产、运输、储存、使用危险物品或者处置废弃危险物品，必须执行有关法律、法规和国家标准或者行业标准，建立专门的安全管理制度，采取可靠的安全措施，接受有关主管部门依法实施的监督管理。

（2）实行爆破材料领退制度，以防止丢失爆破材料。每次爆破剩余的炸药，雷管如数退还给火工品材料库，并每次对炸药的用量、剩余量都有明确的记录。不得在施工现场设库存放炸药。炸药的运输方式必须严格遵守国家有关规定。

（3）机械修理厂、施工现场等处的氧气瓶不得沾染油脂，乙炔发生器必须有防止回火的安全装置，氧气瓶与乙炔发生器隔离存放。

10.2.3.8 施工用电安全管理

（1）电气工作人员必须熟悉本规程，必须具备必要的技术理论知识和实际操作技能，并经考试合格，方可上岗操作。

（2）电气工作人员，应定期进行身体检查，患有不适应症者，不得参加工作。

（3）露天使用的电气设备热元件，均应选用防水型或采取防水措施。

（4）在有易燃易爆气体场所，电气设备及线路均应满足防火、防爆要求。

（5）连接电动机械与电动工具的电气回路，应设开关或触电保护器，并应有保护装置，移动式电动机械应使用软橡胶电缆，严禁一闸控制多台电动设备。

（6）热元件和熔断器的容量应满足被保护设备的要求，熔丝应有保护罩，管形熔断器不得无管使用，熔丝不得大于规定的截面，严禁用其他金属丝代替。

（7）手动操作开启式自动空气开关及管形熔断器时，应使用绝缘工具。

（8）一切电气装置拆除后，均不得留有可能带电的导线，如必须保留，应将裸露端部包好绝缘，并做出标记妥善放置。

（9）现场施工电源设施，除经常性维护外，每年雨季前应检修一次，并测量绝缘电阻。

（10）接引电源工作，必须有监护人，方可进行。

（11）严禁非电气工作人员从事电气工作。

10.2.3.9 消防安全管理

A 消防安全管理规划

（1）消防安全管理办公室设在安全质保部，负责消防安全日常管理工作。

（2）施工现场、办公区和生活区配备足够的消防设备。

（3）设立吸烟点，严禁在施工工作区域内游动吸烟，不许在非指定的吸烟点吸烟。

（4）定期实行防火检查制度，发现火险隐患，必须立即消除；一时难以消除的隐患，必须定人员、定措施限期整改。

（5）由综合办公室组织进行防火演练，一方面使人员熟悉各种响应行动，另一方面检验灭火组织的有效性，以便做出必要的调整、补充。

B　焊接和用火

(1) 所有在危险区域的焊接、切割或用火操作都要求办理动火证。

(2) 所有在受限空间内完成的焊接、切割或用火操作都要求有业主的允许。

(3) 在任何正在进行焊接的地方都要有一个合适的、经过批准的灭火器以备使用。

(4) 要提供隔板、遮挡屏或其他防护装置用于保护暴露于火花、焊渣、熔融金属、坠物或紫外线(UV)/红外线(IR)辐射范围之内的人员、设备和材料。

(5) 焊工要戴上经过批准的眼镜和头部防护设施，协助焊工的人员也要戴上保护眼镜/镜片。而且焊工在进行焊接操作时还要戴上安全帽。

(6) 电焊设备包括电缆要满足国家标准要求。

(7) 电焊引线应该保持到离开过道表面的一个高的位置上，在提高后，他们对人造成较少的危险而且也不容易因施工活动而导致损坏。焊接引线或电线在横过人行道或车行道时要用埋地或等效的手段保护以防损坏。

(8) 带有破损绝缘的焊接引线要退出使用或由电气部门修好，只要安全电流承载能力不打折扣的情况下，就可以用胶布进行修理埋地的引线。

C　施工现场防火

(1) 施工现场的临建布置、施工场所、生活区等均应符合消防安全要求。

(2) 施工现场应明确划分用火作业区域。

(3) 建立动火审批制度，按规定划分级别，明确审批手续，并有监护措施。

(4) 开工前应将消防器材和设施配备好。

(5) 施工现场的焊、割作业，必须符合防火要求，严格执行“十不烧”及压力容器使用规定。

(6) 施工现场用电应严格按照用电的安全管理规定，加强电源管理，以便防止发生电气火灾。

D　火灾事故应急管理

(1) 一旦发生火警或火灾，应立即报告项目部安全环保部和业主的消防部门，以最快的速度组织抢救和抑制事故蔓延。

(2) 在火灾事故发生后，协同业主和监理共同保护好现场，并会同消防部门进行现场勘察工作，并迅速开展事故原因的调查工作。

(3) 对火灾事故的处理提出建议，并提出和落实防范的措施。

10.2.3.10　现场作业安全管理

(1) 施工人员在作业前应识别作业的危险性，确定安全防护措施，落实安全措施。

（2）施工人员发现危险时或对工作风险有疑问时，应立即停止作业，并通知上级技术对口部门或安全部门。

（3）施工人员在施工现场必须穿戴个人劳动保护用品，禁止穿短裤、拖鞋、赤膊、赤脚。

（4）特殊工种作业时必须使用特殊防护用品。

（5）作业现场必须保持整洁，禁止乱扔垃圾、不得随意遮盖、堵塞排水管道；工作结束后必须清理现场，恢复原状。

（6）作业现场应设立警告标志，禁止无关人员入内。

（7）夜间作业的现场，照明必须满足施工要求且应设立安全警示灯。

（8）在临边、孔洞作业时，必须设置安全围栏和安全标志，以防坠落事故的发生。

（9）禁止在临边处、坑洞旁等有落物风险的地方或部位摆放物料和工具，以防落物打击事故。

（10）禁止私接电源，施工用电必须得到业主对口部门批准，必须由有资格的电工操作，以防触电事故。

（11）在道路、通道上作业，必须设置临时围栏和警告标志。

（12）人力搬运时，必须使用安全搬运工具，包括手推车、绑扎绳索等，搬运人员必须戴手套，数人合搬一件物件时，必须由一人指挥。

（13）禁止在“禁烟”场所吸烟，禁止游动吸烟，乱扔烟头，禁止将烟灰、烟头倒入废纸篓。

（14）禁止在现场存放诸如酒精、油漆，以及其他有机溶剂等易燃液体。确实需要存放的，必须得到业主安全部门同意。

（15）在现场存放施工物料，必须得到业主的同意，并按规定办理手续。

（16）切勿阻碍救火器材，或擅自移动灭火器材，如灭火器等。

（17）若要进行动火作业，如电焊、切割、打磨、使用高温加热器具，必须办理“动火证”。

（18）施工人员有权拒绝任何人的强令冒险作业和指挥。

（19）施工员工有权、有义务直接向业主用人部门或安全部门报告现场存在的不安全条件和不安全行为，并有权投诉和提出改进意见。

10.2.4 安全管理保证措施

推广以安全管理制度化、安全文明施工设施标准化、物品堆放条理化、人的行为规范化为主要内容的安全生产文明施工“四化”管理模式。根据国家、省市和行业、建设方、监理工程师及本公司的规定，健全、完善本项目的安全生产管理制度及考核办法，做到凡事有章可循，凡事有据可查，凡事有人监督。落实安全生产责任制和责任追究制，坚持做好检查、考核、评比工作，弘扬企业安全文化，激发全体员工做好本工程安全工作的积极性。

安全管理的保证措施主要包括：

(1) 成立安全机构，配备专职人员：

1) 成立以项目经理为首的安全生产委员会；

2) 安全生产委员会下辖安全部、生产调度室；

3) 按规定配备专（兼）职安全员进行监督实施。

(2) 安全生产制度保证：

1) 严格贯彻执行国家“安全第一，预防为主”的安全生产方针及有关安全生产的政策、法律、法规；

2) 严格宣贯省市和行业及建设方、监理的各项安全生产规章制度；

3) 落实项目部各级人员安全生产责任制度，坚持管生产必须管安全的原则，严格实施项目部安全生产奖罚制度；

4) 签订各级人员安全生产责任状，做到安全管理“横到边，纵到底”，实施全员、全过程动态控制；

5) 坚持管理人员安全责任考核制度，做到责任到人、管理到位。

(3) 安全管理教育培训保证：

1) 以人为本加强各种形式的安全教育培训，强化全员安全意识，明确项目经理是安全第一责任人，施工操作者是直接责任人，杜绝“三违”，确保“三不伤害”；

2) 编制季度、月度安全教育培训计划；

3) 对新人员工进行三级教育及考核并建档；

4) 专职安全管理人员按规定进行年度安全培训考核；

5) 专职安全员按规定进行年度安全培训考核；

6) 质量部定期组织各工种安全操作规程学习考核；

7) 定期组织召开安全会议，分析施工中存在的安全隐患并提出整改意见；

8) 分项工程开工前进行安全技术交底。

(4) 班组安全建设：

1) 班组实施“三上岗，一讲评”活动，并做好记录；

2) 制订和建立“安全合格班组”考核、评比和奖罚制度。

(5) 安全检查监督保证：

1) 坚持安全定期检查制度：项目部实施季检、月检、安全部周检和班组日检、互检制度；

2) 各班组实施互检、交接检、班前、班中、班后的安全检查制度；

3）专（兼）职安全员坚持生产作业监督、指导、安全巡视、检查工作；

4）对安全管理体系进行分析，正确评价和改进安全管理，使安全生产处于有效的控制状态。

10.3 质量管理

质量管理是工作的重点，要求项目部要根据施工组织设计中确定的质量目标，制定相应的质量验收标准，而且使项目质量验收标准符合设计要求及合同要求。

10.3.1 质量控制目标

宏大爆破承诺施工质量目标是："施工中信守合同，在符合国家及业主施工质量验收标准的前提下，分项工程质量合格率100%，工程质量达合格等级，让业主满意。"

10.3.2 质量方针

为确保本工程施工质量合格目标的实现，本项目部要求参加本工程施工全体员工必须坚持"安全守法、客户至上、优质环保、精益求精"的公司方针，牢固树立"百年大计，质量第一"的思想，正确处理好质量、进度、成本三者的关系，当三者发生矛盾时，必须首先服从质量，做到好中求多、求快、求省，始终把工程质量放在首位。

（1）施工严格按有关设计规范和施工规范、施工图纸进行操作。

（2）实行工程施工过程中的质量目标管理，把工程施工的总目标分解成工序质量目标，并将责任落实到部门、到人。在施工过程中，各项工作必须本着"质量第一"的方针，实施全面的、全过程的管理。

（3）充分发挥专职质检工程师的作用，以工序质量控制为核心，通过设置工序预控点，进一步强化工序质量的自检、互检和交接检的管理，做到自检和专检相结合，普检与抽检相结合，确保严格按照施工图设计和施工规范、规程的要求，组织实施施工，把各种可能发生的事故消灭在萌芽状态。

10.3.3 项目质量保证体系

10.3.3.1 质量管理职责的落实

A 项目经理

（1）全面负责项目部的行政工作。

（2）批准并发布质量方针、目标，组织建立健全经理部质量保证体系。

(3) 组织有效实施、工程质量保证计划和所有管理程序。

(4) 负责项目部的资源配置决策，保证工程的顺利进行。

(5) 是本项目工程质量、安全生产第一责任人。

(6) 批准经理部一切经费，控制工程成本。

(7) 参加外部重要会议，负责对主要事宜做出决策或承诺。

B　项目副经理

(1) 主管质量安全部、生产调度室、综合部。主持生产、调度、协调部门和各施工队之间的工作。

(2) 负责该工程施工期间的安全生产，并组织实施安全保证措施。

(3) 批准生产计划、统计报表、审批采购计划。

(4) 主持项目部每周生产安全例会。

(5) 协调大型施工机械的平衡。

(6) 负责一级进度计划的落实。

C　项目总工程师

(1) 主管技术部。

(2) 组织实施施工技术管理，审批施工技术方案。

(3) 批准重要的技术文件，组织解决重大施工技术问题。

(4) 审核质量保证计划，并监督其有效运行情况。

(5) 批准工序质量计划。

(6) 审定一般不合格品处理方案。

(7) 负责审核工程变更申请单和设计澄清单。

(8) 领导内部质量审核。

(9) 组织单位工程质量的检验评定和单位工程的竣工验收。

D　质量部

(1) 负责编制质量保证计划并监督检查项目部各单位实施情况。

(2) 对外购材料进行质量验收，合格产品方可使用，参加不合格品的评审处置，并负责监督验证。

(3) 参加隐蔽工程及质量计划中控制点的验证。

(4) 负责施工过程标识的监督、检查。对中间过程进行监控，设置质量计划控制点。

(5) 每月进行质量趋势分析，完善质量管理工作。

(6) 负责工程质量的检验和试验工作。

(7) 对各道工序的施工质量进行专项检查及抽检。

(8) 参加不合格品的评审处置。对不合格品的处置施工跟踪检查。

(9) 负责日常计量器具的送检管理工作。

(10) 每月对质量检验评定的情况进行统计分析。

(11) 负责编制项目部安全生产措施及安全交底。

(12) 督促、检查各项安全措施的执行落实情况，纠正、制止不安全施工行为。

(13) 对安全生产事故进行调查，提出整改意见，对相关责任人提出处理意见。

E 综合部

(1) 负责项目部文件的标识、发放、回收、清退、销毁工作。

(2) 负责建立项目部最新有效使用的受控文件和资料目录。

(3) 负责编制文件管理程序，编制人员年度培训计划。

(4) 负责建立特种作业人员名册，及时做好复审换证工作。

F 生产调度室

(1) 编制施工进度计划，并负责进度计划的落实。

(2) 负责施工生产管理、调度、安全检查和文明生产。

(3) 负责施工原始质量、进度记录。

(4) 参加不合格品的评审和纠正措施的落实。

(5) 负责生产统计工作。

(6) 负责编制材料计划、设备需用计划、工序质量计划。

G 技术部

(1) 负责编制施工组织设计、施工方案和技术交底等。

(2) 负责编制工程技术变更申请单、设计澄清单。

(3) 参加不合格品评审和处置，负责制定纠正措施。

(4) 参加图纸会审、技术评审会。

(5) 参加质量安全大检查，对专业施工队提出评价。

H 财务部

(1) 遵守国家会计法，执行公司财经制度和纪律。

(2) 编制项目部的资金运转计划，优先安排生产资金。

I 专业施工队

(1) 负责本队生产的质量、安全、进度、文明等工作。

(2) 负责本队施工质量、安全的自检和专检。

(3) 负责施工方案、质量计划的具体实施。

10.3.3.2　质量管理体系

A　设计变更、澄清单的管理

（1）在施工过程中对设计变更、澄清单进行有效的管理，保证工程的顺利进行。

（2）设计变更、澄清单都应按统一格式或图纸资料进行制作。

（3）综合部应将设计变更、澄清单按图纸发放的对象及时传递到使用者手中，使用者应及时在图纸上标识出变更内容和依据。

B　文件控制

（1）对与本工程质量活动相关的文件进行管理和控制，确保使用者及时获得所需文件的有效版本，防止使用失效和作废文件。

（2）受控的文件包括以下几种：

1）国家和部队的法规、条例、规范标准等；

2）行业和建设方的有关规定；

3）建设方或监理提供的图纸、变更、通知、纪要等施工文件；

4）质量体系文件，施工专用文件；

5）公司制定执行的各种管理制度。

（3）文件的编制、审核、批准：

1）文件的编制应由与文件内容相关的部门中具备资格的人员来编制，文件的格式和编码系统按《文件编制与管理程序》执行；

2）文件的审核人员与编写人员不应是同一个人，审核人员对文件提出修改意见时应与编制人员协商；

3）文件的批准应由规定的授权人（指经理部主管领导）对文件的适用性进行审批。

（4）文件的发布和分布：

1）为了达到文件能正确地分发到使用者的目的，综合部要统一管理，建立文件分发制度，保证文件能按最新的版本进行分发。综合部设专人分发文件，各部门指定专人进行接收、登记，双方履行签字手续以确认文件分发和接收的时间；

2）综合部负责与质量有关的文件标识、发放、回收、处置、归档、清退、销毁等控制和管理；

3）综合部负责外来文件的标识、发放、回收、归档、清退、销毁等控制和管理；

4）各部门以及施工队负责建立其最新有效使用的受控文件和资料目录，并报送综合部。各部门如需向外部单位或内部单位发文件，均应到综合部登记，后经综合部发放。

(5) 文件的标识。经批准受控文件要加盖“受控”印章。文件保管员要对作废文件加盖“作废”印章，防止误用。

(6) 文件的更改。文件更改后的审核、批准应由原文件的审核人和批准人进行审核、批准。如人员发生变化，则由接替其职能的人员审核或批准，但其应获得原文件的背景资料。

C 设备、材料采购控制

(1) 通过评价和选择供应方，对影响物资采购工作质量的关键环节进行控制，以确保所采购物资符合规定的要求。

(2) 供应方的评价：

1) 供应方评价是采购活动的前提，是保证采购产品符合质量要求的控制手段；

2) 对提供工程使用的材料、成品、半成品的供应方均应进行资格评价和审查；

3) 供应方的评价由综合部组织技术部、质量部、财务部等相关部门参加，并将评价报告报建设方审查备案；

4) 根据采购产品标准，以及对最终产品的影响程度，采用进货检验、在供应方处验证、提供质量保证证据的方式，对供应方进行评价控制和管理。

(3) 采购文件：

1) 采购文件由材料需用计划、采购计划、采购合同组成；

2) 生产调度室负责编制材料需用计划，综合部编制采购计划，项目副经理、项目经理批准采购文件；

3) 采购文件中应写明订购产品的资料和质量要求，内容包括：

①型号、规格、等级或其他准确的标识方法；

②规范、图样、过程要求、检验规程及其他有关技术资料的名称或其他明确标识的适用版本；

③适用的质量体系标准和名称、编号和版本。

(4) 采购产品的验证：

1) 当需要在供应方处进行验证时，在采购计划中应注明验证要求，规定验证时间安排，以及产品验证执行的方式；

2) 对施工现场验证的采购物项，经验证不合格时，按不合格品控制程序的规定办理；

3) 对采购产品的质量控制具体见《采购控制程序》。

D 产品标识和可追溯性

(1) 对产品进行标识，防止误用、混用，并确保在需要时实现产品的可追溯性。

（2）标识产品的范围：采购的材料、建设方提供的产品及成品、半成品和工程安装的设备、施工过程中的控制等。

（3）标识内容：产品的品种、等级、规格、数量、时间、来源、供应单位、产品的分布状态等。

（4）标识形式：标识可用文件、记录、标记、印章、标牌、履历卡等，标识应易于辨认，易于查找。

（5）可追溯的产品有：对最终产品的质量有较大影响的产品；建设方要求必作验证的产品；容易出现质量通病的产品。

（6）对已标识好的产品，当发生移置、分组时，应做好产品标识的移置。

（7）在产品验收、运输、贮存等阶段，应以适当的方式进行产品标识，防止不同类型的产品混淆、错用，便于追溯。

（8）入库的产品标识由材料保管员负责实施，半成品的标识由作业队的专职人员负责实施，质量部负责监督检查。

（9）从进货产品，经加工、施工、安装直至竣工交付前各阶段的产品标识状况均应做出明确的记录。

E　施工过程控制

在施工过程中一切活动和操作，直接影响施工质量，所以必须使用合格的设备与合格的人员，为了控制施工质量必须执行相应的施工控制程序，对施工过程的控制要根据相应的规范、标准、技术规格及特殊要求，制定施工过程控制程序。

为保证工程质量达到预期的质量目标，必须加强施工过程控制，同时要加强施工中每个循环、阶段的控制，做好控制管理。施工过程控制主要包括下列方面。

（1）土石方工程施工过程控制：

1）严格履行各自的职责和权限，做好工作衔接；

2）组织图纸会审、编制施工组织设计、方案、措施，报送监理公司或建设方认可，技术部编制技术交底书和工作计划、质量部编制质量计划对施工人员进行技术安全质量交底，交底者和接受交底人员必须在交底记录上签字后方可进行施工。施工中已完工的产品，施工队必须自检、互检，经质量部质检员检验和试验，确认合格后质控人员通知建设方到现场验证和签字释放控制点。控制点未放行，下道工序施工不得进行；

3）质检部要加强每个环节或阶段的监督、检查，确保工程质量；

4）机械操作手严格按照操作规程进行装车，严禁超载。

（2）石方爆破施工的控制：

1）爆破作业程序：根据施工组织设计、施工方案、措施和技术交底进行钻爆设计→测量布孔→钻孔验收→申请领取炸药→装药→堵孔→网路连接→爆破安全警戒→起爆→爆后质量检查及处理→挖装；

2）爆破过程控制：

①由测量组负责作业部位的高程、坐标测量，为爆破设计提供依据；

②技术部工程师负责爆破设计，确定爆破方式和爆破参数，总工程师进行审核批准；

③技术部技术人员根据批准的爆破设计、施工方案进行交底，安排测量组在现场进行测量布孔，放样定位；

④钻爆队根据布孔、定位做的标识进行钻孔；

⑤钻孔完成后进行自检、测定孔深做好记录，通知质量部、技术部进行复检；

⑥钻孔验收合格后，根据爆破设计要求进行装药，装药同时进行自检，质检员在现场复检，装药情况符合设计，才可按要求进行堵孔；

⑦孔封堵好后根据爆破设计连网，连网同时进行自检、质检，技术人员见证。检查确信连网符合设计要求后进行爆破安全系统检查，安全员必须跟踪检查确保安全，现场执行警戒、起爆；

⑧爆后安全检查，检查是否有不安全因素，发现有可疑现象，应按盲炮处理，避免产生危害，严格爆破技术检查，爆破结果是否符合设计，进行总结、描述，发现问题，修正爆破设计和参数；

⑨爆破后处理盲炮、超径石块等：

ⅰ盲炮处理：当发现和怀疑有盲炮，应立即报告技术部工程师，在附近设置明显标志，对此范围内采取安全保护措施，工程师到现场察看，根据具体情况处理。

ⅱ超径石块的处理：主要采用液压油锤机敲击解小。

F 检验与试验控制

（1）为保证工程质量满足规定的要求，对工程所需产品的进货到工程交付全过程进行必要的检验和试验。

（2）进货检验和试验：

1）综合部负责组织产品的进货检验和试验，以保证未经检验或未验证合格的产品不投入使用；

2）在确定进场检验和试验的数量和内容时，应考虑在供应方处进行的控制程序和所提供的质量合格证明文件；

3）经检验、试验合格的材料或半成品，材料保管人员应在其上挂状态显示牌。

（3）过程检验和试验：

1）质量部负责组织过程检验和试验，确保在收到经检验和试验合格证明记录后才能放行；

2）质量部负责组织实施施工组织设计和项目质量保证计划中所规定的过程检验和试验；

3）专业施工队在施工时，执行“自检、专检、交接检”制度，开展“三工序”活动，即“检验上道工序、保证本道工序、服务下道工序”；

4）在检验和试验过程中发现不合格过程，质量检查人员有权制止该工序施工，以确保工程质量符合规定要求；

为了对证实工程产品符合规定要求的检验、测量和试验设备实施有效控制校核和维护，建立形成文件的程序；

5）质量部负责建立项目使用的“计量器具管理台账”并根据施工情况编制“计量器具年检计划”；

6）质量部计量管理人员负责项目使用的计量器具的送检和管理，以保证计量器具的精度要求。

G　不合格品的控制

（1）为防止不合格品的非预期使用或继续施工，控制不合格品的标识、记录、评价、隔离，建立并保持不合格品控制形成文件的程序。

（2）不合格品的分类：

1）轻微不合格品（C1）：指不符合规定标准，不影响工程结构安全和使用功能，通过简单处理即可达到标准的质量通病和轻微质量缺陷；

2）一般不合格品（C2）：指不符合标准，对工程结构安全和使用功能影响不大，通过技术处理，可达到或基本满足标准要求的质量缺陷；

3）严重不合格品（C3）：指超出规定标准，直接影响工程结构安全和使用功能的。比如无法修复的永久性质量缺陷。

（3）不合格品的评审和处置：

1）当发现不合格品时，发现人应及时书面通知质量部，质量部组织相关部门（队）进行鉴定。若鉴定为不合格品应及时填写不合格品报告；

2）责任部门（队）收到不合格品通知后，应对不合格品产生的原因进行分析，提出建议处理方案报技术部，由技术部编制书面处理方案报项目总工审批后再报监理、建设方审核；

3）责任部门（队）负责按批准的方案进行处理；

4）对不合格品的处置有以下几种方式：

①进行返工，以达到规定要求；

②经返修或不经返修作为让步接受；

③降级改作他用；

④拒收或报废。

5）不经返修作为让步的须申请业主、监理同意；返修应详细记录不合格品返修的实际状况。

H 纠正和预防措施

（1）为消除已出现的或潜在的不合格原因，防止不合格品重复发生或避免发生，确保产品质量的改进和质量体系的有效运行，建立并保持形成文件的控制程序。

（2）为消除已出现的潜在的不合格原因，防止不合格品重复发生或避免发生，由项目部各承担要素的部门发出“纠正或预防措施”。

（3）各承担要素的部门针对建设方、设计、监理、上级有关部门检查出的质量问题，以及各种检查记录、不合格记录、评审报告、重复发生的不合格等信息，及时调查、分析与产品生产过程和质量体系有关的不合格产生的原因，确定发出纠正措施。

（4）各承担要素的部门根据质量评定统计分析和内外部反映工程质量和质量体系运行等信息，确定采取预防措施，并报主管经理批准。

（5）项目部对业主方发出的纠正或预防措施由质量部会同生产调度室安排实施。

I 质量记录的控制

（1）为提供所承担工程的质量符合规定要求、质量体系有效运行的客观证据，对质量记录进行有效控制：

1）项目部各承担要素的部门负责收集和保管有关的质量记录；

2）技术部技术员负责收集、保管工程质量记录；

3）综合部档案管理人员负责工程质量记录的归档管理工作。

（2）质量记录分类：

1）质量体系运行记录：管理评审记录、合同评审记录、分供应方评价记录、检验/试验记录、培训记录、内部质量审核记录等；

2）工程质量记录：质量管理资料、质量保证资料、质量评审资料。

（3）记录管理：

1）质量记录填写要字迹清晰，不得随意涂改，做到数据准确、齐全、及时，并有编、审、批人员签字确认；

2）妥善保管质量记录，以便于存取和查询，保存环境应能防止质量记录损坏、受潮、虫蛀、失火等；

3）质量体系运行记录的保存期限不得少于五年，工程质量记录的保存期限不低于产品的使用年限；

4）对于超过保存期且无保存价值的记录，应由质量部填写“质量记录销毁申请单”经主管负责人签字后，方可实施质量记录销毁，并填写销毁单。

10.3.4　质量保证措施

10.3.4.1　组织管理保证措施

A　全面推行质量目标承包责任制

(1) 将单位工程质量总目标分解成各工序工程质量目标，并将其落实到具体的人头上，全面实行经济承包责任制。

(2) 单项工程质量目标值由单项工程负责人承担。

(3) 采取分级管理，一级对一级负责管理的办法，采取责、权、利相统一的承包方式，强化各工序工程质量承包人的管理，严格要求、严格制约，确保工程质量总目标的实现。

(4) 坚持质量一票否决权和质量优先的原则，对于各工序工程质量承包人的质量目标达标情况，专职质检监控人员具有否决权。

B　配备质量监控人员

(1) 成立本工程施工质量部质检组（含试验室），配备足够的、专业齐全的监控人员和必要的质量监控设备，以提高工程施工质量监控的专业化水平。

(2) 质量部负责施工投入的质量监控，施工工艺、施工过程的质量监控和产出品的质量监控工作。

(3) 质检组组成人员的基本要求：

1) 必须熟悉所监控工程内容的有关规范、规程和验收标准，具有工程建设现场管理的实际工作技能，并能协调解决一般工程技术问题的专业技术人员；

2) 认真熟悉工程施工图纸及有关设计说明、资料，了解设计要求，明确各专业工程相关部位及工序之间的关系，对工程关键部位和施工难点做到心中有数，并充分准备，认真参加施工图纸会审工作；

3) 督促各工序工程质量目标承包人，严格按照工程施工规程、规范、验收标准和施工图纸实施施工，经常深入现场，随机检查施工质量和质量技术保证措施的落实情况；

4) 认真做好旁站监督工作，对工程施工质量实施全过程监控，把各种可能发生的施工质量事故消灭在萌芽状态；

5) 严格要求各工序工程质量承包人，按照工程施工质量检验程序的规定，认真填报各工序质量自检报表，并认真给予核查、认定；

6) 认真审阅各工序工程的《施工记录》，核定各种施工试验报告，发现问题，及时纠正；

7) 认真参加各工序工程的隐蔽工程质量检查验收工作，参与《隐检记录》的会签，坚决制止未经检查验收认可，擅自进行下一道工序施工的野蛮行为。

10.3.4.2 技术保证措施

A 施工准备阶段的质量保证措施

(1) 熟悉施工图纸，领会设计意图。

(2) 编制质量管理程序和工作程序。

(3) 编制切实可行的施工方案，并且做好施工技术交底。

(4) 编制爆破、采装、运输、排放的质量计划。

(5) 根据以往的工程经验，结合本工程的具体情况，有针对性地制定防治质量通病的措施。

B 施工过程中的质量保证措施

(1) 严格执行质量计划，各工序操作者严格按照工作程序进行操作。

(2) 各工序执行质量三级检测，即班组人员自检，各施工队专职人员专检，质量部质检人员设控制点检查。

(3) 在质量计划中设控制点的项目，三检合格后，质量部提前通知监理或建设方代表验证，经确认后，方可进行下道工序施工。

(4) 根据创优管理计划，组建QC小组并确保QC小组活动有计划、有组织、有检查、有成果、有总结地进行。

(5) 建立每周一次的质量活动日制度，每次占用工作时间1小时。

(6) 坚持经常性质量教育和培训。

(7) 主动接受建设方、监理和质量监督站的质量检查。

C 工程竣工阶段的质量保证

(1) 认真进行单位工程质量自检评定。

(2) 工程竣工资料齐全完整。

D 各关键工序的质量保证措施

(1) 爆破石碴粒径的控制：

1) 设计合理的爆破参数并经现场试验优化后严格执行；

2) 严格遵守爆破施工有关规范、规程进行施工；

3) 严格按工作程序进行操作施工；

4) 超径不能装车石块用液压油锤机敲击破碎。

(2) 采场和排土场竣工高程控制：

1) 测量精确无误并进行复核校验；

2) 采场底板预留保护层厚度施工，可有效地控制底板超挖。

(3) 采场边坡控制：

1) 测量放线精确无误并进行复核校验；

2) 采取弱装药、浅孔控制爆破方法可有效保证边坡度和稳定性。

10.3.4.3 其他保证措施

(1) 凡是参加本工程建设生产的施工生产人员，必须全部参加施工操作规程、施工工艺方法和施工质量标准的岗前学习和培训。

(2) 针对工程特点和质量要求，制定相应的劳动工资管理办法，切实做到质量与经济密切挂钩。

(3) 所有工序交接和计资计奖金的认定，全部以“二表一卡”为凭，即工序自检表、工序专检表和工序互检交接卡。手续不完备的，不得进入下道工序施工，不予计资计奖。

10.3.5 施工全过程的质量监控系统

(1) 质量监控组织体系图。建立以项目经理为负责人的质量监控组织体系(图10-2)，实现全过程质量监控。

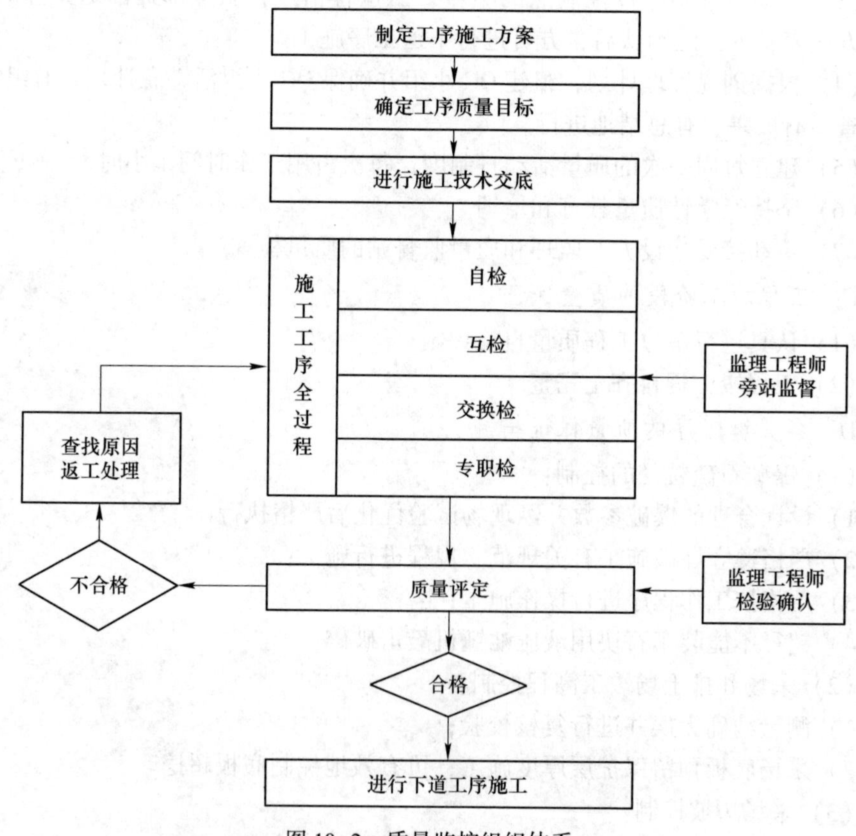

图10-2 质量监控组织体系

(2) 工序质量监控流程。工序质量监控流程见图10-3。

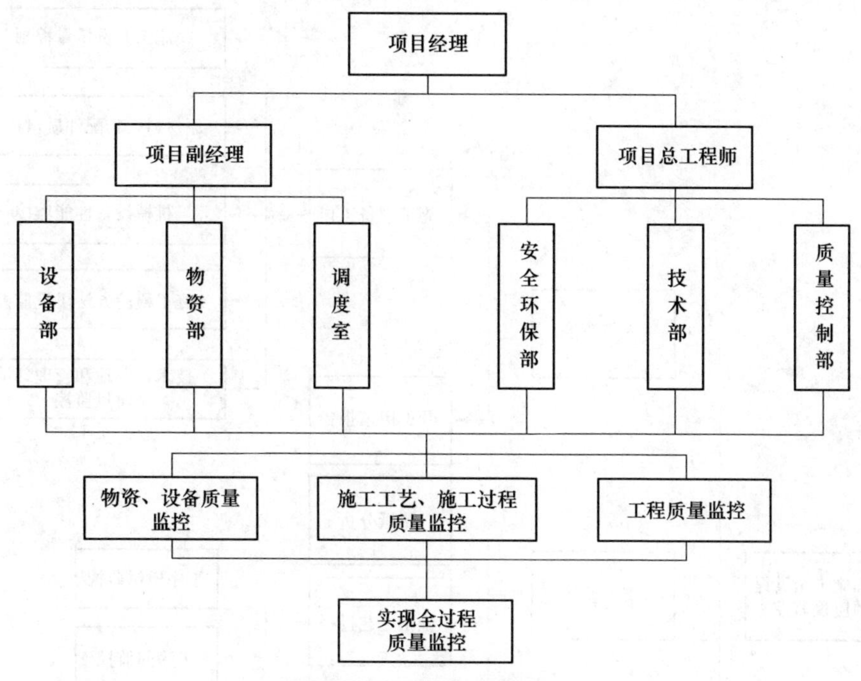

图 10-3 工序质量监控流程图

(3) 事前、事中、事后质量监控系统如图 10-4 所示。

10.4 施工队伍的组织和管理

在陡帮强化开采工程中，外协施工队伍是工程施工中的重要力量。有的工程外协施工队伍有好几家，这些施工队伍由于能力不均衡、员工素质参差不齐、人员来源多元化等原因，一直是工程管理的难点和盲点。通过多年来的实践和努力，在工程施工管理中始终倡导“以人为本”的管理理念，将参与工程施工的队伍纳入项目部的正规化管理，营造了和谐的管理氛围。

10.4.1 施工队伍的选择

公司施工队伍的主要来源主要有三种渠道：

(1) 和公司合作过多个项目，信誉度较好的施工队伍；

(2) 在公司备选名录内，但合作较少的施工队伍；

(3) 在施工现场通过招投标产生的施工队伍。

在施工队伍的选择上应遵循原则包括：

(1) 在施工队伍的选择上，主要通过公司营销中心和运营中心共同确定，原则上采用招投标的办法，鼓励与资质等级高、信誉良好、业绩优良的施工队伍

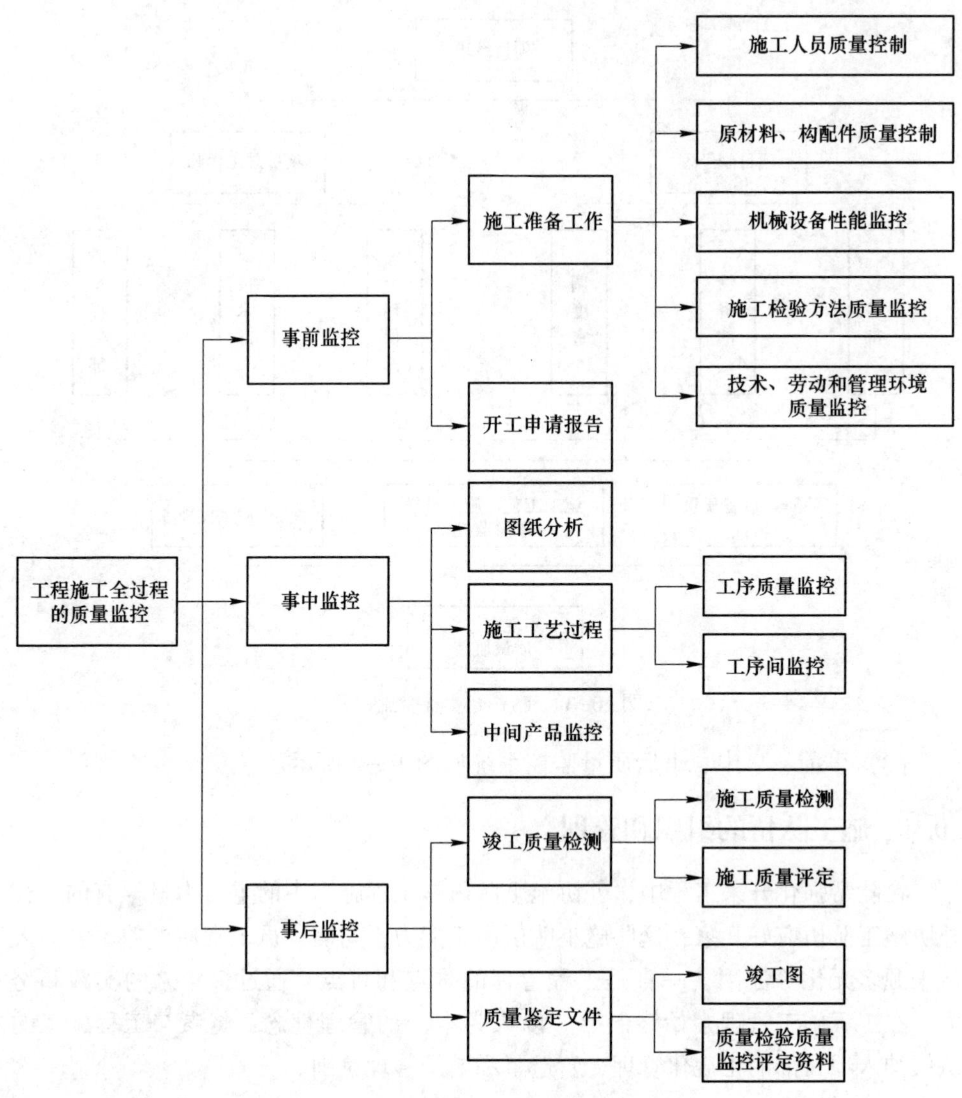

图 10-4　事前、事中、事后过程质量监控

建立长期的合作关系。

(2) 选择的施工队伍必须具备三级及以上资质，各种证件齐全。在确定合格施工队伍时，施工队伍必须提供企业营业执照、资质证书、安全资格证等证书原件。有基本的施工机械和技术、管理人员，有一定的业绩和信誉。这样从源头上把关，降低了施工生产风险和法律风险，减少了以往选择队伍随意性大所带来的不利因素。

(3) 需要施工队伍时应事先通知公司营销中心，由营销中心负责组织施工队伍招标日常工作，编写、发放招标文件，编制标底。由公司营销中心、运营中心和项目部共同参加开标、评标工作。经过评标后，确定施工队伍优选顺序，报营销总监和运营总监批准。

（4）公司营销中心是公司施工队伍的归口管理部门。各项目经理部在施工队伍合同签订前，必须将合同送交营销中心进行审核，经公司研究同意后，方可签订合同，合同签订后必须将合同副本送交营销中心存档。

（5）项目部与中标施工队伍签订合同。合同的签订由营销中心负责，合同必须严格履行合同会签手续，合同签订后要及时发放并登记台账，各项目部不允许自行确定施工队伍。

10.4.2　施工队伍的管理

由于使用的施工队伍数量不断增多，公司和施工队伍之间的关系问题也越来越复杂、越来越重要。从某种意义上说，施工队伍和公司已紧紧地融为一体。因此，加强对施工队伍的组织、监督与管理，不断提高施工队伍的整体质量，也是公司发展和施工工程顺利完成的关键。根据多年的经验宏大爆破对施工队伍从纪律、施工、安全、技术等几个方面狠抓管理，确保了施工生产的质量、环境、职业健康安全及工期，确保了制度的执行力和提高了劳务队伍的生产积极性，取得了效益双赢。

10.4.2.1　纪律管理

（1）在施工队伍进场时对其务工人员进行登记、拍照片、复印身份证，建立档案，做到心中有数，并对其发工种卡片。对其新增加或减少的人员由经理部现场领工员及时通知办公室，再及时对其建立档案。施工队伍的员工入场和退场均要做体检，体检结果均应做为项目部备案，对不符合身体检查要求的员工，各施工队伍不得聘用。

（2）全公司外部劳务队伍由营销中心统一建立电子动态档案管理系统，以实现施工队伍信息库管理、队伍供需信息发布管理、队伍评估管理、民工工资发放情况、劳务基地管理等功能，实现信息共享。各项目部对施工队伍进行动态管理，每个施工队伍进出及相关信息都及时在管理系统中建档。

（3）对施工队伍实行保证金制度。为增强施工队伍责任感，为有实力的队伍进入创造条件，在与施工队伍签订合同时约定不预付劳务费用，并实行交付履约保证金，在施工队伍末次结账前提留部分保证金，保证金原则上按工程造价的5%扣留，在工程竣工一年后，确认其无外欠款后，全额无息返还。

（4）对施工队伍的纪律约束。所有施工队伍必须严格执行国家、业主、公司及项目部的有关规定，在工程施工中，不准有弄虚作假等欺诈行为，不准送礼行贿，在施工中发现施工队伍有违法、违纪行为者，公司将对其清退出现场，并永不再与其合作。

（5）对公司人员的纪律约束。各级公司管理人员要秉公办事、坚持原则、尽职尽责、廉洁自律，严禁对施工队伍吃、拿、卡、要，索贿受贿，如有违犯者，按公司有关规定处理。对在工程管理中给公司造成损失的单位、个人，公司将视其情节轻重，予以经济处罚及行政处分。

10.4.2.2 施工管理

（1）项目部是施工队伍的直接管理部门，进行施工队伍的日常施工管理。负责组织、指挥、协调、安排施工队伍施工，解决施工队伍在施工中存在的问题。为施工队伍提供生产设施、生活用地及临时水电源的接点。

（2）对分包商结算中实际完成的工程量及形象进度进行审核和确认。并对施工队伍工期、形象进度进行管理，对不能满足施工要求的分包商有否决及建议清退出场的权力。

（3）施工中，为提高施工队伍的整体素质和综合施工实力，达到共创优良工程的目标，项目部要对施工队伍的资质、人员数量、机械设备、既往业绩等进行登记造册，及时上报管理部门备案，以备以后择优选用。

（4）施工中，项目部要根据现场实际情况和计划安排，向施工队伍下达任务，以便统一协调施工进度。在排总进度计划时，各施工队伍的主要负责人员均共同参与，对总承包所排的计划进行论证、提出意见。同时充分预计为实现计划可能产生的技术、质量、安全及施工进度等问题，事先制定方案，确保总进度计划顺利实施。

（5）召开生产协调会。在陡帮强化开采工程中，往往工程的工期紧，质量要求高，并且施工队伍较多，为了协调好工作，每周某天（最好周一）晚上19：00准时在项目部开一次生产协调会。每周的协调会，各外协单位，本项目负责人及具体施工负责人必须按时到会，无故不来或迟到者，将进行罚款处理，如因不参加会议而影响现场施工的，责任自负，项目经理、生产经理和总工均一同参加，解决施工中存在的问题。

10.4.2.3 技术管理

（1）方案实施。工程开工前，由技术部和工程部对各施工队伍的方案、工艺、程序、进度计划进行技术综合，优化出各施工队伍的最佳组合与最佳方案，合理安排各施工队伍的流水作业，原则上分平台进行施工，如无法分平台，则每平台分段施工，避免因抢工作面造成的施工混乱而延误工期。

（2）涉及技术的矛盾。所有的施工图纸均由项目部统一审核，各施工队伍积极参加，由工程、技术部门列出各施工队伍施工过程中应注意的重点，各施工队伍在施工时，与其他外协单位发生矛盾，统一上报项目部协调解决；由于技术原因产生的矛盾，书面上报项目技术部协调解决。

(3) 工程质量。技术部是施工队伍工程质量工作的归口管理部门，负责对外协施工方案、措施中的质量保证措施进行论证、审批，指导、检查、监督分包商施工过程中的质量情况。对施工队伍施工项目进行质量验收，检查其是否满足工程要求，包括底板的平整度、挖运要求等。对不能满足质量要求的施工队伍有否决权。

(4) 技术交底。在每个班组段下班和下一个班组段上班前，施工队伍必须进行技术交底，包括上班存在的问题、工程量完成情况、危险源的排除以及下班工作的主要内容等。

(5) 技术资料管理。外协单位必须配齐本专业的施工规范、验收规范和标准图集，以便在施工过程中有据可查；负责具体施工的管理人员每日填写施工日记，记录当天施工的详细情况及存在问题。

10.4.2.4 安全管理

(1) 安环部是外协单位的安全工作归口管理部门，负责考核施工队伍的安全资格，对施工队伍在施工方案中的安全措施进行审批。对施工过程中的安全工作进行检查、监督、指导，对违反安全规定的施工队伍有处分权。

(2) 安全教育培训。项目部安监部门对施工队伍新人员工必须进行三级教育及考核并建档，对于考核不合格的新员工不得聘用。

(3) 风险抵押金。对施工队伍必须实行安全工作与经济挂钩的管理办法。项目部必须与外协单位签订安全协议，并交纳安全风险抵押金。安全保证金的返还考核执行公司安监《施工队伍安全管理制度》中的考核内容，工程结束无任何伤亡事故，安全保证金应全额返还施工队伍。施工队伍违反项目部规定或存在施工隐患的抵扣安全风险抵押金，不足部分由施工队伍补交。

(4) 安全责任书。项目部与外协单位必须签订安全责任书，明确在安全管理中各自的责任。

(5) 安全检查及例会。每周项目部必须进行一次安全大检查，参加人员为项目部领导、各部门负责人、施工队伍负责人，主要对施工现场存在的施工隐患、生活区安全设施及隐患、安全整改情况等进行检查。检查完要召开一次安全会议，对检查结果进行评价，并下整改措施。

10.4.3 施工队伍的管理感受

(1) 外协施工队伍是工程施工中的重要力量，项目部在施工管理中应充分尊重外协职工，采用多种渠道解决施工队伍工作中的实际困难，树立“施工队伍的成本就是我们的成本，施工队伍的困难就是我们的困难”的思想，采取多种措施调动施工队伍在施工生产中的积极性，帮助外协职工树立安全意识和质量意识，提高他们的技术水平，确保工程施工顺利进行。

（2）要多拥有实力雄厚的施工队伍资源。从近几年的施工生产可以看出，要想在短时间内迅速调动几支实力强大的施工队伍存在着很大困难，很多情况下，为了应急只能眉毛胡子一把抓，从而导致部分不合格施工队伍的进入。要占有尽可能多的有实力的施工队伍资源，可以通过以下几种方式：

1）要未雨绸缪，早做准备，平时就要注意积累、储备施工队伍资源，不能到用的时候才想起来去找。可通过网络、媒体发布公告、劳务市场、政府中介、机构调查方式寻求规模大、有实力的施工队伍；

2）实践检验为有实力的施工队伍，要注意保持联系。通过与施工队伍的合作，我们发现了一些作风、素质和技术都过硬的施工队伍，如常与我们合作的湖南施工队伍，施工能力很强，不论是施工进度、质量、安全和文明程度都走在其他施工队伍前面。这样的队伍我们一定要保留他们的资料，并注意经常联系，使其能第一时间为我所用；

3）帮助扶持一批施工队伍。对有一定人员、设备、技术基础的施工队伍，由公司择机对其进行管理、技术上的指导，包括灌输安全、质量、信誉理念和成本意识，壮大施工队伍实力，提高施工队伍综合素质，成就其为我们的左膀右臂；

4）自行组建施工队伍。用政策鼓励职工自组施工队伍，脱离与公司的关系。由于职工在公司受教育、熏陶和耳濡目染，在工期、质量、安全、成本意识方面具有其他施工队伍所不可比拟的优势，对企业的健康平稳发展有良好作用。作业层实体在完成与公司的分离后，可作为企业施工队伍的重要来源。

（3）注重提高施工队伍综合素质。通过多年的实践经验和认识、观念的提高、改变，我们克服了以往盲目自大，对施工队伍轻视的态度，形成了对施工队伍的正确认识：“天下利，利天下人”。施工队伍和我们是合作者，是一荣俱荣、一损俱损的关系，绝不能靠“剥削”施工队伍来实现我们的发展，绝不能认为把工程分包给了施工队伍，安全、质量、效益、风险就转嫁给了他们，跟我们关系不大了。施工队伍只有有实力了，才能有抗风险能力。和施工队伍相比，我们在技术、资金、管理、设备、人员上都具有很大的优势。因此我们要利用我们的优势，不断提高施工队伍综合素质，来更好地为我们施工生产服务，有了一大批生产管理能力强，善打硬仗的施工队伍，公司各项工作才更得心应手。

（4）公司不能完全依赖施工队伍。如果施工生产过于依赖施工队伍，使部分施工队伍现场带队人员甚至农民工在施工过程中我行我素，不服从项目部技术管理人员的管理、指挥，严重影响了施工安全、质量和进度，无形中增加了项目部的风险和各项成本支出。企业要积极寻求对策，加强对施工队伍的管理力度，改变受制于人的局面。

加强对施工队伍的组织、监督和管理，是一项长期的工作，需要耐心、用心去开展，以实现施工队伍和企业的共赢局面。

10.5 小结

陡帮强化开采过程中，设备及人员较多、作业空间狭小、管理难度大，必须科学管理才能保证矿山正常生产。本章结合宏大爆破多年的施工经验，阐述了在施工进度、安全、质量、施工队伍等方面的管理措施及方法，谨供读者参考、借鉴。

参 考 文 献

[1] 骆中洲. 露天采矿学（上册）[M]. 徐州：中国矿业大学出版社，1989.

[2] 杨荣新. 露天采矿学（下册）[M]. 徐州：中国矿业大学出版社，1989.

[3]《采矿手册》编辑委员会. 采矿手册 [M]. 北京：冶金工业出版社，2005.

[4] 郑灿胜，庄健康，李战军. 宽孔距小抵抗线技术在深孔爆破中的应用 [J]. 矿业工程，2010，8（3）：40-42.

[5] 孙宇霆，才庆祥. 露天矿首采区以及拉沟位置选择的评价 [J]. 金属矿山，2014（7）：46-50.

[6] 周征. 陡帮开采技术在大孤山铁矿的研究与应用 [D]. 东北大学，2006.

[7] 李战军，郑炳旭. 台阶爆破效果预测方法及其应用 [J]. 有色金属（矿山部分），2009，61（1）：50-52，55.

[8] 郑炳旭. 经山寺铁矿优化开采综合爆破技术 [J]. 岩石力学与工程学报，2012，31（8）：1530-1536.

[9] 边克信，刘殿中，陶和彪. 条形药包大爆破设计的几个问题 [J]. 工程爆破，1995（1）：43，44-47.

[10] 才庆祥，周伟，舒继森，等. 大型近水平露天煤矿端帮边坡时效性分析及应用 [J]. 中国矿业大学学报，2008，37（6）：740-744.

[11] 郑炳旭，王永庆，李萍丰. 建设工程台阶爆破 [M]. 北京：冶金工业出版社，2005：56-59.

[12] 郑炳旭，张光权，宋锦泉，等. 露天金属矿山边坡缓冲爆破技术优化研究与应用 [J]. 爆破，2013，30（2）：7-11.

[13] 王黎，杨博文，翟翔超. 组合台阶陡帮开采在露天矿开采中的应用 [J]. 中国新技术新产品，2013（23）：31-32.

[14] 张兵兵，喻鸿，张中雷，等. 露天矿山采剥施工的数字化精细管理实践 [J]. 黄金科学技术，2019，27（4）：621-628.

[15] 高荫桐，刘殿中. 试论中国工程爆破行业的发展趋势 [J]. 工程爆破，2010，16（4）：1-4.

[16] 陈再明. 露天矿半连续开采工艺应用技术研究 [D]. 辽宁工程技术大学，2012.

[17] 闫云忠. 露天开采矿石损失贫化的探讨 [J]. 采矿技术，2001（1）：22-24.

[18] 才庆祥，尚涛，周伟，等. 大型露天矿规模化开采新工艺研究 [J]. 科技资讯，2016，14（10）：174-175.

[19] 邢虎虎. 露天矿高效开采新技术与设备分析 [J]. 世界有色金属，2019（2）：27-28.

[20] 崔晓荣，陆华，叶图强，等. 三维空区自动扫描系统在露天矿山中的应用 [J]. 有色金属（矿山部分），2012，64（3）：7-10.

[21] 刘翼，卢磊，董金成. 大型土石方爆破工程的钻孔统计分析 [J]. 工程爆破，2011，17（4）：41-44.

[22] 李金玲，王李管，陈鑫. 露天台阶爆破矿岩交界处损失贫化控制系统 [J]. 黄金科学技

术，2016，24（3）：14-20.

[23] 黄成怀. 矿山设备采用柴油驱动与电力驱动孰优 [J]. 国外金属矿采矿，1987（9）：40-41，58.

[24] 周紫辉. 露天矿低品位矿石的利用 [J]. 矿冶，2009，18（2）：23-26.

[25] 高荫桐，李战军，王代华，等. 定向爆破前沿抛距与药包间距研究 [J]. 爆破，2007（2）：22-24.

[26] 李永新，张福炀，孙跃光. 乳化炸药混装车在珠江水泥矿山的应用 [J]. 煤矿爆破，2008（2）：29-30.

[27] 陈晶晶，叶图强. 大宝山矿降低矿石贫化损失的对策 [J]. 现代矿业，2012，27（3）：66-67.

[28] 张达贤，卢明银. 综合开采工艺及其在中国露天矿的应用 [J]. 化工矿山技术，1992（4）：6-10.

[29] 刘翼，吴栩，刘志才. 规格石高强度爆破开采技术 [J]. 有色金属（矿山部分），2010，62（2）：52，53-55，78.

[30] 周敏，束学来，徐世强. 石材开采中的降粉控灾措施探讨 [J]. 煤矿爆破，2019，37（3）：19-23.

[31] 王喜富，张达贤，彭世济. 综合开采工艺下矿山工程的可靠性 [J]. 阜新矿业学院学报（自然科学版），1997（1）：30-33.

[32] 王涛，杨登跃，廖新朝. 减少中深孔爆破大块及根底的措施 [J]. 现代矿业，2014，30（4）：167-169.

[33] 伏岩. 经山寺矿台阶爆破降低大块率措施 [C]. 见：中国爆破新技术Ⅱ. 中国工程爆破协会、中国力学学会，2008：350-352.

[34] 于亚伦. 工程爆破理论与技术 [M]. 北京：冶金工业出版社，2007：150-164.

[35] 郝子排，庞有才，王和平. 陡帮开采在马家塔露天矿的应用 [J]. 露天采煤技术，2002（6）：13-15.

[36] 魏晓林，郑炳旭. 干扰减振控制分析与应用实例 [J]. 工程爆破，2009，15（2）：1-6，69.

[37] 崔晓荣，叶图强，陈晶晶. 采空区采矿施工安全的组织与管理 [J]. 金属矿山，2011（11）：150-154.

[38] 陈家斌，赵明星. 分期强化开采在极倾斜中厚矿露天矿山的应用 [J]. 化工矿物与加工，2007（7）：33-34.

[39] 周伟. 露天煤矿抛掷爆破拉斗铲倒堆与时效边坡多参数耦合机理 [D]. 中国矿业大学，2010.

[40] 樊运学. 谈班组长在爆破作业安全管理中的作用 [C]. 见：中国爆破新技术Ⅲ. 中国工程爆破协会、中国力学学会，2012：1021-1024.

[41] 陈树召. 大型露天煤矿他移式破碎站半连续工艺系统优化与应用研究 [D]. 中国矿业大学，2011.

[42] Rassam D W，Williams D J. 3-dimensional effects on slope stability of high waste rock dumps

[J]. International Journal of Surface Mining Reclamation & Environment, 1999, 13 (1): 19-24.

[43] 王涛, 吴校良, 李新, 等. 高寒高海拔露天矿山大规模控制爆破的实践 [J]. 工程爆破, 2019, 25 (1): 60-63.

[44] 徐君, 蔡光琪, 段力士. 平朔东露天矿北帮陡帮动态开采方案 [J]. 露天采矿技术, 2017, 32 (4): 7-10, 14.

[45] 杨荣新. 露天开采方案的优化 [J]. 煤矿设计, 1988 (2): 2-5.

[46] 张焕杰, 吴景峰. 浅谈山头南矿区露天开采损失贫化管理的办法 [J]. 云南冶金, 2011, 40 (S2): 52-54.

[47] 宋子岭. 现代露天矿设计理论与方法研究 [D]. 辽宁工程技术大学, 2007.

[48] 刘畅, 崔晓荣, 李战军, 等. 中型矿山小设备开采的经济环境效益分析 [J]. 工程爆破, 2009, 15 (2): 37-40.

[49] 汪旭光. 爆破手册 [M]. 北京: 冶金工业出版社, 2010: 31-35.

[50] 向阳. 急倾斜矿体露天开采的矿石损失与贫化浅析 [J]. 工程建设, 2013, 45 (5): 16-19.

[51] 蔡建德, 李战军, 施建俊, 等. 露天合同采矿工程中的快速投产 [J]. 有色金属 (矿山部分), 2011, 63 (5): 23-26.

[52] 边克信, 刘殿中. 关于大爆破电爆网路的几个问题 [J]. 金属矿山, 1978 (1): 20-24.

[53] 张兵兵, 崔晓荣, 蓝宇, 等. 相邻采空区的协同处理技术分析 [J]. 工程爆破, 2019, 25 (2): 80-85.

[54] 唐涛, 赵博深, 吴昊. 合同采矿模式及宏大爆破的探索 [J]. 矿业装备, 2011 (Z2): 44-47.

[55] 崔晓荣, 叶图强, 刘春林. 多规格石高强度流水作业开采 [J]. 工程爆破, 2012, 18 (4): 88-91.

[56] 申卫峰, 单承质. 降低深孔台阶爆破中大块率和根底的措施 [J]. 煤矿爆破, 2010 (1): 31-33.

[57] 周伟. 露天矿矿用汽车整车提升运输工艺综述 [J]. 金属矿山, 2006 (2): 5-8.

[58] 张桂秋. 陡帮开采工艺在南芬露天矿的实践 [J]. 中国矿业, 1997 (S1): 75-81.

[59] 郑毅, 孙亚男, 施鑫竹. 水对边坡的影响及其治理 [J]. 有色金属设计, 2016, 43 (4): 28-31.

[60] 高荫桐, 刘殿中. 分集药包爆破效果的试验研究 [J]. 爆破, 2003 (4): 41-44.

[61] 宋晓天. 浅议强化开采 [J]. 有色金属 (矿山部分), 1978 (3): 20-23.

[62] 黄瑞南. 露天矿陡帮开采的设计与实践 [J]. 冶金矿山与建设, 1993 (1): 1.

[63] 罗勇, 崔晓荣, 陆华. 炮孔水介质不耦合装药爆破的研究 [J]. 有色金属 (矿山部分), 2009, 61 (1): 46-49.

[64] 陈遵. 陡帮开采经济效果的影响因素 [J]. 化工矿山技术, 1983 (3): 12-14.

[65] 周伟, 杨飞. 露天矿泵车管道运输半连续开采运输工艺 [P]. CN104847357A, 2015-08-19.

[66] 王佩佩. 遗传算法在经山寺铁矿爆破参数优化中的应用 [C]. 见：中国爆破新技术Ⅲ. 中国工程爆破协会、中国力学学会，2012：349-354.

[67] 王铁. 降低碎石粉矿率的爆破技术改进方法探讨 [J]. 广东水利电力职业技术学院学报，2017，15 (4)：61-63.

[68] 肖国强. 露天煤矿车铲选型与匹配方法研究与应用 [D]. 中国矿业大学，2014.

[69] 杜风海，李连俭，李长生. 机械化采矿与矿石的损失率、贫化率管理 [J]. 国外金属矿山，2001 (3)：34-36.

[70] 毋喜顺，宇洁. 浅谈矿山的矿石损失与贫化管理 [J]. 采矿技术，2011，11 (4)：58-59，113.

[71] 何名声. 凉山矿业露天矿山矿石损失与贫化控制探讨 [J]. 采矿技术，2012，12 (2)：19-21.

[72] 赵维清，刘殿中. 城区台阶爆破工程的飞石控制 [J]. 工程爆破，2004 (2)：47，63-65.

[73] 翁丽君，龚航虚. 露天矿分期陡帮开采的若干技术经济问题 [J]. 金属矿山，1982 (7)：18，19-21.

[74] 郑炳旭. 爆破振动频率预测研究 [C]. 见：中国工程爆破协会四届二次常务理事会、中国力学学会工程爆破专业委员会学术会议论文集. 中国力学学会工程爆破专业委员会，2007：3-9.

[75] 蔡建德，郑炳旭，汪旭光，等. 多种规格石料开采块度预测与爆破控制技术研究 [J]. 岩石力学与工程学报，2012，31 (7)：1462-1468.

[76] 昌珺. 露天矿台阶尖灭方案优化研究 [J]. 采矿技术，2019，19 (1)：57-60.

[77] 孙忠铭. 露天金属矿山高台阶陡帮开采的新概念及连续运输工艺 [C]. 见：金属矿采矿科学技术前沿论坛论文集. 中国有色金属学会、中国金属学会、湖南省科学技术协会：中国金属学会，2006：40-42，50.

[78] 唐日军，王金利. 霍林河南露天矿集控系统在疏干排水生产中的应用 [J]. 露天采矿技术，2007 (5)：41-45.

[79] 闫重甲. 露天采矿场的控制爆破技术 [J]. 城市建设理论研究（电子版），2019 (5)：72.

[80] 张艳，敖慧斌. 低品位露天金矿中损失与贫化率的控制 [J]. 露天采矿技术，2009 (5)：29，41.

[81] 林韵梅. 岩石分级的理论与实践 [M]. 北京：冶金工业出版社，1996：78-84.

[82] 杨彪. 露天矿开采境界动态优化研究及应用 [D]. 中南大学，2011.

[83] 付强，徐秋元，尚文凯，等. 台阶深孔爆破反向起爆技术 [J]. 露天采煤技术，2000 (1)：20-21.

[84] 段文辉. 露天采矿设备检修技术管理的探讨 [J]. 内蒙古科技与经济，2007 (21)：429，431.

[85] 彭世济，张达贤. 复杂条件下露天开采工艺选择 [J]. 露天采煤技术，1995 (2)：6-11.

[86] 刘世光，刘忠卫. 量本利分析法在露天矿扩帮中的应用 [J]. 有色矿山，1996 (3)：

6-9.
[87] 牛成俊. 论露天矿陡帮开采工艺 [J]. 金属矿山，1983 (1)：14-18.
[88] 苏鹏. 深孔爆破在大型采石场中的应用 [C]. 见：中国爆破新技术Ⅲ. 中国工程爆破协会、中国力学学会，2012：385-390.
[89] 邢光武. 孔底空气间隔减震试验研究 [C]. 见：中国爆破新技术Ⅱ. 中国工程爆破协会、中国力学学会，2008：253-256.
[90] 田嘉印，姜科，金敏. 大孤山铁矿陡帮开采的生产实践 [J]. 中国矿业，2005 (3)：50-53.
[91] 李萍丰，廖新旭，罗国庆，等. 大型采石场深孔爆破参数试验分析 [J]. 爆破，2004，21 (2)：28-30.
[92] 侯煜. 金堆城露天矿陡帮开采可行性研究 [J]. 金属矿山，1998 (11)：8-10，36.
[93] 陈遵. 陡帮开采的经济评价及其适用条件 [J]. 金属矿山，1983 (1)：8-13，18.
[94] 钮景付，杨飞，周伟，等. 哈尔乌素露天矿内排期间下部开拓运输系统优化 [J]. 金属矿山，2014 (7)：17-21.
[95] 王忠鑫. 矿体倾角对露天矿陡帮开采的影响分析 [J]. 露天采矿技术，2012 (5)：22-24.
[96] 朱明海. 露天矿山道路选线设计及建模研究 [D]. 中南大学，2012.
[97] 孙文勇，陈星明，谭宝会，等. 复杂矿体条件矿石损失贫化原因分析及对策 [J]. 辽宁工程技术大学学报（自然科学版），2013，32 (9)：1198.
[98] 才庆祥，周伟，车兆学，等. 近水平露天煤矿端帮靠帮开采方式与剥采比研究 [J]. 中国矿业大学学报，2007，36 (6)：743-747.
[99] 邢光武，郑炳旭. 特大型采石场粉矿率控制研究 [J]. 矿业研究与开发，2009，29 (3)：77-79.
[100] 刘玲平，唐涛，李萍丰，等. 装药结构对台阶爆破粉矿率的影响研究 [J]. 采矿技术，2010，10 (1)：67-70.
[101] 施传斌. 浅析深孔爆破施工技术与成本控制的关系 [J]. 工程爆破，2004 (3)：79-81.
[102] 王文伟. 凹陷露天铁矿下台阶路堑爆破实例 [J]. 煤矿爆破，2007 (1)：34-36.
[103] 刘殿中，杨仕春. 工程爆破实用手册 [M]. 北京：冶金工业出版社，2003：164-167.
[104] 高荫桐，孟海利，刘殿中. 集中药包和分集药包爆破效果的试验研究 [J]. 工程爆破，2004 (1)：59-62.
[105] 陈晶晶，刘畅，伏岩. 露天开采凌乱矿脉矿石贫化及损失控制措施探究 [J]. 露天采矿技术，2008 (6)：21-23.
[106] 师东亮，杨宗健，黄耿哲. 浅谈多种规格石料开采块度预测与爆破控制技术 [J]. 门窗，2012 (12)：316-317.
[107] 尚涛，舒继森，才庆祥，等. 露天矿端帮采煤与露天采排工程的时空关系 [J]. 中国矿业大学学报，2001，30 (1)：27-29.
[108] 陈晶晶，赵博深，白玉奇. 经山寺铁矿减少深孔台阶爆破根底的工程实践 [J]. 工程爆破，2013，19 (3)：30-32.

[109] 周寿昌，杜竞中，郭增涛，等. 露天矿边坡稳定［M］. 徐州：中国矿业大学出版社，1990：12.
[110] 李战军，温健强，郑炳旭. 露天铁矿爆破开采炸药单耗预测［J］. 金属矿山，2009（7）：33-35，38.
[111] 王亚龙. 当代采矿技术发展趋势及未来采矿技术探讨［J］. 中国高新技术企业，2015（9）：165-166.
[112] 虞捷. 陡帮开采组合阶段工作平台宽度的研究［J］. 金属矿山，1997（4）：19-23.
[113] 张万忠. 经山寺露天铁矿强化开采凹陷式排水［J］. 露天采矿技术，2014（5）：30-32.
[114] 赵兴明. 多空区条件下降低矿石贫化损失的措施［J］. 中国有色冶金，2004（4）：53-54，79-91.
[115] 刘春林，邢光武，陈飞. 大规模采石工程爆破施工技术［J］. 爆破，2011，28（3）：50-51，70.
[116] 刘殿中，王中黔. 鼓包运动和抛掷堆积［J］. 爆炸与冲击，1983（3）：1-9.
[117] 叶图强，陈晶晶，王铁. 露天开采复杂采空区的危险性探测与分析［J］. 中国矿业，2012，21（1）：87-89.
[118] 杨家全. 露天钼矿开采降低矿石损失贫化的技术措施［J］. 世界有色金属，2013（S1）：251-253.
[119] 施洪良，黄明然. 降低窄脉采矿贫化与损失率管理方法与措施［J］. 有色矿冶，2008（4）：14-16.
[120] 陈雷，王铁，杨家富，等. 繁昌县峨山头废弃矿山的生态复绿技术［J］. 现代矿业，2015，31（11）：216-219.
[121] 郝全明，杨海杰. 露天矿陡帮开采可行性研究［J］. 现代矿业，2012（5）：63.
[122] 周永利，罗怀廷. 端帮陡帮开采技术在哈尔乌素露天煤矿的应用［J］. 煤炭工程，2016，48（3）：11-14.
[123] 郝全明，杨海杰，曹跃辉，等. 露天矿陡帮开采可行性研究［J］. 现代矿业，2012，27（5）：63-64.
[124] 高荫桐，刘殿中. 集中药包与条形药包爆破漏斗及抛掷堆积研究［J］. 爆破，2003（3）：25-27.
[125] 车兆学，才庆祥，刘勇. 露天煤矿半连续开采工艺及应用技术研究［M］. 徐州：中国矿业大学出版社，2006.
[126] 伍海培，高荫桐，李江国，等. 药包最佳间距试验研究［J］. 有色金属（矿山部分），2006（4）：27-29.
[127] 郝全明，郭争利，谢世坤. 露天矿并段爆破分段采装开采方案研究［J］. 露天采矿技术，2013（4）：30-33.
[128] 崔晓荣，周名辉，吕义. 露天矿的中小型设备高强度开采技术［J］. 西部探矿工程，2009，21（11）：102-105.
[129] 韩流，杨飞，周伟. 露天矿端帮残煤气化回收方法［P］. CN104832130A，2015-08-12.
[130] 郑德学. 小型露天矿陡帮开采实践［J］. 有色金属（矿山部分），1996（6）：16-21.

[131] 丁银贵. 定向爆破技术在露天采矿中的应用 [J]. 门窗，2013 (5)：320，322.
[132] 邢光武，郑炳旭. 多种规格石料开采爆破工法 [J]. 爆破，2010，27 (3)：36-40，57.
[133] 刘志才. 露天矿山爆破安全问题与防治措施探讨 [J]. 中国新技术新产品，2013 (9)：36-37.
[134] 黄甫，李克民，马力，丁小华，肖双双. 基于靠帮开采的局部陡帮开采方式研究 [J]. 金属矿山，2016 (8)：58-62.
[135] 崔晓荣，林谋金，郑炳旭，等. 矿山采空区崩落爆破评估验收方法 [J]. 金属矿山，2015 (9)：11-15.
[136] 王青. 采矿学 [M]. 北京：冶金工业出版社，2000.
[137] 杨飞. 基于故障树分析法的布沼坝露天煤矿剥离半连续系统可靠性研究 [D]. 中国矿业大学，2016.
[138] 郑炳旭，高荫桐，肖文雄，等. 定向爆破抛掷距离研究与分析 [J]. 爆破，2006 (4)：1-3，14.
[139] 毛荐新，张传舟，曹祖武，等. 开采技术因素对露采矿石损失与贫化的影响 [J]. 金属矿山，2002 (10)：10-13.
[140] 樊运学. 对露天矿山安全管理人员的思考 [J]. 露天采矿技术，2012 (1)：91-92，97.
[141] 徐力. 谈露天矿陡帮开采问题 [J]. 金属矿山，1982 (10)：12-14，55.
[142] 李任斌. 南芬露天矿减少矿石贫化与损失的措施 [J]. 本钢技术，2004 (1)：10-12.
[143] 张士全. 露天矿台阶高度与矿石损失、贫化关系的研究 [J]. 矿业快报，2001 (11)：14-16，21.
[144] 周谊. 缓冲爆破装药结构优化及应用 [D]. 贵州大学，2017.
[145] 井献玉，高运红，崔汉辉，等. 宽孔距窄排距爆破法在露天矿的应用 [J]. 中国水泥，2014 (2)：79-80.
[146] 加强矿山技术管理　降低矿石损失贫化 [J]. 云南冶金，1981 (6)：9-12.
[147] 王永庆. 深孔台阶爆破径向不耦合不均匀装药数值模拟研究 [C]. 见：中国岩石力学与工程实例第一届学术会议论文集. 中国岩石力学与工程学会工程实例专业委员会、中国岩石力学与工程学会，2007：35-41.
[148] 孙承菊，吴恩泽. 齐大山铁矿陡帮开采工艺的应用研究 [J]. 矿业工程，2008 (4)：27-29.
[149] 邱锦标. 露天矿山道路设计及施工 [J]. 采矿技术，2012，12 (3)：42-46.
[150] 王英，罗运诚，王群. 规格石开采爆破试验 [J]. 爆破，2010，27 (3)：33-35.
[151] 冶金采矿选矿新技术 [J]. 中国矿业，1992 (1)：85.
[152] 张志呈. 裂隙岩体爆破技术 [M]. 成都：四川科学技术出版社，1999：55-61.
[153] 樊运学. 关于爆破施工企业员工安全教育的探讨 [J]. 采矿技术，2013，13 (6)：135-138.
[154] 张舒扬. 大型露天矿强化开采的一个重要途径 [J]. 有色金属 (矿山部分)，1980 (2)：6-10.
[155] 张兵兵，陈晶晶，张岗涛，等. 最终边坡预裂爆破技术参数及应用效果分析 [J]. 工程

爆破，2018，24（6）：43-47.

[156] 陈树召，杨飞，周伟，等. 露天矿采场中间搭建纵向组合桥运输方法［P］. CN104806247A，2015-07-29.

[157] 张明旭. 露天开采矿石损失与贫化研究［J］. 金属矿山，2018（5）：55-59.

[158] 章林. 我国金属矿山露天采矿技术进展及发展趋势［J］. 金属矿山，2016（7）：20-25.

[159] 王铁，刘伟，李洪伟. 小高宽比框架结构建筑物拆除爆破数值模拟分析［J］. 现代矿业，2015，31（6）：149-150.

[160] 王铁. 经山寺露天矿爆破质量分析及改进措施［C］. 见：中国采选技术十年回顾与展望. 中国冶金矿山企业协会，2012：466-467.